KB244496

기계 가공
기술 시리즈
No. 6

엔드 밀의 모든 것

툴엔지니어 편집부 편저 | 김 하 룡 역

엔드 밀은 어떤 공구인가?

엔드 밀은 어떻게 절삭할 수 있는가?

엔드 밀 활용의 노하우 | 엔드 밀을 살리는 주변 기술

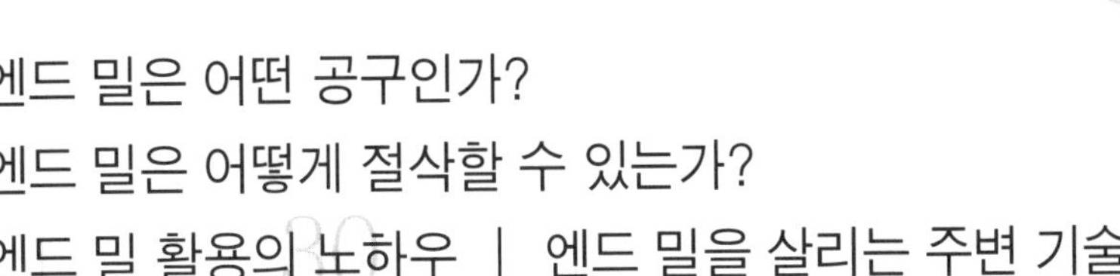

BM (주)도서출판 성안당

日本 옴사 · 성안당 공동 출간

엔드 밀의 모든 것

기계 가공 기술 시리즈 No. 6

This Korean language edition co-published by Taiga and Sung An Dang
Copyright © 1995
All rights reserved.

All rights reserved. No part of this publication may reproduced or stored in a retrieval system or transmitted in any form or by any means, electronic, mechanical, photocopying, recoding, or otherwise, without prior written permission of the publisher.

이 책은 ㈜大河出版과 BM ㈜도서출판 성안당의 저작권 협약에 의해 공동 출판된 서적으로, BM ㈜도서출판 성안당 발행인의 서면 동의 없이는 이 책의 어느 부분도 재제본하거나 재생 시스템을 사용한 복제, 보관, 전기적, 기계적 복사, DTP에의 도움, 녹음 또는 향후 개발될 어떠한 복제 매체를 통해서도 전용할 수 없습니다.

차 례

단지 1개의 공구로 이런 조형

PART • 1

엔드 밀은 어떤 공구인가

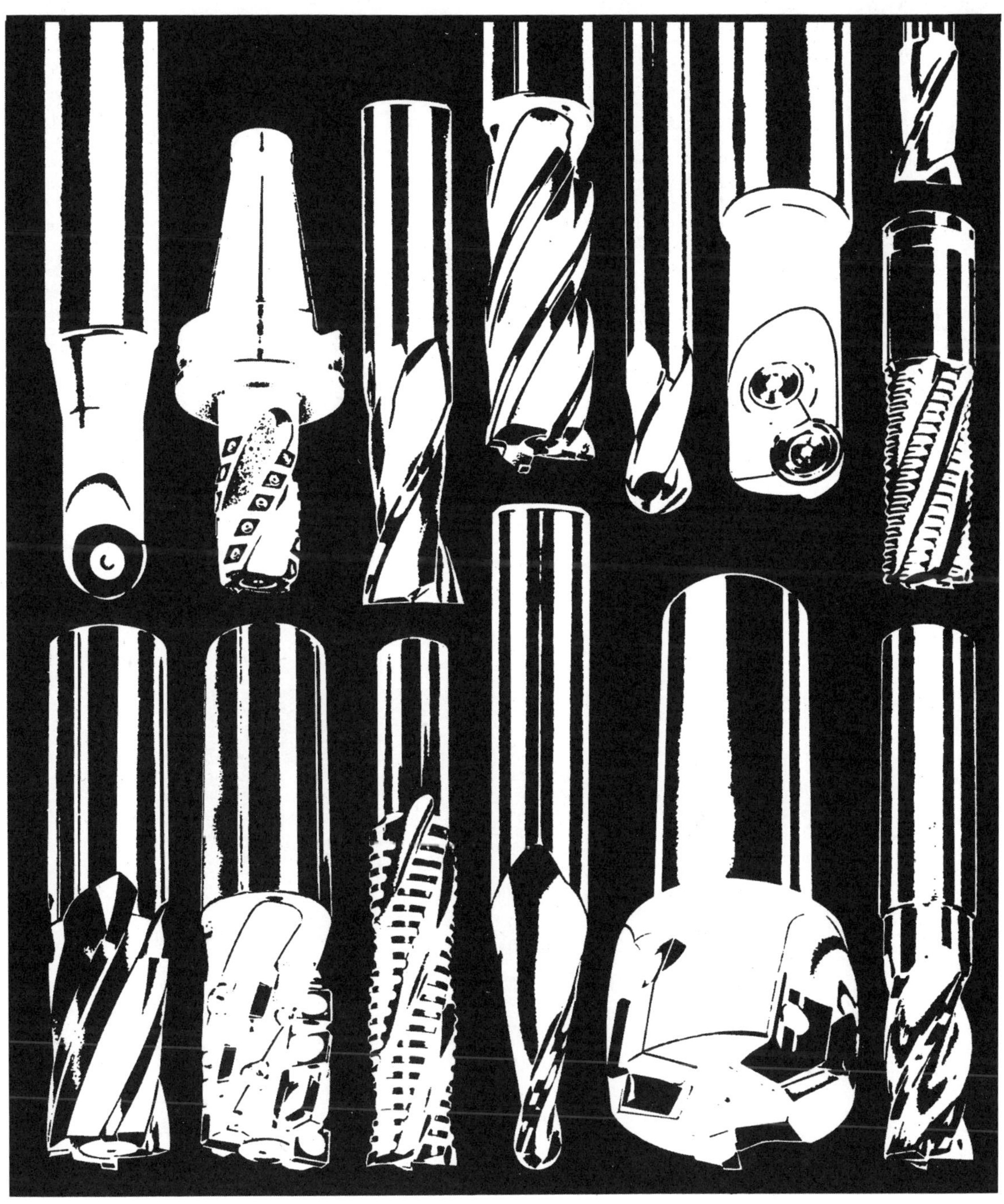

엔드 밀이란 어떤 공구?

⬆ 앞날과 외주날로 단깎기

⬆ 앞날과 외주날로 금형의 포켓 가공

밀링 머신(milling machine)에 사용하는 공구를 밀(mill)이라 하고, 끝(end)에도 날이 있어서 엔드 밀(end mill)이라고 부르게 되었다. JIS에서는 엔드 밀을 「외주면 및 단면(端面)에 절삭날을 갖는 섕크 타입 밀링 커터(shank type milling cutter)의 총칭」으로 정의하고 있다.

⬆ 외주날에 의한 금형의 측면 절삭으로, 모방 가공이다

🔼 앞날로 정면 절삭

🔼 드릴링 엔드 밀로 구멍뚫기

독일어로는 엔드 밀을 샤프트 프레이저(shäft fraser＝자루붙이 밀링 커터)라고 하기 때문에 일본과 동일한 의미라고 할 수 있다.

따라서 엔드 밀이란 정면 밀링 커터를 가늘고 길게 해서 섕크(shank＝자루)를 붙인 것과 같은 것이다.

즉, 회전해서 외주날로 가공물의 측면을 깎고, 단면의 절삭날(앞날)로 가공물의 윗면(작은 면적)을 깎을 수 있는 밀링 커터를 엔드 밀이라고 하는데, T홈 밀링 커터, 더브테일 커터, 볼록·오목 밀링 커터도, 이와 같은 종류라고 할 수 있다.

🔼 모방 가공, 볼 엔드 밀로 곡면을 깎는다

△ 테이퍼 볼 엔드 밀에 의한 형 조각

△ 특주의 총형 엔드 밀의 총형깎기

　실제로, 엔드 밀은 수평 또는 수직으로 세워도 자유롭게 사용할 수 있고 더구나 1개의 공구로 정면 깎기, 측면 깎기, 단깎기, 홈깎기, 곡면 깎기, 때로는 구멍 뚫기, 보링까지도 할 수 있으므로 바로 밀링 커터 중의 만능 선수이다. 따라서 엔드 밀 가공은 기계 가공 중에서도 대단히 큰 비중을 차지하고 있다.

　지금이야말로 엔드 밀은 머시닝 센터, 밀링 머신의 중심적 공구이며 보링 머신, 플래노 밀러(planomiller) 등의 대형 기계에도 반드시 필요하게 되었다.

　또 최근에는 회전 공구를 갖는 NC 선반인 터닝 센터의 보급으로 선반에서도 사용하게 되었다. 밀링 커터 중의 만능 선수라고 불리는 만큼 엔드 밀은 여러 가지 가공에 사용되고 있다.

△ 앞날과 외주날로 홈깎기

　그러나 가공 내용을 분류해 보면 기본적으로는 앞날에 의한 정면 절삭, 외주날에 의한 측면 절삭, 그것에 정면 절삭과 측면 절삭을 복합화한 절삭의 세 가지로 된다.

　그것들을 실제의 가공 형태에 맞추어서 홈깎기, 단깎기, 윤곽 깎기, 곡면 깎기, 형조각이라든가, 구멍 가공, 포켓 가공, 모방 가공, 총형 깎기 등으로도 부르고 있다.

⬆ T홈 가공, T홈 밀링 커터도 엔드 밀의 한 무리이다

엔드 밀의 종류

① 사이드 로크식 섕크 엔드 밀

② 2개날 엔드 밀

③ 4개날 엔드 밀

　엔드 밀에는 일반적으로 잘 사용되고 있는 2개날, 4개날, 다날(多刃) 엔드 밀 외에 거친 절삭용 러핑(roughing) 엔드 밀, 형조각용 볼 엔드 밀, 총형 엔드 밀 등 상당히 많은 종류가 있다.

　그리고 섕크의 모양, 길이, 날길이의 차이 등을 합치면 방대한 수가 될 것이다. 형상의 세밀한 종류에 대해서는 각 메이커의 카탈로그를 참고하도록 하고 여기에서는 엔드 밀의 모양을 큰 범위의 몇 가지로 나누어서 소개하기로 한다.

● 섕크 모양

　엔드 밀의 섕크에는 스트레이트형과 테이퍼형(주로 브라운 샤프 테이퍼)이 있으나 최근에는 스트레이트 섕크가 주류를 이루고 있다.

테이퍼 섕크는 설치 강성이 큰 이점이 있는 반면, 당김 볼트를 사용하는 경우에는 작업성이 나쁘고 급속 변환도 할 수 없다. 스트레이트 섕크는 콜릿 척의 개폐만으로 공구 교환을 할 수 있기 때문에 작업성면에서는 대단히 뛰어나다.

그리고 최근에는 파악력(把握力)이 강한 척이 시판되어 널리 보급되고 있다.

그러나 절삭 능률의 향상으로 더 강력한 척이 필요한 경우에는 콜릿 방식은 한계가 있다.

이것에 대처하는 것이 사이드 로크 방식이다①. 싱글 사이드 로크, 더블 사이드 로크 등 여러 가지 형이 사용되고 있으며, 중(重)절삭에는 적합한 형이라 할 수 있다.

● 각종 엔드 밀의 모양

(1) 스퀘어형 엔드 밀

2개날, 4개날 그리고 6개날 등의 날수가 있으며 비틀림각은 30° 전후이다.

2개날 엔드 밀②는 팁 포켓이 크고 칩의 수용 능력이 크기 때문에 홈절삭, 측면 절삭, 구멍 뚫기 등 모든 용도에 사용할 수 있다. 그 반면 날부 단면적이 작고 강성이 떨어지기 때문에 휘기 쉬운 결점도 있다.

4개날(다날) 엔드 밀③은 2개날, 3개날의 것보다 날부 단면적이 크고 강성이 높아서 쉽게 휘지 않는다. 그러나 팁 포켓이 작고 칩 배출 능력이 작기 때문에 절삭 깊이량이 작은 측면 절삭이나 다듬질 절삭에 적합하다.

(2) 용도별 엔드 밀

엔드 밀은 2개날, 짧은날이 가장 많이 사용되는 기본형이라고 할 수 있으며, 여러 가지 가공 용도, 가공 능률의 추구에서 가공 모양에 맞는 것, 피삭재에 맞춘 것 등 다종 다양한 것이 시판되고 있다.

키 홈용 엔드 밀④는 정밀한 홈절삭을 목적으로 한 2개날 엔드 밀이다. 홈의 확대, 경사, 구부러짐 등을 방지하기 위해서 비틀림각은 10°~20°로 표준형에 비해서 작게 하고 날끝 지름의 호칭 치수 공차도 작게 되어 있다.

강비틀림형 엔드 밀⑤는 비틀림각이 40° 이상인 것을 강비틀림형, 하이 헬리컬형이라 부른다.

강비틀림각에 의해서 절삭성이 좋아지기 때문에 스테인리스강의 절삭 등에도 사용된다.

그러나 강계의 재료를 절삭할 때는 엔드 밀이 빠지기 쉬우므로 강력한 처킹이 필요하다.

러핑 엔드 밀⑥은 외주 절삭날에 니크(홈)를 내서 칩 브레이커 역할을 하도록 했다. 칩은 작게 파괴되고, 절삭열의 발산도 양호하다. 그리고 가공물과의 접촉 면적이 작고 절삭 저항도 작기 때문에 거친 절삭용으로 가장 효율이 좋은 엔드 밀이다.

볼 엔드 밀⑦은 형조각에 사용되는 것으로 절삭날이 평행인 스트레이트 볼 엔드 밀과 절삭날이 테이퍼로 되어 있는 테이퍼 볼 엔드 밀⑧이 있으며, 더 거친 러핑 타입⑨도 있다.

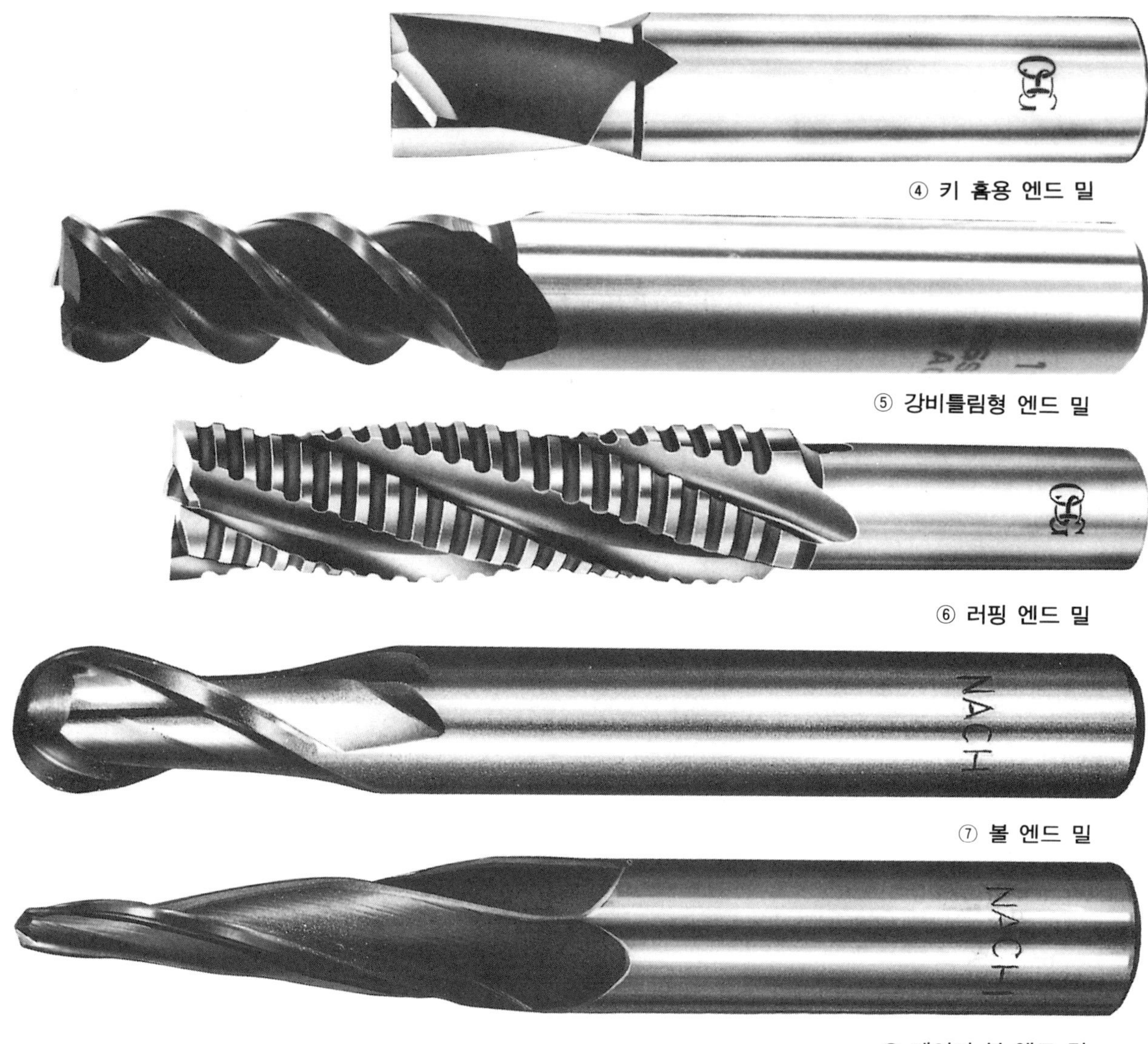

　형조각 가공은 깊은 멈춤 구멍 등을 절삭하는 일도 많기 때문에 날 길이가 긴 것을 사용하는 경우도 많고, 이런 경우에는 공구 강성이 낮아지기 때문에 절삭 조건의 가감이 필요하다. 미니어처 엔드 밀⑩도 있다. 카메라, 시계, 정밀 금형 등의 가공에 사용되고 $\phi 2$ mm 이하의 것을 말한다.

　이와 같은 소직경 엔드 밀은 절손이 큰 문제가 되므로 사용할 경우에는 정밀도가 높은 기계와 척이 필요하고, 진동을 최대한 억제하는 것이나 칩의 배제 등도 주의할 점이다.

　긴 날 엔드 밀⑪은 폭이 넓은 측면을 가공하기 위한 것이다. 그리고 멈춤 구멍의 가공에도 사용된다.

　날 길이가 긴 만큼 공구 강성이 저하되기 때문에 이송량이나 절삭 깊이를 억제하는 방향으로 사용할 필요가 있다.

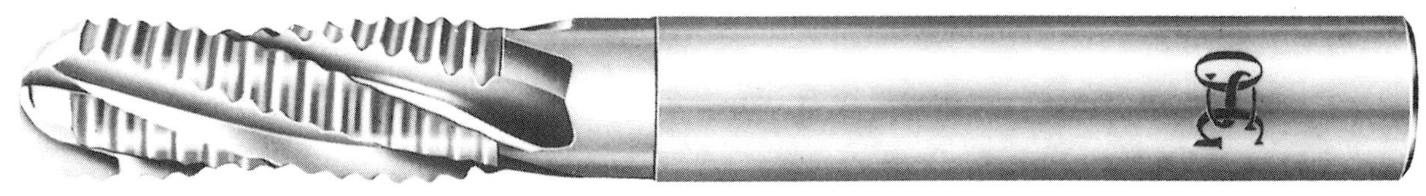

⑨ 러핑 볼 엔드 밀

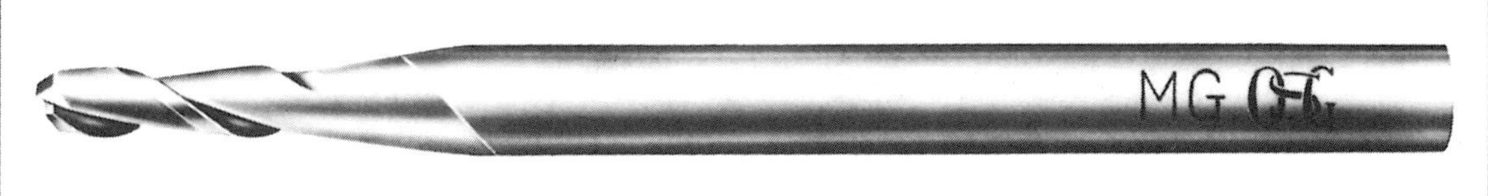

⑩ 미니어처 엔드 밀

⑪ 긴날 엔드 밀

⑫ 초경 솔리드 엔드 밀

⑬ 납땜 엔드 밀

(3) 초경 엔드 밀

엔드 밀 전체가 초경으로 만들어지고 있는 솔리드형과 절삭날만이 초경으로 되어 있는 납땜형, 스로어웨이형이 있다.

솔리드 엔드 밀⑫는 모양은 하이스 엔드 밀과 거의 같으나 하이스에 비해서 인성이 떨어지기 때문에 절삭날 모양 등에 관한 여러 가지 연구가 진행되고 있다.

일반적으로는 가격 관계로 $\phi\,12\,mm$ 정도의 것이 많고 미립자 초경을 사용해서 인성을 커버하고 하이스와 동등한 절삭 속도로도 사용할 수 있게 되었다.

그러나 사용의 편리성면에서는 아직 하이스와 같다고는 할 수 없으며 적합한 조건 설정이 필요하다.

⑭스로어웨이 엔드 밀

⑮ 스로어웨이 볼 엔드 밀

　납땜 엔드 밀⑬은 표준형으로는 $\phi 10 \sim \phi 50$ mm 정도의 것이 시판되고 있고, 비틀림각도 20° 이상의 강비틀림형이 증가하고 있다. 초경 팁은 이전에는 2개 이상을 연결한 것이었으나, 현재는 1개의 팁에 1개 절삭날로 되어 있다.

　스로어웨이 엔드 밀⑭, ⑮의 용도는 중~거친 가공이며, 고능률 가공을 목적으로 한 것이 대부분이다.

　가공할 수 있는 범위나 절삭날 모양(팁 모양)도 다양화 되어 왔고, 팁 재종도 초경만이 아니라 코팅 초경, 서멧 등이 사용되며 보다 고능률화되어 가고 있다.

　최소 지름도 팁 1개의 것은 $\phi 20$ mm 정도의 것이 있고, 또 볼 엔드 밀에도 스로어웨이식의 것이 있다.

하이스 엔드 밀의 종류와 용도

엔드 밀의 종류는 일반적으로 선단 절삭날의 모양, 샹크 모양, 날수, 절삭날의 비틀림 및 사용 목적에 따라 분류된다.

① 선단 절삭날의 모양

앞날, 외주날의 모양에 의해서 분류하면 **그림 1**에 표시한 것 같이
① 스퀘어 엔드 밀
② 레이디얼 엔드 밀
③ 볼 엔드 밀
④ 테이퍼날 엔드 밀
⑤ 테이퍼날 볼 엔드 밀
⑥ 총형 엔드 밀
등이 있다.

스퀘어 엔드 밀은 외주날과 앞날이 뿔 모양이고 측면 깎기, 단 깎기, 홈 깎기 등에 일반적으로 사용된다.

레이디얼 엔드 밀은 각부에 R 모양을 갖는 것이고, 볼 엔드 밀은 선단부가 반원형을 한 것이다.

이것들은 외주날이 테이퍼 모양을 한 테이퍼날 엔드 밀, 테이퍼날의 선단에 볼 모양을 갖는 테이퍼날 볼 엔드 밀 등과 같이 금형의 형조각과 같은 곡면 깎기나 윤곽 가공에 사용된다.

총형 엔드 밀은 주로 외주날에 특정 모양을 갖는 것을 말하고, 그 모양을 가공하는 전용 엔드 밀이다.

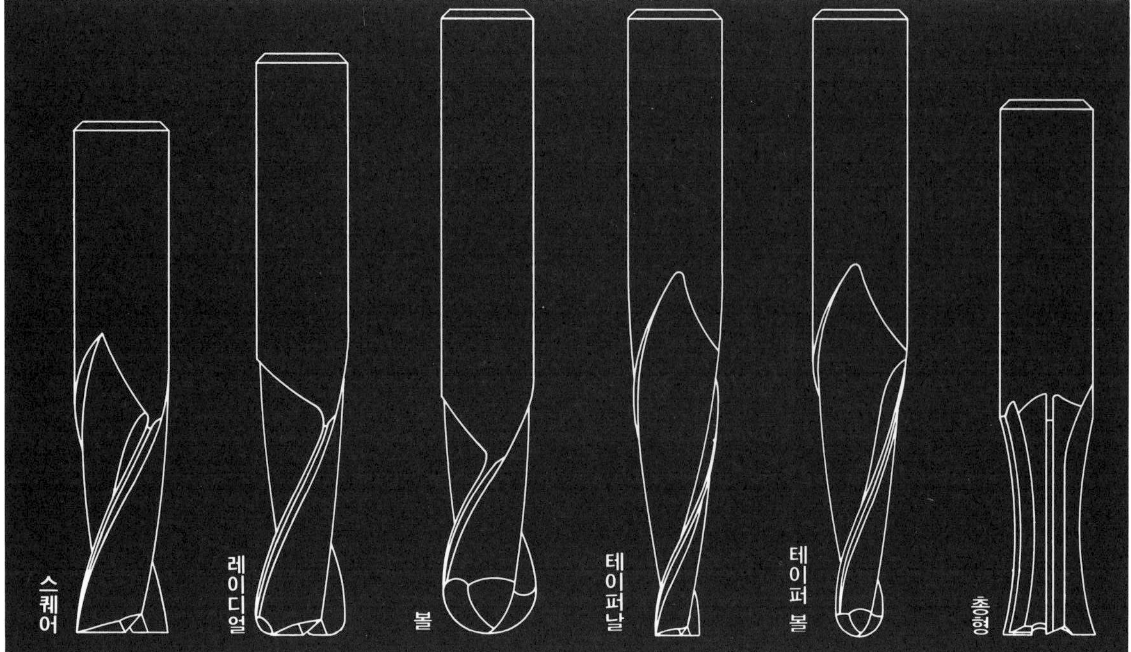

그림 1 엔드 밀의 선단 절삭날 형상

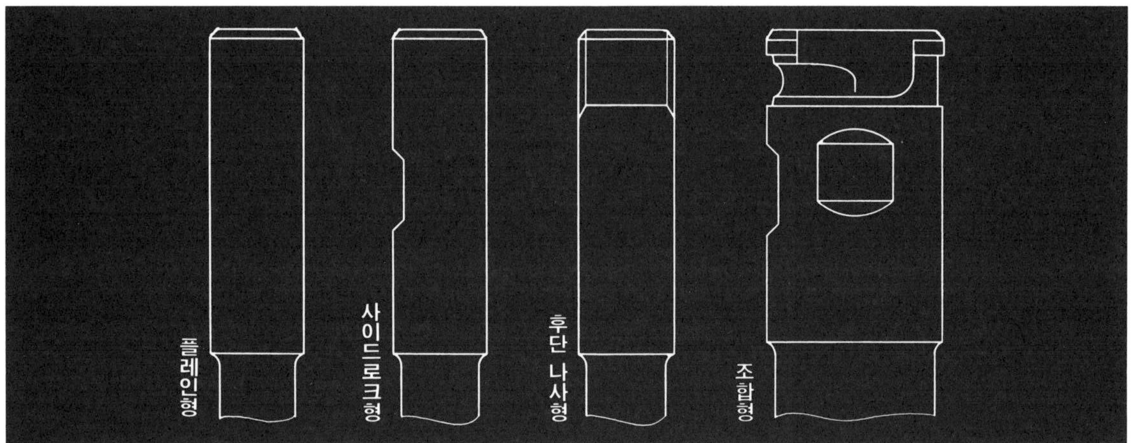

그림 2 스트레이트 섕크의 형상

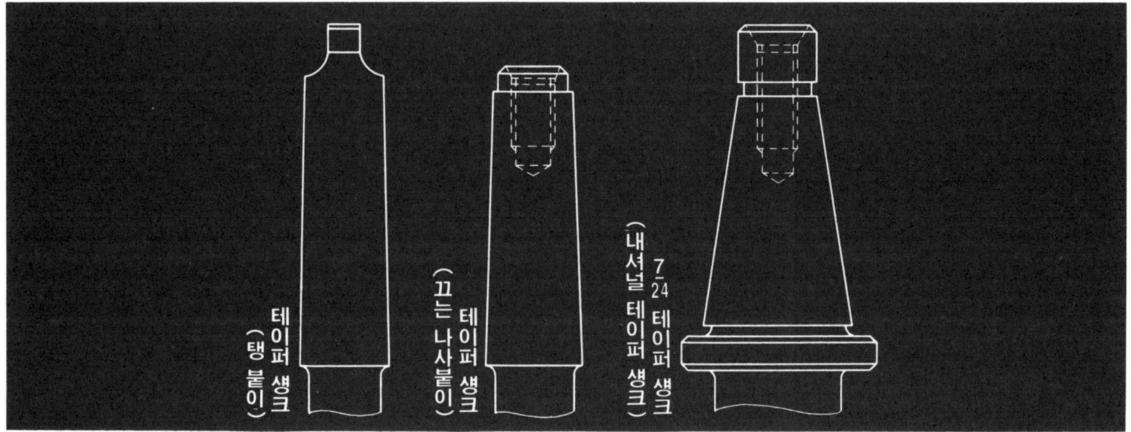

그림 3 테이퍼 섕크의 형상

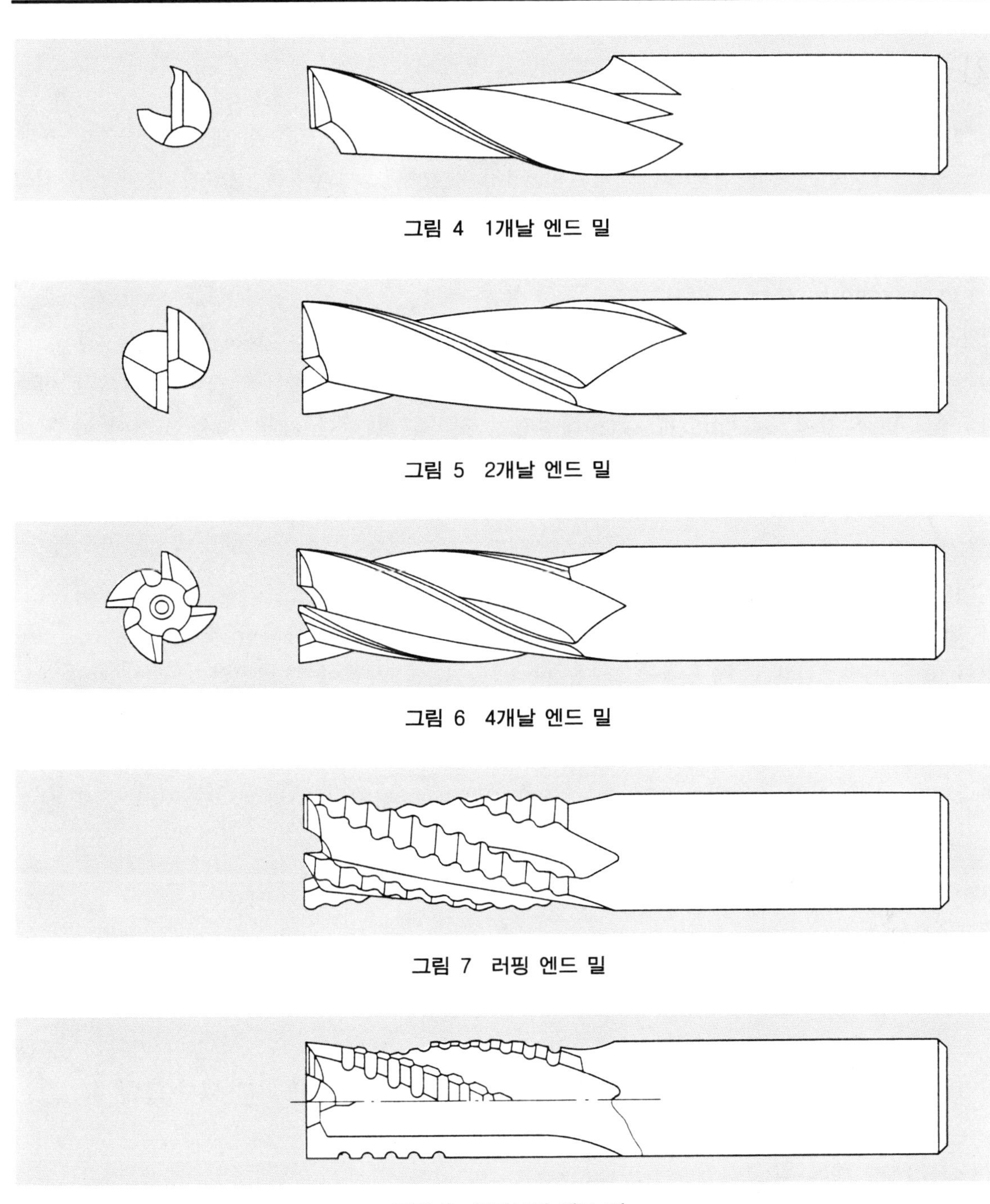

그림 4 1개날 엔드 밀

그림 5 2개날 엔드 밀

그림 6 4개날 엔드 밀

그림 7 러핑 엔드 밀

그림 8 중다듬질 엔드 밀

그림 9 키 홈용 엔드 밀

② 생크 모양

생크를 크게 나누면 원통 모양의 스트레이트 생크와 원추 모양의 테이퍼 생크가 있다. 최근에는 엔드 밀 척의 진보와 그 취급이 쉽기 때문에 스트레이트 생크가 많이 사용되고 있다.

(1) 스트레이트 생크

스트레이트 생크는 **그림 2**에 나타낸 것과 같이 플레인 엔드형, 사이드 로크형, 후단 나사형, 조합형 등이 있다. 일반적으로는 원통 모양의 플레인 엔드형이 많이 사용되고 있으나, 엔드 밀 외경이 $\phi 50\,mm$를 넘는 대직경인 것, 중(重)절삭 가공, 사용 조건이 아주 까다로운 경우는 사이드 로크형 또는 조합형이 사용되고 있다.

(2) 테이퍼 생크

테이퍼 생크에는 **그림 3**에 나타낸 것 같이 모스 테이퍼 생크, 브라운 샤프 테이퍼 생크가 대표적인 것이지만, 생크의 후단에 탱붙이인 것과 당김 볼트붙이인 것이 있다.

이 둘은 잘 분간해서 사용해야 한다. 예를 들면 엔드 밀이 우회전하고 절삭날이 오른 비틀림에서는 엔드 밀이 홀더에서 **빠지는** 방향으로 절삭력이 작용하기 때문에 탱붙이가 아니라 당김 볼트붙이를 사용하게 된다. 그리고 대직경의 엔드 밀에서는 7/24 테이퍼(내셔널 테이퍼) 생크를 엔드 밀 생크에 채택해서 기계에 직접 설치하여 가공시의 강성 상승을 도모하고 있는 것도 있다.

③ 날수

(1) 1개날 엔드 밀

절삭날이 1개인 엔드 밀로, 칩의 배출성이 뛰어나기 때문에 고속 고이송이 가능하고, 알루미늄 새시 등의 경합금의 박판 절삭이나 창틀 가공에 많이 사용되고 있다(**그림 4**).

(2) 2개날 엔드 밀

절삭날이 2개인 엔드 밀로, 일반적으로는 오른날 오른 비틀림으로 중심부까지 앞날이 있고, 홈깎기, 측면 깎기, 단깎기 등에 사용된다.

선단부의 칩 배출이 좋기 때문에 구멍뚫기, 스폿 페이싱 가공에도 널리 사용되고 있다(**그림 5**).

(3) 4개날 및 다날(多刃) 엔드 밀

보통 절삭날이 4개 이상인 엔드 밀을 다날 엔드 밀이라고 하는데, 2개날 엔드 밀에 비해 측면깎기에서는 날수가 많은 몫만큼 이송을 빨리 할 수 있으므로 가공 능률을 올릴 수 있다(**그림 6**).

동시에 절삭도 안정되기 때문에 가공 정밀도가 좋아진다. 따라서 이 엔드 밀은 다듬질 절삭에 사용된다.

4 비틀림

곧은 날과 비틀림날로 구분되는데, 비틀림날은 비틀림 방향과 비틀림 각도로 분류된다. 그리고 엔드 밀은 회전 방향에 의해 오른날과 왼날이 있으나 보통은 오른날이다.

(1) 곧은 날

비틀림이 없는 엔드 밀로서, 조각 가공 등에 사용된다. 제작이 쉽고, 절삭날 모양을 간 단하게 바꿀 수 있다는 등의 이점이 있기 때문에 경절삭 가공용으로 사용되고 있다.

(2) 비틀림날

비틀림에는 좌우가 있으나, 오른날 오른 비틀림이 주류로 되고 있다. 비틀림각을 크게 나누면 15° 근처의 약비틀림, 30° 근처의 표준 비틀림, 40° 이상의 강비틀림으로 나누어 진다. 약비틀림은 키 홈가공 등 가공 폭의 정밀도, 기울기 정밀도 등이 필요한 경우에 유 효하다.

표준 비틀림은 범용으로 사용되며, 절삭성이 좋고 안정된 절삭을 할 수 있기 때문에 일 반적인 강가공에 적합하다.

강비틀림은 칩의 배출이 좋고 절삭시의 힘의 변동이 작아 절삭성이 좋기 때문에 주로 측면 깎기에 사용된다. 알루미늄 등 경합금의 절삭, 또 고탄소 고바나듐의 분말 하이스재 의 사용에 의해서 고경도재와 난삭재의 가공에도 적합하다.

5 용도에 의한 분류

엔드 밀을 사용 목적에 의해서 분류하면
① 거친 절삭용의 엔드 밀(러핑 엔드 밀＝**그림 7**)
② 중다듬질용 엔드 밀(**그림 8**)
③ 키 홈용 엔드 밀(**그림 9**)
④ 알루미늄용 엔드 밀
⑤ 난삭재용 엔드 밀
등이 있다.

거친 절삭용 엔드 밀은 보통 러핑 엔드 밀이라고 부르며, 외주의 절삭날이 파형인 것이 일반적이다. 절삭날을 파형으로 함으로써 칩이 분단되고 절삭 저항이 경감되기 때문에 절삭 깊이, 이송을 크게 할 수 있어 거친 가공용으로 가장 적합하다고 할 수 있다.

중다듬질용의 엔드 밀은 러핑 엔드 밀로는 가공면에 파형이 남기 때문에 그 결점을 없앨 목적으로 제작되어 있고, 니크 효과는 그대로이며 외주면이 직선이 되도록 한 엔드 밀이다.

외주 절삭날에 여러 줄의 각 나사 모양의 니크를 붙인 헤비 엔드 밀이 대표적 예이고, 러핑 엔드 밀과 동등한 가공 능률을 올리고 있다.

키 홈용 엔드 밀은 전술한 것 같이 축 등의 키 홈을 가공하기 위한 전용 엔드 밀로 비틀림각이 약하고 길이를 짧게 해서 강성을 갖도록 만든 엔드 밀이다. 외경의 치수 정밀도도 다른 엔드 밀에 비해서 작게 억제되고 있다.

특히 티탄 나이트라이드 코팅된 것은 폭의 확대나 기울기가 적고, 또한 수명이 길고 안정된 정밀도를 유지할 수 있다.

알루미늄용 엔드 밀은 경사각, 비틀림각, 홈 용량을 크게 잡은 경합금 전용 엔드 밀이다. 절삭성, 칩 배출이 좋고 고속 고이송을 할 수 있는 것이 특징이다.

난삭재용 엔드 밀은 분말 하이스재 등의 고급 고속도강을 사용하고 강비틀림으로 강성이 있는 엔드 밀로 되어 있으며 고경도재, 난삭재 가공에 적합하다.

초경 엔드 밀의 종류와 용도

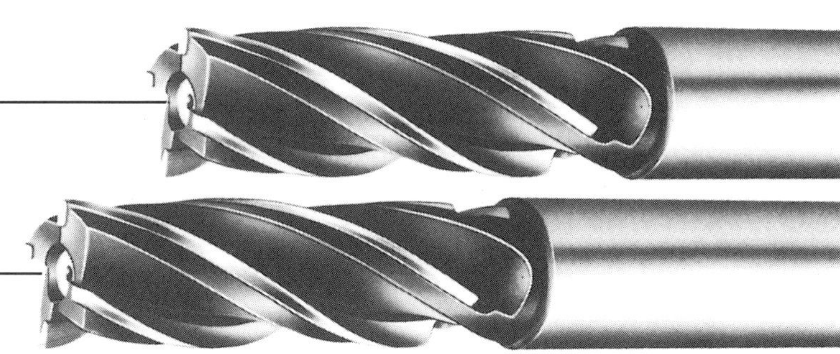

초경 엔드 밀이라고 하면 옛날에는 주철이나 알루미늄 합금의 절삭에만 사용하였고, 강은 하이스의 엔드 밀로 가공했었다. 그러나 수년 전부터 강절삭에도 적극적으로 사용하게 되었다.

그 이유로서는 초경 합금의 개량, 스로어웨이식 엔드 밀의 개발, MC(머시닝 센터)를 중심으로 한 공작 기계의 진보(특히 고속 회전 주축의 증가) 등을 생각할 수 있다.

더욱이 초경 엔드 밀이 아니면 가공할 수 없는 새로운 재료가 증가하여 초경 엔드 밀의 용도는 넓어지고 있다. 초경 엔드 밀을 올바르게 사용하기 위해 종류와 그 용도에 대해서 기술해 본다.

① 초경 엔드 밀의 종류

(1) 초경 솔리드 엔드 밀

날끝에서 자루부(섕크)까지 초경 합금으로 만들어진 엔드 밀을 초경 솔리드 엔드 밀이라고 부른다. 솔리드이기 때문에 장점과 단점이 있다.

장점은 하이스 엔드 밀과 같이 많은 종류의 날끝 모양을 만들 수 있다는 점, 그리고 섕크도 초경이기 때문에 공구 강성이 높고 가공 정밀도도 당연히 좋아진다는 점이다.

한편 단점으로는 날끝 이외에도 고가의 초경 합금을 사용하고 있기 때문에 지름이 큰 엔드 밀은 비용이 많이 든다는 점이다.

이로 인하여 솔리드 엔드 밀은 외경 10 mm 이하의 소직경의 사용 비율이 높아진다. 그러나 지름이 작으면 상당한 고속 회전에도 절삭 속도는 오르지 않고 일반적인 초경 합금의 특성을 살릴 수 없다는 흠이 있다. 이에 대한 대책으로 생긴 것이 초미립자 초경 합금이다. 이것은 하이스 엔드 밀을 사용하는 조건과 거의 같은 저속에서도 수명이 긴 절삭이 가능한 초경 합금이다.

　현재의 솔리드 엔드 밀에 사용되고 있는 초경 재종은 각 메이커 모두 초미립자 합금이고 그것을 정리하면 **표 1**과 같이 된다. 이들의 엔드 밀 전용 재종은 하이스와 같은 레벨의 절삭 조건에서 일반강이나 다이스강의 절삭을 할 수 있고 또한 공구 수명이 긴 것이 특징이다.

표 1　초미립자 초경 합금 비교표

		도시바 텅걸로이	미쯔비시 금속	스미모토 전공	다이제트	히다치 초경
		F	–	F 0	FB 10	–
		M	UF 20	F 1	FB 20	BRM 20
재 종 명		H	–	A 1	–	–
		UM	UF 30	CC	–	–
		EM	–	–	–	–

　더욱이, 강절삭에서의 공구 수명을 연장하고 FMS(플렉시블 생산 시스템)에서의 무인 운전에도 사용할 수 있도록 신뢰성을 높이기 위해서 코팅 초경 엔드 밀이 개발되었다.

　초미립자 초경 합금에 TiN(질화티탄)을 PVD(Physical Vapor Deposition＝물리적 증착(蒸着))법에 의해서 코팅한 것으로, 공구 수명은 초경의 약 4배로 엔드 밀 중에서 가장 길다. 코팅 엔드 밀에 의한 장시간 절삭의 예를 **그림 1**에 표시한다.

　다음에 솔리드 엔드 밀의 날끝 모양과 용도에 대해서 알아 보도록 하자. 종류는 하이스 엔드 밀과 같으므로, 날끝의 모양은 12페이지의 **그림 1**을 참조하기 바란다.

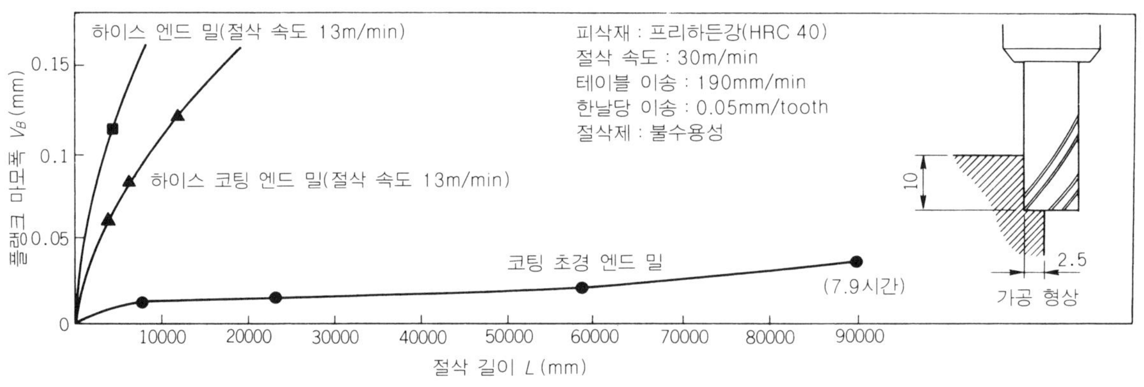

그림 1　코팅 초경 하이스 엔드 밀에 의한 공구 수명 비교

　이 중에서 일반적으로 엔드 밀이라고 부르는 것이 스퀘어형이고, 사용 비율도 80% 이상이다. 스퀘어형은 여러 가지 용도에 사용되지만, 그 외의 형은 금형의 가공이나 항공기 부품의 가공 등 특수 분야에서 사용되고 있다.

　그리고 날 길이도 가공 목적에 따라 지름에 대해서 약간 길이가 긴 날(롱날)이나 약간 짧은 날(쇼트날)도 필요하게 되고, 지름에 대해서 일정 비율로 시리즈화되어 있다.

또 외경 6 mm 이하에 많은 1개 날의 특수 엔드 밀이 있다. 이 엔드 밀은 주로 조각용이나 정밀 금형용으로 사용자 자신이 특수날형으로 가공해서 사용하는 경우가 많은 것 같다.

(2) 초경 납땜 엔드 밀

이 모양의 엔드 밀은 초경 엔드 밀에만 있다. 날끝이 초경 합금의 비틀림 팁이고 이것을 강제의 본체에 납땜한 엔드 밀이다.

솔리드 엔드 밀과 비교해서 지름이 큰 범위에서 사용되고 비용은 비교적 적게 든다. 반면 비틀림 팁을 제조하는 것이 어렵고, 날끝의 여러 각도를 자유롭게 설정할 수 없는 것이나 스퀘어 엔드 밀 이외의 모양에 대해서는 더 변칙적인 초경 팁 모양으로 되는 등의 단점도 있다. 공구 강성에 대해서는 솔리드 엔드 밀보다는 떨어지고, 하이스 엔드 밀과 같은 정도이다.

최근의 초경 납땜 엔드 밀(주로 스퀘어 날형)의 진보로 일정한 강비틀림각(솔리드와 같은 30°)으로 된 것이나, 날 길이가 긴 엔드 밀이 개발되었다. 이것들은 초경 비틀림 팁의 제조 기술의 향상에 의한 것이다. 종래의 엔드 밀은 소직경은 비틀림이 약하고 절삭성이 나빴으나 일정한 강비틀림의 것은 절삭성도 좋고 지름에 의해서 변화하는 일도 없다.

긴 날의 길이에 대해서는 축방향으로 연결해 가는 형은 있었으나 최근의 롱날은 이음매가 없기 때문에 넓은 면의 다듬질 가공에서 면적도가 향상되었다. 날 길이는 지름의 약 4배까지 가능하다(**컷 사진** 참조).

납땜 엔드 밀인 경우의 초경 재종은 솔리드 엔드 밀과 달리 일반 초경 합금이 사용되고 있다. 강용으로는 P계열, 주철, 알루미늄용으로는 K계열이 일반적으로 사용되고 있다.

납땜 엔드 밀 중에서 개성적인 엔드 밀로 볼 엔드 밀이 있다. 볼 엔드 밀 선단 중심 부근의 저속 영역에서의 결손을 방지하고, 날끝 강도를 높이기 위해서 날끝 모양을 연구하고 초경 볼 엔드 밀에 의한 강가공을 가능하게 하였다. 이 대표 예를 **사진 1**에 나타낸다.

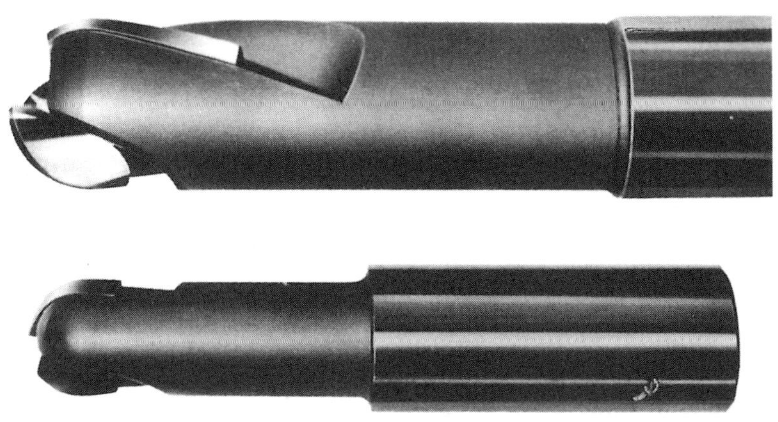

사진 1 납땜 볼 엔드 밀

　볼 엔드 밀의 주된 용도는 금형 캐버티(cavity)면의 곡면 가공이고, 강이 이들의 가공으로 초경 볼 엔드 밀은 하이스 볼 엔드 밀의 7~10배 정도의 가공 능률이 향상되고 금형의 짧은 납기 대책에 공헌하고 있다. 유일한 결점은 재연삭 후의 공구 정밀도의 재현성이 나쁘다는 것이다.

(3) 스로어웨이 초경 엔드 밀

　스로어웨이식 엔드 밀도 초경 엔드 밀에만 있는 형식으로, 초경 스로어웨이 팁을 기계적으로 본체에 클램프(고정)하는 방식의 엔드 밀이다.

　이 중에서도 크게 3개의 날형이 있다. 우선 스로어웨이 팁이 축방향으로 1단만인 짧은 날 길이의 엔드 밀이 있고, 축방향으로 여러 단 배치한 긴날 길이의 러핑 엔드 밀이 있다. 그리고 앞날(엔드 날)이 있어서 솔리드나 납땜 엔드 밀과 같은 가공을 할 수 있는 본래 의미의 엔드 밀도 있다.

　① **짧은날형 엔드 밀**……이 모양은 정면 밀링 커터의 소직경화로서 정면 밀링 커터에서 사용되고 있는 스로어웨이 팁을 사용하고 외경 16 mm에서 63 mm까지 여러 가지 모양으로 시판되고 있다. 최근에는 절삭성이 좋은 하이포지티브 레이크가 좋은 평가를 받고 있어 그에 앞장섰던 엔드 밀을 **사진 2**에 실었다. 날수는 1~4개이고, 지름에 비례해서 증가한다.

　② **긴날 러핑 엔드 밀**……날 길이로 보면 가장 엔드 밀다운 모양을 하고 있으나 스로어웨이 팁을 여러 개 배치하기 때문에 인접한 날과의 단차가 생기고, 다듬질용으로는 사용하지 못한다. 이 때문에 반대로 거친용으로는 절삭 성능의 향상을 도모하고 있는 것이 많은 것 같다.

　긴날 길이로 되면 절삭량도 많고 주축이나 지지구로부터의 돌출도 길기 때문에 채터링 진동이 발생하기 쉽다. 긴날 길이의 엔드 밀에서 고성능이라 하면 내채터링성이 좋은 엔드 밀을 말하는 것이다.

　채터링 대책으로는 니크와 같은 효과가 있는 톱날형 팁을 짜넣거나 절삭 저항을 감소시킬 수 있는 날끝 각도나 절삭날 배열(비틀림각)로 하는 방법 등이 있다. 전자의 예를 **사진 3**에, 후자의 예를 **사진 4**에 표시한다.

　이 종류의 공구를 사용하기 위해서 기계 강성이 충분하지 않으면 공구의 능력을 발휘할 수 없기 때문에 비교적 대형의 밀링 머신에서 사용하는 일이 많다. 그리고 고속 회전 주축을 갖는 밀링 머신에는 부적당한 것 같다.

　③ **볼 엔드 밀**……스로어웨이식의 최대의 장점은 재연삭하지 않고 공구 형상(정밀도)의 재현성이 있는 것으로 볼 엔드 밀과 같은 총형 공구에서는 특히 스로어웨이식의 우위성이 나오게 된다.

　현재 시장에 나와 있는 스로어웨이식 볼 엔드 밀은 기능적으로는 사용자의 요망에 적합하나 성능면에서는 납땜의 고능률 가공을 할 수 있는 볼 엔드 밀에는 미치지 못한다.

사진 2　짧은 날 스로어웨이 엔드 밀

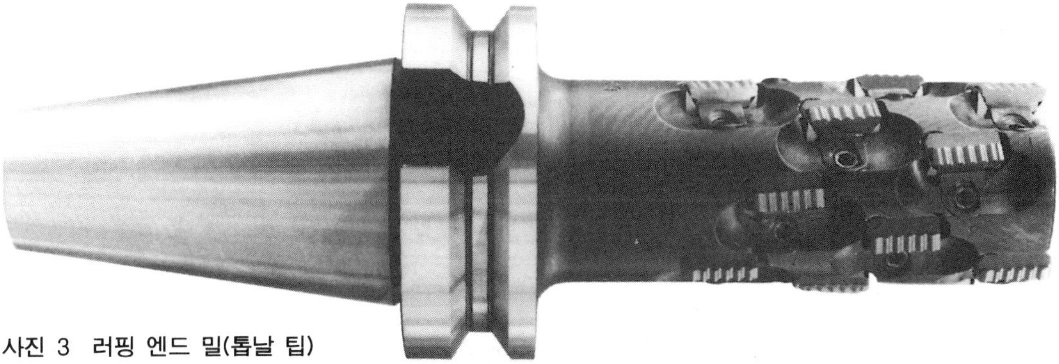

사진 3　러핑 엔드 밀(톱날 팁)

사진 4　러핑 엔드 밀(비틀림날 배열)

사진 5　스로어웨이 볼 엔드 밀

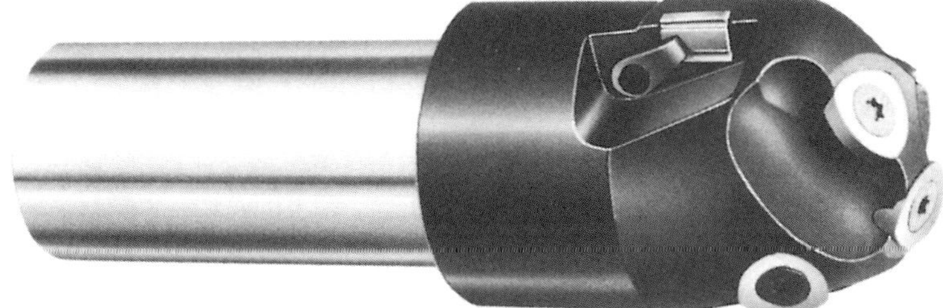

사진 6　분할 다날의 스로어웨이 볼 엔드 밀

　이 때문에 거친 가공은 납땜 중다듬질, 다듬질 가공은 스로어웨이라는 사용 방법이 일반적이다.

　이 원인의 하나로 날수의 차이, 칩 포켓의 부족, 본체 강성의 부족을 들 수 있다. 스로어웨이식 볼 엔드 밀의 예를 **사진 5**에 나타낸다.

　스로어웨이식 볼 엔드 밀이 납땜에 대해서 성능적으로 우위인 것은 ϕ 40 mm 이상의 대직경쪽이고, **사진 6**에 나타낸 것 같이 절삭날을 분할 다날(멀티날)로 하여 절삭 저항의 분산을 통해 절삭성의 안정화에 성공했다. 대형의 프레스형에서의 사용이 많으나 이 공구의 경쟁 상대는 의외로 하이스의 러핑 볼 엔드 밀이고, 니크붙이로 날수가 많기 때문에 같은 정도의 가공 능률을 갖고 있다.

　스로어웨이식 엔드 밀의 이점 중 하나로 공구 재종에서의 선택의 폭이 넓다는 점도 잊어서는 안된다. 특히 강계 피삭재에 대해서는 초경 P 20~P 30, M 30~M 40, 서멧, 코팅 (초경 모재) 등에서 가공 조건에 맞는 재종을 선택해서 최적 수명을 얻을 수 있다.

　④ **앞날붙이 엔드 밀**……아직 시장에 나와 있는 제품으로는 적으나 키 홈, 금형 가공 등에 사용되고 있다. **사진 7**은 그 대표적인 예인데 사이드의 날 길이는 짧다.

사진 7　앞날붙이 스로어웨이 엔드 밀

② 초경 엔드 밀의 용도

　초경 엔드 밀도 날끝 형상에 의한 사용 분류는 물론 있으나 하이스와 거의 같기 때문에 생략하고, 초경 엔드 밀의 특징적인 용도만을 기술하고자 한다. 그리고 구체적인 가공 예에 대해서는 별도의 장을 참조하기 바란다.

　전술한 바와 같이 초경 엔드 밀은 초경 합금의 특성인 「고온 경도가 높다」는 점 때문에 고경도재의 절삭을 할 수 있고, 일반 강재의 절삭에 있어서도 내마모성이 우수하다. 또 영률이 크기 때문에 강성이 높고, 솔리드 엔드 밀로는 고정밀도 가공을 할 수 있다. 외경 25 mm 전후의 엔드 밀로도 다듬질용 엔드 밀에는 솔리드를 사용하는 예도 많다. **그림 2**는 하이스와 초경 솔리드 엔드 밀의 강성 비교 예를 나타낸 것이다.

코팅 초경 엔드 밀은 TiN 코팅을 함으로써 내마모성의 향상은 물론 날끝에 대한 응착이 적어지기 때문에 스테인리스강과 같은 난삭재라도 수명이 길어질 수 있다.

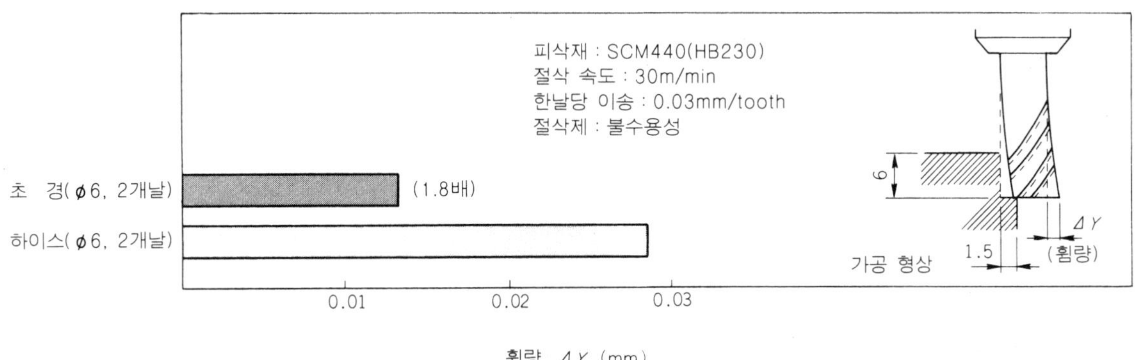

그림 2 초경과 하이스 엔드 밀의 가공 정밀도 비교

그 위에 비틀림각을 강하게 하면 더욱 응착하기 어렵게 된다.

이 종류의 엔드 밀은 덧땜부(용접)의 가공에도 적합하다. 또 초경 솔리드 엔드 밀을 사용한 담금질강(HRC 40)의 절삭 예도 있다.

다음은 고속 절삭의 예로 항공기 부품인 알루미늄 합금의 절삭에도 초경 엔드 밀이 많이 사용되고 있다. 최근에는 1만 rpm 이상의 MC도 늘었고 상당한 고능률 가공도 실시되고 있다.

알루미늄 절삭용 엔드 밀의 형상은 큰 경사각(하이 포지티브), 큰 여유각, 큰 칩 포켓, 코너·샤프 에지 등이 특징이다. 이와 같은 형상을 한 알루미늄 전용의 초경 엔드 밀도 판매되고 있다.

또 하나의 고속 가공으로 최근 주목받고 있는 것이 방전 가공용 흑연 전극의 가공이다. 흑연 전극의 용도도 단순 형상에서 플라스틱 금형에 대한 응용으로 확대되고 자유 곡면이나 깊은 홈가공도 필요시되고 있다.

여기에 사용되는 공구는 초경 엔드 밀이나 초경 밀링 커터이다. 흑연은 피삭성이 좋기 때문에 고능률 가공을 할 수 있다. 그러나 문질러 벗겨지는 마모가 심하고 내마모성이 높은 공구가 필요하다. 엔드 밀의 형상은 강용에 비하면 날 길이가 길어진다. 깊은 홈 가공에서는 공구 내부에서 공기를 분출시키면 칩의 배출이 좋고 가공 능률도 높일 수 있다.

최근에 판매되고 있는 흑연 가공 전용 밀링 머신을 사용한 가공 예(수화기 수형)에서는 공구 지름 10 mm, 날 길이 50 mm의 초경 볼 엔드 밀을 사용해서 주축 회전수 1만 rpm, 이송 속도 2,000 mm/min, 절삭 깊이 15~50 mm의 절삭 조건으로 약 1시간 안에 가공할 수 있었다. 종래의 7~8시간에 비해서 현격한 차이이다.

최근 주목받고 있는 CFRP(탄소 섬유 강화 플라스틱)나 FRM(금속계 복합재)의 가공에도 초경 엔드 밀은 없어서는 안 될 공구이다.

이 종류의 피삭재에는 다결정 다이아몬드 소결체가 가장 적합하지만 엔드 밀에 대한 응용은 미완성인 부분도 많고, 또 공구 형상의 종류도 적기 때문에 현재로는 K계열의 초경 엔드 밀에 의지할 수 밖에 없다.

스로어웨이식 엔드 밀의 경우, 초경 합금, 서멧, 코팅(초경), 세라믹스, 다결정 고압 소결 공구(다이아몬드나 CBN) 등 각종의 공구 재료를 사용할 수 있기 때문에 용도도 솔리드나 납땜에 비해서 넓게 쓰여지고 있는 편이다.

*   *   *

여기서 소개한 것 이외에도 각 공구 메이커에서 특징있는 초경 엔드 밀이 많이 시판되고 있다.

비철 금속의 가공용에 다결정 다이아몬드 엔드 밀

비철 금속 재료의 절삭용으로 다이아몬드 소결체 공구가 개발되고 있다. 대표적인 것은 GE사의 「콤팩스」(상표)이고 이외에도 「신다이트」(데비어스사), 「메가다이아」(메가다이아사), 「스미다이아」(스미토모 전기 공업) 등이 시판되고 있다.

이것들은 분말 다이아몬드(주로 인조 다이아몬드)를 초경 합금의 기반 위에 고온 고압으로 소결한 것으로 바이트 팁만이 아니라 리머나 엔드 밀에도 진출해 왔다.

▶ 형상과 성능

다결정 다이아몬드를 사용한 엔드 밀은 알루미늄 합금, 동합금, 수지류 등의 스폿 페이싱, 홈가공, 보링, 버(burr) 가공 등에 많이 사용되고 있다.

그림 1에 다이아몬드 엔드 밀의 가장 대표적인 형을 나타낸다. 2개의 다이아몬드 절삭날이 좌우로 설치되어 날형은 곧은 날이 대부분이고, 날수는 2개가 표준이다(1개날도 있다).

홈이나 단을 가공하는 엔드 밀에는 소정의 절삭날 길이가 필요하게 되지만 큰 다이아몬드 소결체는 만들기 어렵고, 또 비싸다.

그 때문에 긴날 길이가 필요한 경우에는 다이아몬드 팁을 이어서 그 이음매 위치를 어긋나게 해서 금이 생기는 것을 방지하거나 그 위에 다이아몬드 팁의 간격을 내서 몇 개 설치한 뒤 1회전 하면 필요한 절삭날 길이를 가공할 수 있는 등의 연구를 하고 있다(**그림** 2).

성능에 대해서는 초경 엔드 밀과 비교할 때, 상당히 수명이 긴데, 치수 정밀도를 아주 엄격하게 요구하지 않는 가공에서는 여러 번의 재연삭수를 고려하면 반영구적인 수명이라 해도 과언은 아니다.

그러나 심한 단속 절단에 사용되는 경우가 많기 때문에 날끝 코너부에는 허용되는 범위 내에서 C 모떼기나 R를 붙여서 날끝의 파손을 방지하도록 해야 한다.

▶ 사용상의 주의점

　우선 주의하여야 할 것은 공구가 정지하고 있을 때의 날끝에 대한 충격으로 이것에 관해서는 초경 엔드 밀보다도 약하다.

　예를 들어 설치할 때 잘못해서 나무 망치 등이 닿아도 날끝이 파손되는 경우가 있다.

　다음으로 주의할 점은 피삭재 속의 이물질에 날끝이 접촉하지 않도록 하는 것이다. 특히 철계의 이물질에 접촉하면 큰 치핑을 발생시키고 만다. 그리고 날끝을 보호하는 의미에서 파고 들어갈 때나 빼낼 때의 진동을 될수 있는 대로 억제하도록 한다.

　엔드 밀의 경우는 리머와 달라서 재연삭에 의해서 외경이 작아지면 사용할 수 없게 되는 일은 없기 때문에 이와 같은 원인으로 큰 치핑이나 균열에 의해서 재연삭이 불가능한 사태가 발생하지 않도록 주의하여야 한다. 그래서 여러 번 재연삭을 해서 수명이 길다는 장점을 살려야 한다.

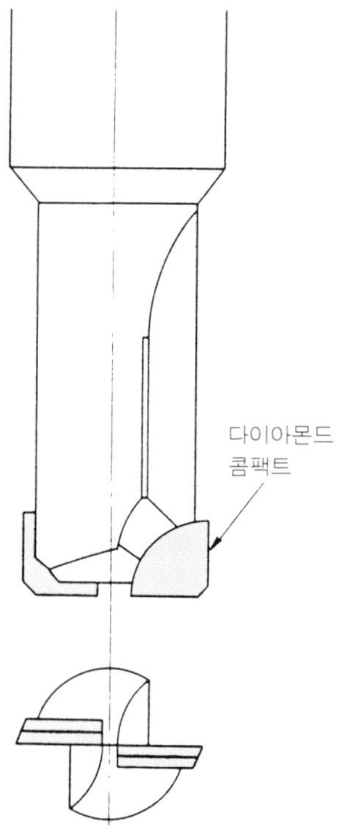

그림 1　표준적인 콤팩트 엔드 밀

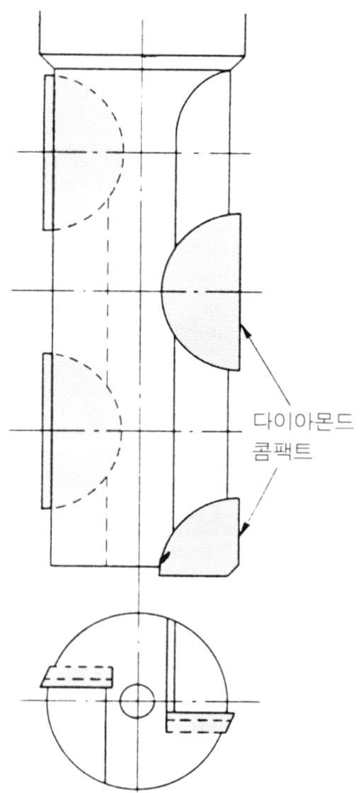

그림 2　팁의 수를 많이 한 엔드 밀

초경 엔드 밀의 하이레이크화

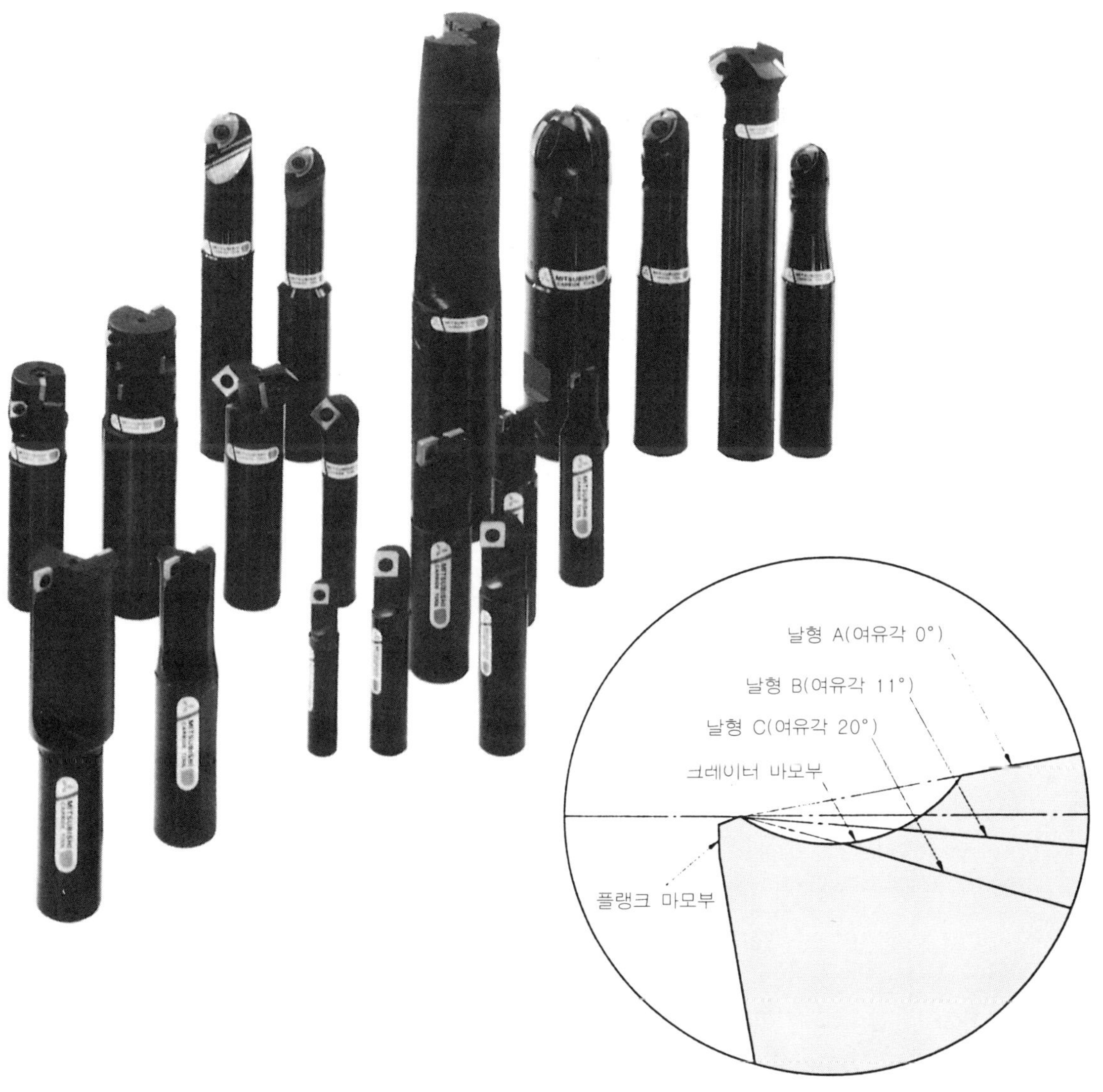

그림 1 날형과 경사면 마모의 관계(정면 밀링 커터)

　최근 MC(머시닝 센터) 등의 강성이 높은 고속 절삭 가공이 가능한 공작 기계의 출현에 의해서 초경 공구의 특색을 살린 가공이 많아지고 엔드 밀의 초경화, 스로어웨이화에 박차를 가하게 되었다.

　바꿔 말하면 고가인 MC 도입의 장점을 끌어내기 위해서는 초경 공구를 잘 사용해서 고능률 가공, 고정밀도 가공을 실현할 필요가 있다.

　초경 공구도 MC의 특성이나 성능을 최대한 살릴 수 있는 설계적 배려를 하고 다종 다양한 가공물, 가공 모양에 대응할 수 있도록 공구의 표준화, 시스템화가 계획되고 있다.

　그러나 하이스 공구에서 초경 공구로의 이행에 의한 가공의 고능률화, 고정밀도화가 계획되는 중에도 하이스 공구의 이점도 버리기 어렵고, 초경화하기 어려운 분야가 남게 되는 것도 사실이다.

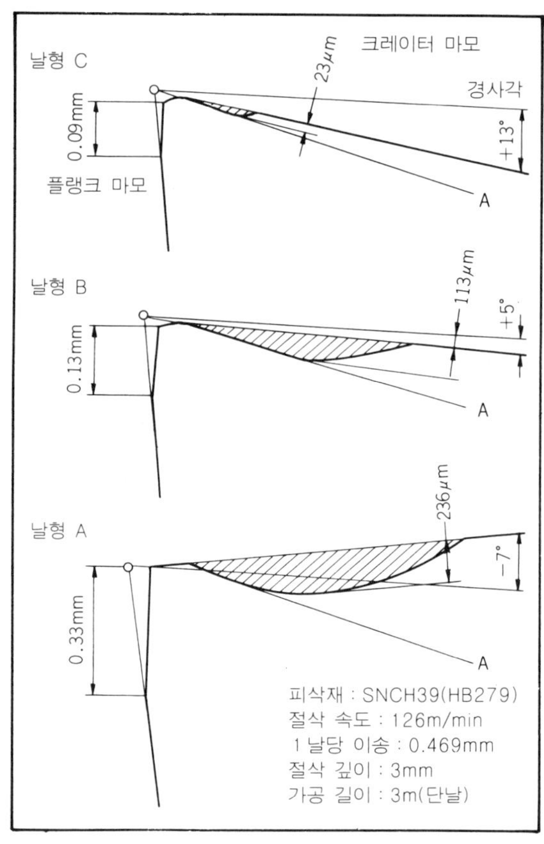

그림 2　날형과 공구 마모량(φ160 정면 밀링 커터)

　최근에는 초경 공구도 공구 재료, 공구 형상의 양면에서의 연구, 개발에 의해 공구의 하이 레이크화가 진행되고 있다.

　엔드 밀에 있어서도 같은 싸움이 진행되고 있다. 여기서는 하이레이크형의 초경 엔드 밀에 대해서 대표적인 예를 소개한다.

① 하이레이크날형의 절삭 특성

하이 레이크날형의 절삭 특성에 대해서 정면 밀링 커터를 예로 들어 다음에 소개하겠다. 비교에 사용한 정면 밀링 커터는 A(팁의 여유각 0°), B(11°), C(20°)의 3종류에서 참다운 경사각은 A＝－7°, B＝＋5°, C＝＋13°로 된다.

그림 1은 각 날형의 정면 밀링 커터의 마모 절삭날을 겹쳐서 나타낸 것이다. 큰 경사각을 갖는 날형 C의 정면 밀링 커터는 칩 압축비가 작고 경사면의 칩 접촉 길이가 짧기 때문에 절삭날이 받는 절삭 저항이 적고 절삭열의 발생이 적어진다.

그림 2는 1날당의 이송이 0.469 mm인 경우의 공구 마모량을 측정한 결과를 나타낸 것이다. 경사각이 작은 날형의 것이 절삭날이 강도적으로 유리하다고 생각하고 있었으나 경사각이 불충분하기 때문에 경사면에 마모가 발생하기 쉽고 절삭날의 강도도 저하되어 버린다.

이 때문에 이송량이 0.144~0.781 mm의 범위 내에서는 어느 경우에도 경사각이 큰 날형일수록 수명이 길어지는 결과를 얻을 수 있었다.

다음에 하이레이크날형의 효과에 대해서 실험 데이터를 소개한다.

(1) 절삭 저항

그림 3은 주철(FCD 45) 및 강(SCM 440)을 절삭 가공한 경우의 비절삭 저항을 비교한 것이다. 하이레이크날형의 효과가 절삭 성능에 현저하게 나타나 있고 절삭 저항의 감소는 공작물의 휨을 적게 하며 얇거나 채터링하기 쉬운 부품의 가공을 쉽게 한다.

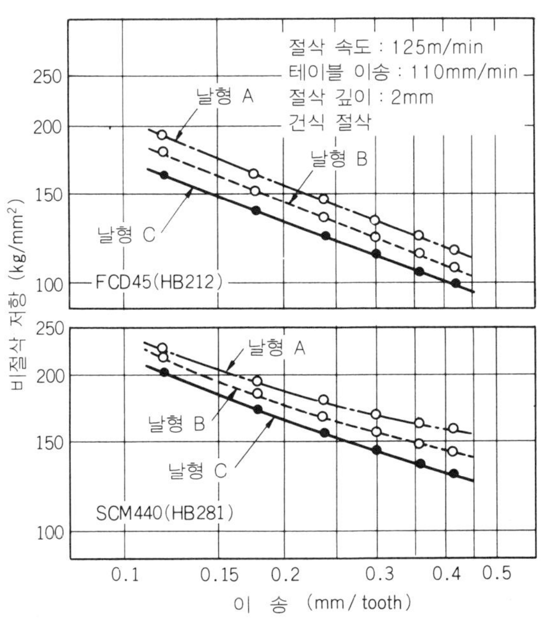

그림 3 날형과 비절삭 저항 (ø 125 정면 밀링 커터)

그리고 저강성, 저마력의 공작 기계로도 원활한 절삭이 가능하다. 동일 기계에 있어서는 하이레이크 공구를 사용함으로써 감소되는 동력분 만큼의 중(重)절삭, 고능률 가공이 실현될 수 있게 된다.

(2) 절삭열

그림 4는 날형별로 공작물의 온도 상승을 측정한 결과이다. 경사각이 +13°로 큰 날형의 정면 밀링 커터 C에서는 절삭날 부근에 있어서 칩의 소성 변형량이 작고, 경사면에서의 칩 접촉 길이가 작으므로 절삭열의 발생 자체도 적어 그 대부분은 칩으로써 제거돼 버린다. 이 때문에 절삭열에 의한 공작물의 열변형량이 작아지고, 고정밀도의 가공이 가능하게 된다.

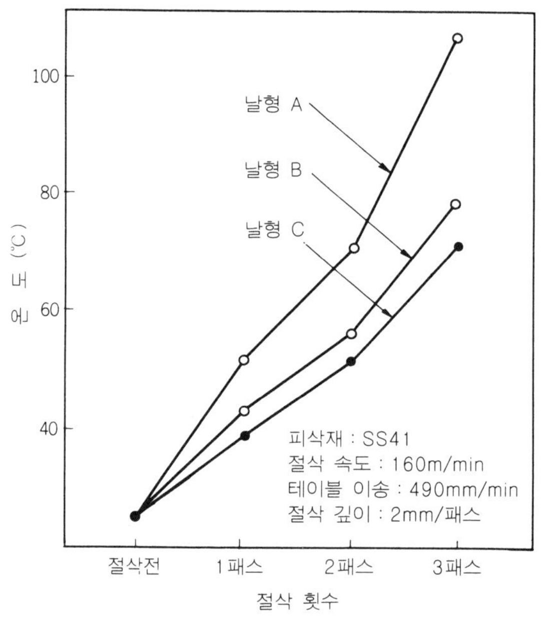

그림 4　날형과 피가공물의 온도 상승(6개날 정면 밀링 커터)

(3) 기타

하이레이크 공구를 사용함으로써 절삭 진동과 절삭음도 대폭적으로 억제하는 것이 가능하다. 특히 절삭 진동은 그에 기인하는 공작 기계의 정밀도 열화의 정도에 영향을 미치기 때문에 사용하는 공구의 선택에는 충분한 주의가 필요하다.

② 하이레이크 초경 엔드 밀

납땜형의 초경 엔드 밀은 역사가 길고, 상당히 오래 전부터 사용되어 왔으며 그 태반이 하이레이크날형으로 되어 있다.

　한편 스로어웨이형의 초경 엔드 밀은 공구 재질, 공구 형상, 생산 기술면 등의 제약도 있고, 그다지 큰 경사각이 채택되지 않으면서 오랜 시간이 흘렀다.

　그러나 MC가 보급되는데 따라서 절삭 성능이 좋은 공구를 사용하여 고능률 가공, 고정밀도 가공을 할 필요에 의해 초경 엔드 밀에 대한 수요가 많아지고, 그 위에 스로어웨이형의 하이레이크 초경 엔드 밀의 요구로 진행되어 왔다.

　하이레이크 공구에 대한 명확한 정의가 없기 때문에 여기서는 여유각 15° 이상의 스로어웨이 팁을 사용한 엔드 밀을 하이레이크 공구라고 부르기로 한다.

　그림 5는 MC용 툴링 시스템 중에서 엔드 밀에 대해 그 가공 예를 나타낸 것이다.

　다음으로 각종의 하이레이크날형의 엔드 밀과 그 효과에 대하여 기술한다.

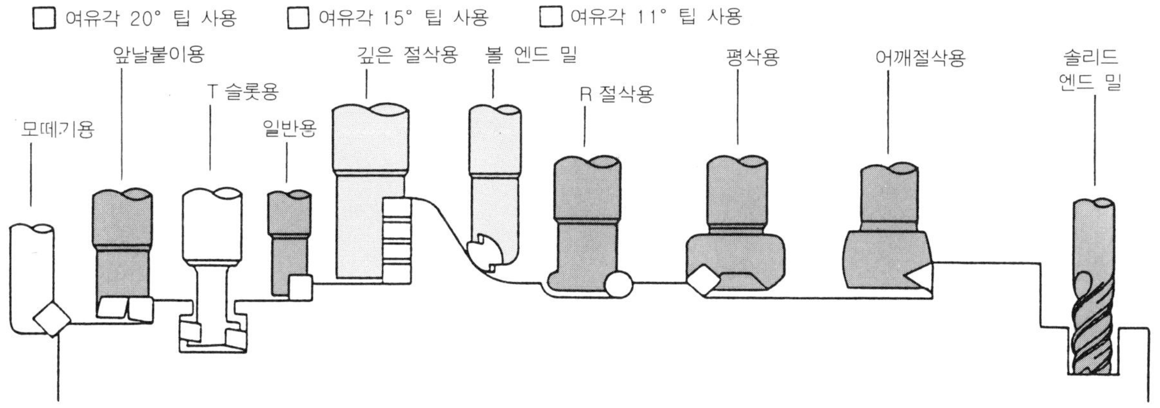

그림 5　각종 엔드 밀의 가공 예

(1) 자루붙이 소직경 커터(셸 엔드 밀)

사진 1은 평삭용 및 어깨 절삭용의 자루붙이 소직경 커터, 소위 셸 엔드 밀의 예이다.

사진 1　자루붙이 소직경 커터(좌 : 평삭용, 우 : 어깨 절삭용)

특징은 20° 포지티브 팁을 채택하고, 어느 것이나 초경 시트, 초경 서포터를 채택하고 있다. 절삭날 유효 지름은 50 mm, 63 mm, 80 mm의 3형상이 규격화되어 있다.

이것을 여유각 15° 포지티브 팁을 사용한 자루붙이 소직경 커터와 마모의 진행에 대해서 비교하면 이 여유각 20°의 하이레이크날형을 사용한 커터쪽이 20~30% 정도 적은 공구 마모를 나타낸다.

그리고 동일하게 공구 마모 $V_B = 0.4$ mm에 도달할 때까지의 가공 길이를 비교해 보면 하이레이크날형의 커터는 공구 수명까지의 가공 길이가 40~50% 정도 향상되고 있다. 정미 절삭 동력도 여유각 15°의 커터보다 약 10% 정도 감소되고 있다.

코너각 0°의 어깨 절삭용(**사진 1**의 오른쪽)은 배분력이 음($-$)의 값을 나타내고, 공작물을 상향 방향으로 끌어 올리려고 하는 힘이 작용하기 때문에 저강성 부품의 가공에서는 주의가 필요하다.

(2) 일반용 엔드 밀

사진 2는 여유각 20°의 포지티브 팁을 사용한 하이레이크날형의 초경 엔드 밀로 절삭성이 뛰어난 저저항형의 공구이다. 85° 평행 사변형 팁을 채택하고 높은 절삭날 강도와 큰 절삭 깊이를 얻을 수 있다. 절삭날 길이는 15~18 mm이고, 절삭날 외경은 16~40 mm가 규격화되고 있다.

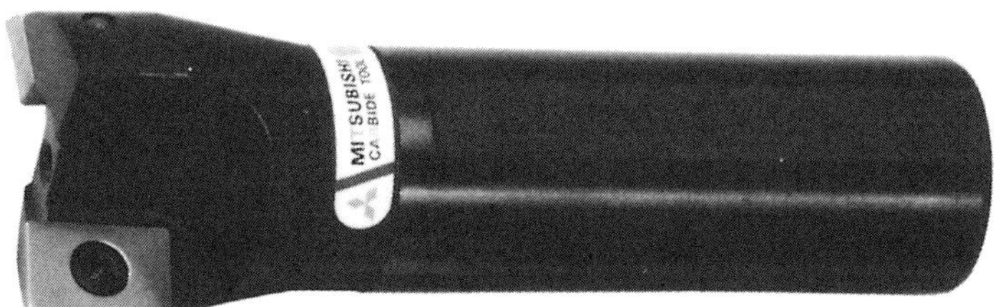

사진 2　하이레이크 날형 초경 엔드 밀

사진 3　하이레이크 앞날붙이 초경 엔드 밀

하이레이크날형을 사용한 레이디얼 레이크각 0°의 이 엔드 밀과 종래의 날형을 사용한 레이디얼 레이크각 $-10°$의 엔드 밀에 대해서 하스텔로이 B-2를 가공한 경우의 공구 수명을 비교해 보았다. 하스텔로이 B-2는 니켈기의 내열 합금이고, 항공기 부품이나 원자력 산업용 재료 등에 사용되고 있으나 인코넬, 와스파로이와 같이 대표적인 난삭재이다.

종래의 엔드 밀의 날형으로는 공구 수명이 대단히 짧고 불과 50 mm의 절삭 길이에서 결손이 생기고, 절삭 불능이 되어 버리지만 하이레이크날형으로는 약 6배에 해당하는 300 mm의 절삭이 가능하였다.

(3) 앞날붙이 엔드 밀

앞날붙이 엔드 밀은 중심부와 외주부에 배치된 2개의 팁으로 절삭날이 구성되어 있고 드릴 가공, 보링 가공, 홈가공, 모방 가공 등을 자유롭게 실현할 수 있는 다기능 공구이다. MC를 효율적으로 가동시키기 위해 필요한 공구의 하나이다.

앞날붙이 엔드 밀에 있어서 하이레이크화의 가장 큰 애로점은 중심부 절삭날의 모양이다. 중심부의 저속 영역에서는 용착에 의한 절삭날의 치핑, 결손이 발생하기 쉽기 때문이다.

그러나 이 문제를 해결한 공구가 **사진 3**의 20° 포지티브를 사용한 하이레이크날형의 앞날붙이 엔드 밀이다.

이 공구의 특징은 중심 부분에 절삭날이 없고, 더구나 드릴링과 엔드 밀의 양쪽 가공이 가능하다는 특이한 절삭 형태를 갖고 있다.

그림 6은 이 엔드 밀에 의한 절삭 형태를 나타낸 것이다. 이 엔드 밀은 팁이 하나로 앞날, 안쪽날 및 바깥날의 3개소의 절삭날을 동시에 보유하고 있다.

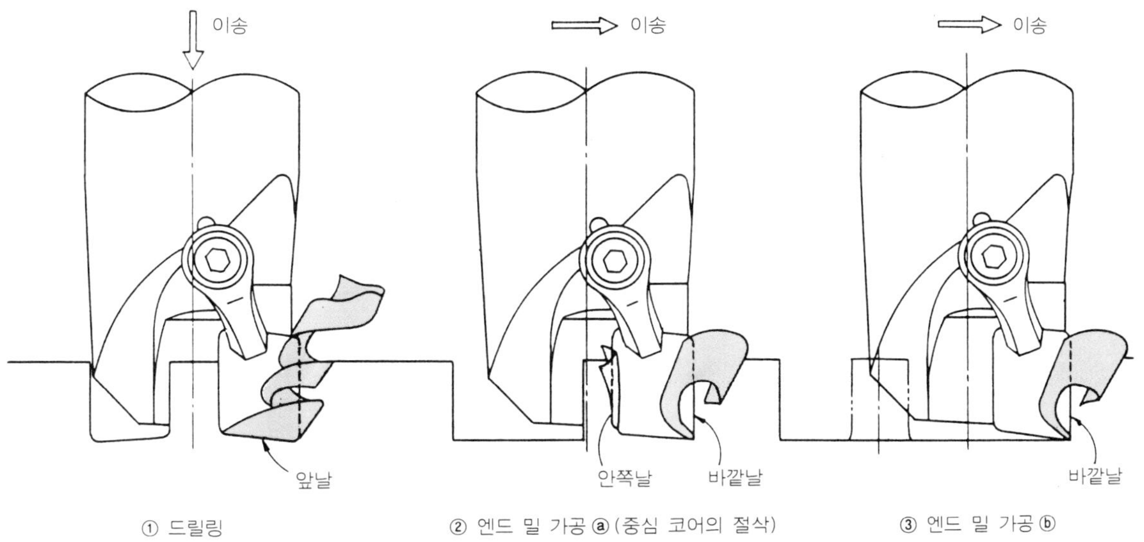

그림 6　하이레이크날형의 앞날붙이 엔드 밀의 절삭 상태

① **드릴링 가공** : 앞날만으로 하는 절삭으로 마치 심남기고 도려내기 가공(trepaning)과 같은 절삭 형태를 갖는다. 중심부에 절삭날이 없기 때문에 절삭날의 결손이 전혀 없다.

② **엔드 밀 가공 a** : 이 가로 이송 가공에서는 안쪽날과 바깥날이 동시에 작용한다. 안쪽날은 드릴링 가공으로 깎다 남은 중심 코어를 절삭하고, 바깥날은 일반적인 엔드 밀 가공이 된다.

③ **엔드 밀 가공 b** : 이 가로 이송 가공은 일반적인 엔드 밀 가공과 같으며, 바깥 날만으로의 절삭이 된다. 현재 외경 20 mm와 25 mm가 규격화되고 있다.

(4) R 절삭용 엔드 밀

둥근형의 팁을 사용한 R 절삭용 엔드 밀이다. 이 공구는 측면이나 내경의 R 홈가공, 평면의 파들기 가공, 정면 밀링 가공 등 다목적 가공이 가능하다.

둥근형 팁을 사용한 공구는 절삭날의 신뢰성이 높고, 절삭 깊이량을 작게 설정하면 코너각이 커진다. 따라서 내열 합금이나 스테인리스강, 고경도재(HRC 45~50 정도) 등의 난삭재 가공에서는 사용 팁 지름의 1/5 이하로 절삭 깊이량을 설정하면 잘 절삭된다.

그리고 절삭날의 경사각을 크게 설계하면 절삭성이 향상되고 절삭 가공이 원활해 진다. **사진 4**에 나타낸 레이디어스 엔드 밀은 그러한 기술적 이점을 살려서 개발된 하이레이크 날형의 R 절삭용 엔드 밀이다.

20° 포지티브의 둥근형 팁을 사용하고 있으나 절삭 저항이나 절삭성을 한층 개선시키기 위해서 그 위에 20° 경사각의 특수 브레이커를 부가하고 있다. 따라서 난삭재 가공이나 금형 가공, 혹은 채터링 현상이 발생하기 쉬운 가공에 적합하다.

사진 4　R 절삭용 레이디어스 엔드 밀

사진 5　볼 엔드 밀. 중심 앞 부근을 볼록 형상의 경사면으로 한 날형(오른쪽)

(5) 볼 엔드 밀

사진 5는 중심날 부근의 날형을 볼록형의 경사면으로 한 볼 엔드 밀이다.

볼 엔드 밀은 금형 가공 중에서 가장 큰 가공 비율을 차지하는 공구이지만 중심날이 결손되기 쉽다는 것으로 오랜 세월 초경화를 저지해 왔다. 그러나 중심날을 볼록한 곡면형으로 형성하고, 회전을 시작할 때 끝을 엔드 밀 회전 중심보다 0.2~0.8 mm 정도 떨어뜨리는 등의 파손 방지 대책에 의해서 최근에는 초경 볼 엔드 밀도 정착되어 왔다.

볼 엔드 밀은 금형 형상의 사정으로 돌출량이 큰 롱형 등 공구 본체 강성을 현저하게 저하시켜서 사용하는 경우가 많기 때문에 하이레이크화가 어려운 공구이다. 그래도 **사진 5**에 나타낸 볼 엔드 밀은 여유각 15°의 포지티브 팁을 사용하고 있고, 채터링이 발생하기 쉬운 가공 조건하에서는 팁 윗면에 브레이커를 부가한 저저항형 팁을 사용하고 있다.

(6) 솔리드 엔드 밀

절삭날 외경이 15 mm 이하로 되면 스로어웨이화가 어렵게 되고, 솔리드 엔드 밀의 영역으로 된다. **사진 6**은 그 예로서 절삭날의 비틀림각은 45°와 범용의 초경 솔리드 엔드 밀로서는 강비틀림의 날형으로 되어 있어서 절삭 저항이 안정되고 칩 배출도 원활하다.

사진 6 비틀림각 45°의 강비틀림 솔리드 엔드 밀

사진 7 깊은 절삭 깊이용 하이레이크 · 강비틀림의 고비틀림 초경 엔드 밀

비틀림각 30°의 엔드 밀과 45°인 것과의 공구 수명을 비교해 보면 주절삭날(외주날), 부절삭날(정면날) 어느 것이라도 45°의 강비틀림 날형쪽이 공구 마모가 적고, 또 고경도재(SKD 61 : HRC 51)나 스테인리스, Ti 합금 등의 난삭재 가공에 있어서도 같은 결과를 인정할 수 있다.

(7) 깊은 절삭 깊이용 엔드 밀

사진 7은 깊은 절삭 깊이용의 고비틀림 초경 스로어웨이 엔드 밀이다. 여유각 20°의 포

지티브의 특수 마름모꼴 팁을 사용하고, 하이레이크, 고비틀림을 실현하고 있다. 하이스의 러핑 엔드 밀에 가까운 절삭 성능을 노린 초경 공구이다. 보통의 강절삭은 물론 스테인리스강 등 난삭재의 절삭에도 적합하다.

(8) 기타

사진 8은 20° 포지티브 팁을 세워서 날붙이한 메가톤 날형의 소직경 커터의 절삭날부의 근처를 나타낸 것이다. 경사면이 볼록한 곡면 형상으로 되어 있고, 절삭날 선단에서 끝단을 향해서 축방향각이 점차로 증가하고 있다.

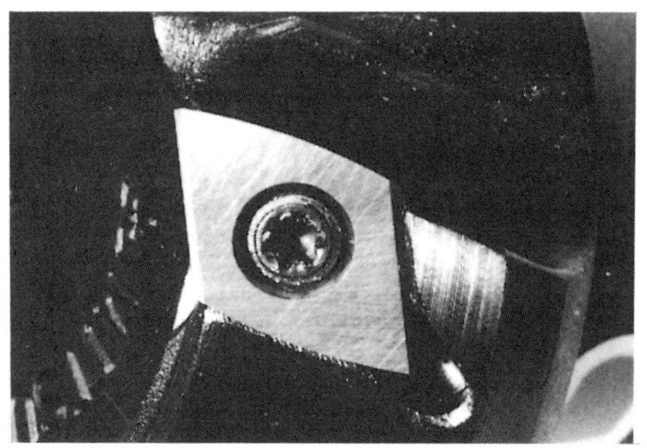

사진 8　메가톤날형 소직경 커터의 절삭날부

이 때문에 선단부의 절삭날 강도가 높고, 칩 떨어짐이 좋으며, 중(重)절삭이 될수록 성능이 좋다는 특징이 있다. 이 하이레이크 공구도 강절삭은 물론 스테인리스강, 난삭재 등의 절삭에도 적합한 공구라고 할 수 있다.

＊　　　　　＊　　　　　＊

하이레이크 공구는 양날의 검(劍)이라고 할 수 있다. 하이레이크날형은 잠재하는 경이적인 절삭 성능과 사용 방법을 잘 모를 경우에 파손되기 쉽다고 하는 양면성을 갖고 있기 때문이다.

가공의 고능률화, 고정밀도가 요구되는 가운데 하이레이크 공구가 담당해야 할 역할은 점점 더 증가할 것으로 보인다. 기계, 지지구, 공구라고 하는 하드웨어에서의 충실과 그것들을 잘 사용한 소프트웨어의 개발이 이후의 과제라고 할 수 있다.

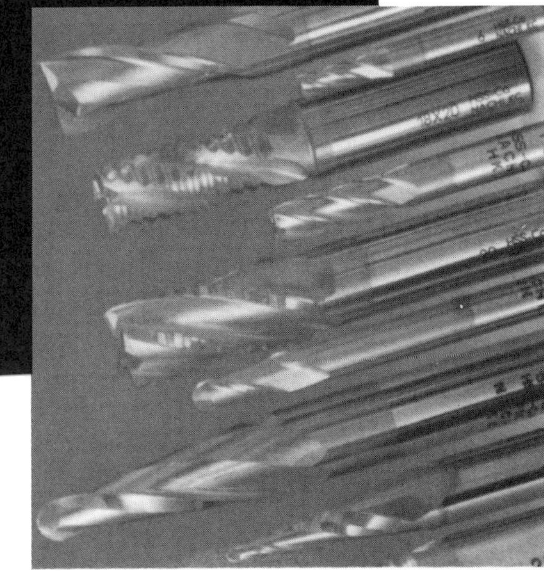

수년 전에는 일부의 호브나 피니온 커터로만 사용되고 있던 이온 플레이팅법에 의한 티탄 나이트라이드 코팅(TiN 코팅)도 최근에는 상당히 대중적으로 보급되어 왔다. 많은 생산 현장에서 금색으로 빛나는 드릴, 탭, 엔드 밀 등을 볼 수 있다.

특히 TiN 코팅 엔드 밀은 피삭재의 다양화에 대응한 넓은 수비 범위, 그리고 FMS, FA의 보급에 매치한 고속 고능률 절삭이 높은 신뢰성을 유지하면서 달성할 수 있기 때문에 급속하게 보급되고 있다. 그러나 사용자의 관심이 극히 높은데도 불구하고 새로운 소재 때문에 사용 조건에 관한 보고가 적은 것이 실제 현상이다. 그래서 여기서는 TiN 코팅 엔드 밀의 절삭 실례(實例)와 맞추어서 그 특성을 해설하려고 한다.

① TiN 코팅의 방법

최근 코팅막으로 채택되고 있는 것은 대부분 TiN(질화 티탄)이다. TiN은 금속 티탄과 질소가 대략 1 : 1의 비율로 결합한 화합물로 **표 1**에 나타낸 것 같이 공구의 표면층으로서 바람직한 여러 가지 특징을 갖고 있다.

즉, 고경도는 좋은 내마모성을 초래하고 고온 경도가 크다는 것은 내열성을 의미한다. 그리고 마찰 계수가 작은 것은 용착 방지에 도움이 된다.

TiN막은 TiC막 등의 다른 경질막보다 공구 표면에 대한 밀착성과 균일성이 우수하고, 신뢰성이 높은 코팅막이라 할 수 있다. 그리고 고운 금색 광택을 갖고 있는 것도 인기가 있는 한 원인이라고 할 수 있다.

표 1 TiN의 물리적 성질

색 상		TiN	하이스(연삭)
색 상		금 색	금속 광택
경 도 (HV)	상 온	2400	900
경 도 (HV)	고온(600℃)	900	600
마 찰 계 수		0.2	0.4
융 점 (℃)		2930	1300
밀 도 (g/cm^3)		5.43	7.9~8.3
열 팽 창 계 수 (10^{-6}/℃)		9.35	11.0
열 전 도 율 (cal/cm · sec · ℃)		0.069	0.12

TiN을 공구 표면에 코팅하는 방법을 크게 나누면 CVD(화학 증착)법과 PVD(물리 증착)법이 있다.

CVD법은 처리 온도가 900~1,000℃로 높기 때문에 열응력이나 변형의 문제에서부터 고정밀도를 요구하는 엔드 밀 등에는 적용이 어려운 처리이다. 이에 비해서 PVD법은 처리 온도가 550℃ 이하이므로 하이스의 엔드 밀에도 안심하고 사용할 수 있고, 초경 합금의 엔드 밀에도 물론 적용할 수 있다.

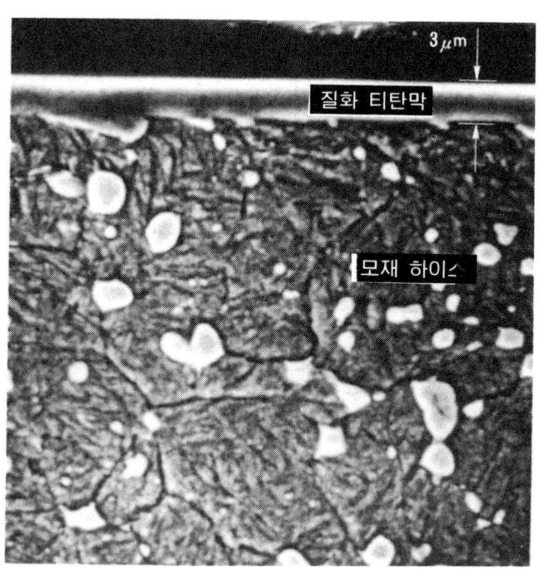

사진 1 엔드 밀 외주 2번면의 TiN막 SEM 사진(×2000)

이 PVD법에도 여러 종류의 방법이 있다. 그 중에서 공구에 적합한 것은 반응성 이온 플레이팅이라고 불린다.

사진 1은 TiN 코팅 엔드 밀의 단면을 SEM(주사형(走査形) 전자 현미경)으로 본 것으로 두께 3 μm의 TiN막이 균일하게 밀착하고 있는 것을 알 수 있다. 모재는 SKH 56 해당재로 그 조직은 건전하다.

② 특성과 사용 방법

TiN 코팅 엔드 밀은 질화 처리 등 종래의 표면 경화 처리에 생기기 쉬운 치핑의 조장과 같은 마이너스 효과가 없기 때문에 대부분 모든 용도에 사용할 수 있으나 보다 효과적인 사용 예를 다음에 소개한다.

(1) 고속 절삭

그림 1은 하이스 2개날 쇼트형 엔드 밀(ϕ 20)의 TiN 코팅품과 무처리품을 사용해서 냉간(冷間) 다이스강 SKD 11의 절삭에서 절삭 속도와 수명의 관계를 본 것이다.

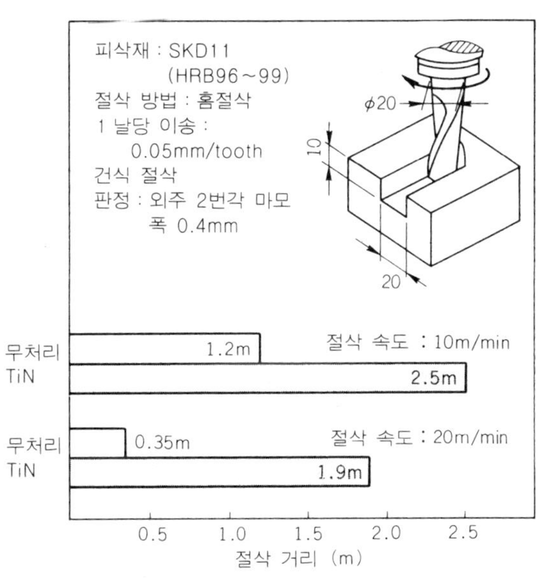

그림 1 TiN 코팅 엔드 밀의 절삭 속도와 내구성 ①

무처리 엔드 밀은 절삭 속도를 10 m/min에서 20 m/min으로 올리면 그 수명은 약 1/4로 되어 버리고 실용성도 없다. TiN 코팅 엔드 밀은 절삭 속도를 2배로 하여도 수명의 저하는 불과 20% 정도이다.

절삭 속도를 올리면 엔드 밀 날끝의 열발생이 크게 돼, 무처리품은 마모가 촉진되지만 TiN 코팅품은 마찰 계수가 작기 때문에 열의 발생도 적고 내열성에 뛰어난 점도 있고 해서 수명의 저하가 거의 일어나지 않는다.

사진 2는 절삭 속도 20 m/min일 때의 TiN 코팅 엔드 밀, 무처리 엔드 밀의 수명시의 날끝을 비교 관찰한 것이다.

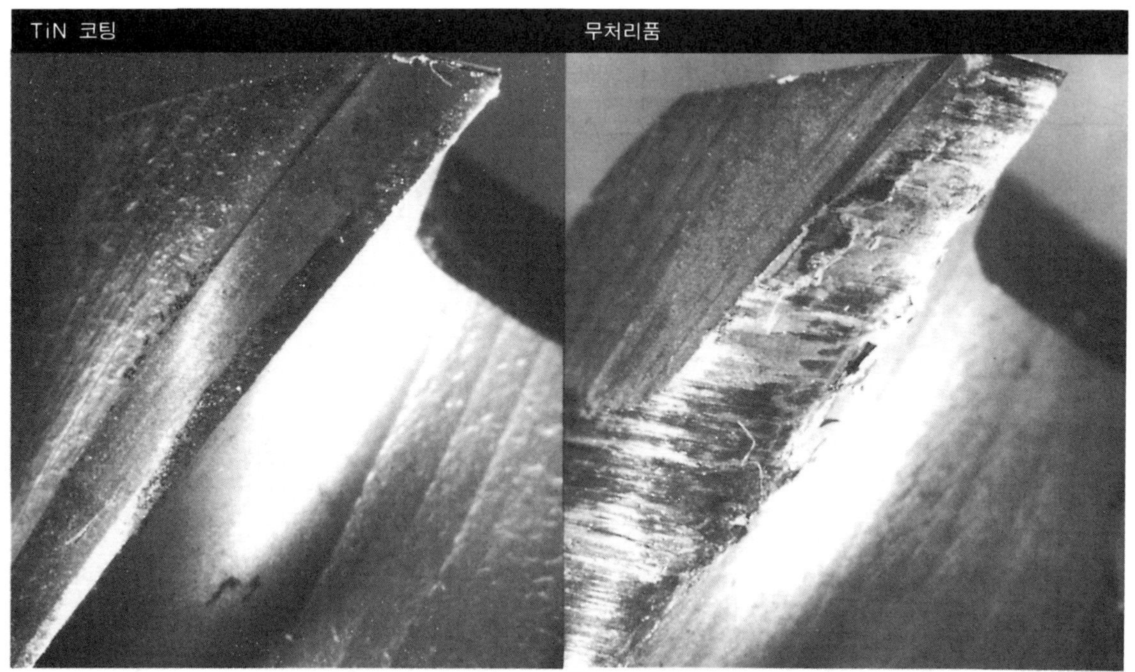

사진 2　수명이 다 된 엔드 밀 날끝의 손상 상태의 비교

　코팅품은 외주 여유각 마모 폭이 0.4 mm 정도이고, 재연삭이면 또 사용할 수 있다. 그러나 무처리품은 날끝이 용착되어 버렸기 때문에 폐기할 수 밖에 없다.

　또 하나 TiN 코팅 엔드 밀이 고속 절삭에 강한 예를 보도록 하자.

　그림 2는 하이스 키 홈용 엔드 밀(ϕ 10)로 S 45 C 및 SKD 61 조질재를 절삭해서 절삭 속도와 수명의 관계를 본 것이다.

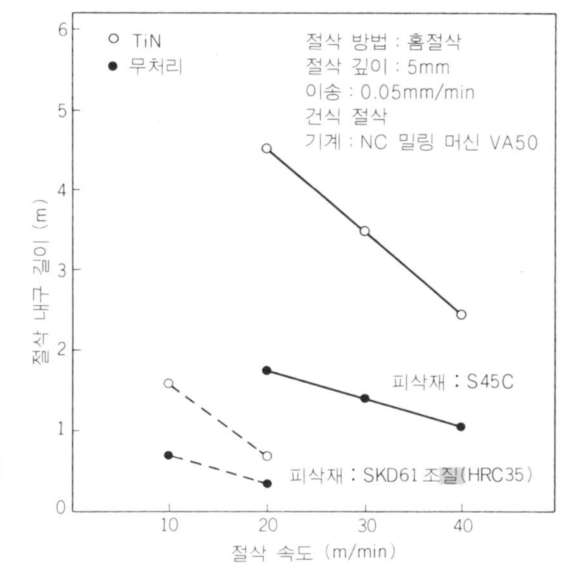

그림 2　TiN 코팅 엔드 밀의 절삭 속도와 내구성 ②

 S 45 C의 절삭에서는 TiN 코팅 엔드 밀은 40 m/min의 절삭 속도로 사용해도 무처리 엔드 밀의 20 m/min일 때의 수명을 능가하고 있다. 그리고 SKD 61 조질재의 절삭에서는 20 m/min의 절삭 속도로 무처리품의 10 m/min일 때와 동등 이상의 수명이 얻어지고 있다.

 이들 예에서 TiN 코팅 엔드 밀은 평평한 피삭재에 대해서는 무처리 엔드 밀의 2배, 난삭재에 대해서는 1.5배 정도의 절삭 속도로 사용할 수 있는 것을 알 수 있다.

(2) 절삭 유제에 대해서

 그림 3은 러핑 엔드 밀 쇼트형(ϕ20)을 사용해서 무처리품은 절삭유를 사용하고, TiN 코팅품은 건식으로 S 54 C를 절삭해서 비교한 것이다. 참고로 무처리품의 건식 절삭도 가해지고 있다. 이에 의하면 TiN 코팅 엔드 밀은 건식 절삭의 핸디캡을 문제시하지 않고 무처리품의 습식 절삭의 2배 이상의 내구성을 얻고 있다.

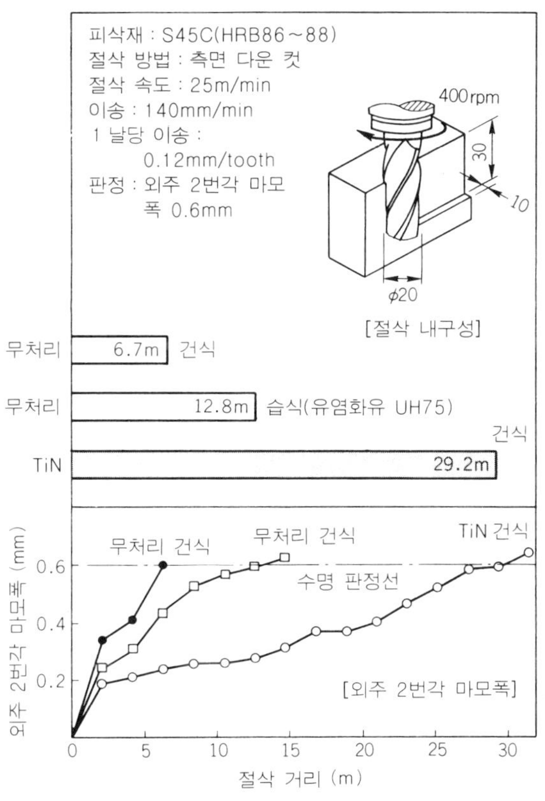

그림 3 플라잉 엔드 밀에 의한 습식과 건식 절삭

 사진 3은 수명시의 엔드 밀의 니크 산정 날끝의 SEM 사진이다. 무처리품은 습식 절삭인데도 불구하고 넓은 부분에 피해를 인정할 수 있으나, TiN 코팅품은 TiN막이 피해의 확산을 억제하고 있는 것을 알 수 있다.

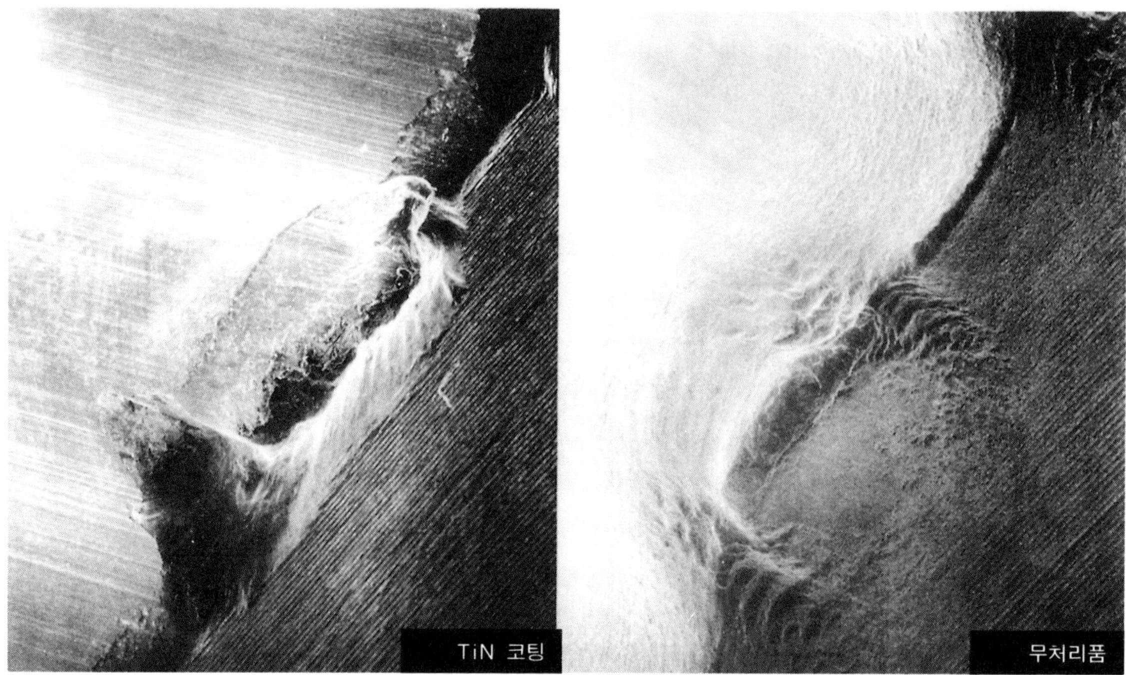

사진 3　니크 산정 날끝의 손상 상태 비교(×50)

　이와 같이 번거로운 절삭유를 사용하지 않고 엔드 밀의 수명을 연장할 수 있는 것도 TiN 코팅의 장점의 하나이다.

　TiN 코팅 엔드 밀에는 절삭유제를 사용해서는 안되는가라는 질문을 자주 받지만 **그림 4**와 같이 무처리품만큼 현저한 효과는 없으나 절삭유제를 사용한 것이 수명은 늘어난다.

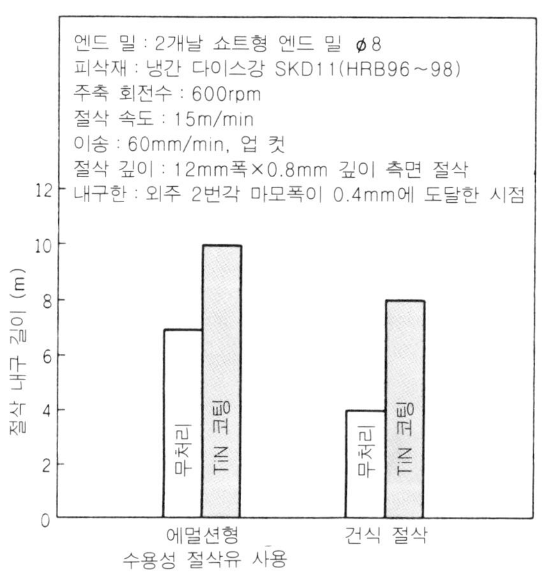

그림 4　2개날 쇼트형 엔드 밀에 의한 습식과 건식 절삭

　그리고 TiN 코팅막 자체에 윤활성이 있기 때문에 모재의 열연화를 방지하는 의미로 수용성 절삭제를 사용하는 것이 더 좋다.

(3) TiN 코팅 엔드 밀의 재연삭

　TiN 코팅 엔드 밀의 사용에 있어서 자주 재연삭 문제가 걱정이 된다. 즉 재연삭을 하면 코팅의 효과가 없어지는 것이 아닌가, 혹은 외주 여유면과 경사면의 어느 쪽을 연삭하여야 하는가 하는 문제이다.

　그림 5는 거침과 다듬질(rough & finish)용 엔드 밀 쇼트형(ϕ20)의 무처리품, 전면 코팅품, 코팅 후 여유면 재연삭품, 코팅 후 경사면 재연삭품의 4종류의 엔드 밀에 의해 냉간 다이스강 SKD 11을 절삭해서 수명을 비교한 것이다.

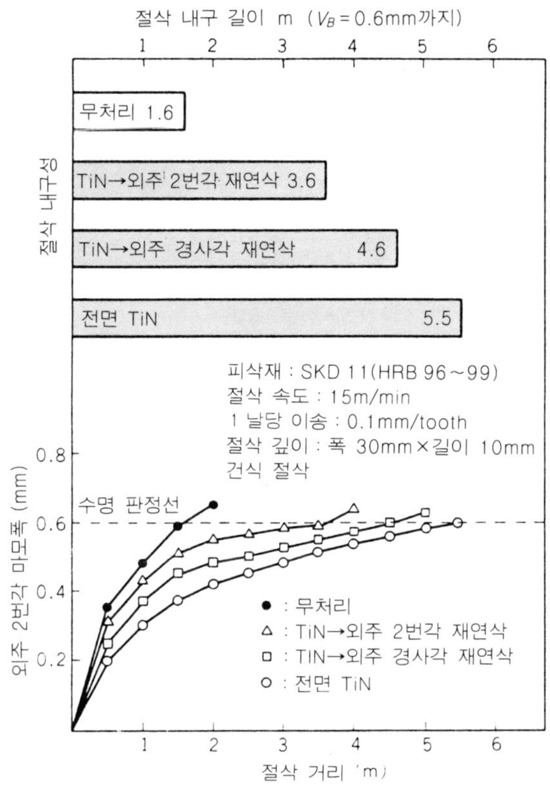

그림 5　거친 · 다듬질 엔드 밀의 양연삭 방식과 절삭 성능

　전면 코팅 엔드 밀이 가장 수명이 긴 것은 당연하지만 경사면 재연삭품으로도 무처리품의 약 3배, 여유면 재연삭품의 약 2배의 내구성을 나타내고 있다.

　경사면을 재연삭한 것이 여유면 재연삭품보다 뛰어난 것은 TiN막의 비비는 마모에 강한 특성이 여유면에 TiN막을 남김으로써 살아나기 때문이다.

　따라서 경사면의 재연삭이 가능하면 이것이 제일 좋으나 여유면 재연삭 방식으로도 충분히 실용성이 있다는 것을 알고 있으리라 생각한다.

(4) TiN 코팅 초경 엔드 밀

종래 이온 플레이팅법에 의한 TiN 코팅은 하이스 엔드 밀에 한해서 적용되고 있고, 초경 엔드 밀에는 CVD법이 사용되고 있었다. 그러나 CVD법에 의한 TiN 코팅으로는 엔드 밀 날끝의 날카로움을 유지하기 어렵기 때문에 최근에는 이온 플레이팅법으로 바뀌어 가고 있다.

그림 6은 고경도재 절삭용 엔드 밀(ϕ20)에 의해서 열간(熱間) 다이스강 SKD 61(담금질 뜨임 경도 HRC 45)을 절삭한 예이다. 무처리 초경 엔드 밀은 외주 여유면이 급격하게 마모하는 데 대해서 TiN 코팅 초경 엔드 밀의 마모의 진행은 완만하고, 피삭면의 거칠기도 뛰어나다.

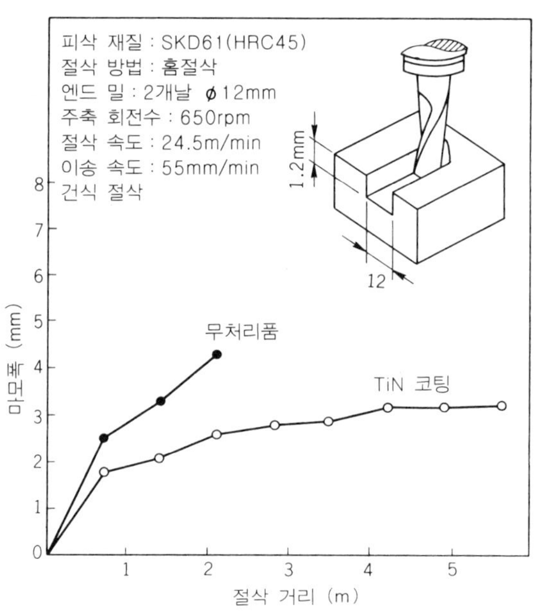

그림 6 TiN 코팅 초경 엔드 밀의 성능

③ 코팅의 품질 보증

TiN 코팅에 의해서 엔드 밀의 성능을 안정적으로 향상시키기 위해서는 코팅막의 경도, 두께, 밀착성 전부가 중요하다. 엔드 밀을 이온 플레이팅 장치에 넣기 전에 날끝을 잘 관찰해서 버(burr)나 날 파손이 없는 것을 확인해 두는 것이 중요하다. 그리고 TiN 코팅 후에는 실체 현미경, 미소(微小) 경도계, 막후계(膜後計), 밀착성 시험기 등으로 막의 특성을 측정하고 품질 관리를 한다.

사진 4는 형광 X선 미소부 막후계이다. 이 장치에 의해서 코팅막의 두께를 비파괴로 신속하게 측정할 수 있고, 측정 위치를 여러 군데 선택하면 코팅막이 고르게 입혀졌는지도 쉽게 알 수 있다.

사진 4 형광×선 미소부 막후계

사진 5는 스크래치 테스트식의 밀착성 시험기이다. 이 장치로 코팅된 공구의 표면에 하중을 증가시키면서 다이아몬드 압자로 긁는다. 자꾸 하중을 증가시키면 마침내 코팅막이 벗겨져 떨어진다. 이 소리를 AE(음향 방사) 센서로 검출해서 벗겨져 떨어지는 시점의 하중(임계 하중)에서 막의 밀착성을 알 수 있게 된다.

이들의 최신 기기 이외에 육안 검사나 실체 현미경 관찰도 품질 관리상 중요하다.

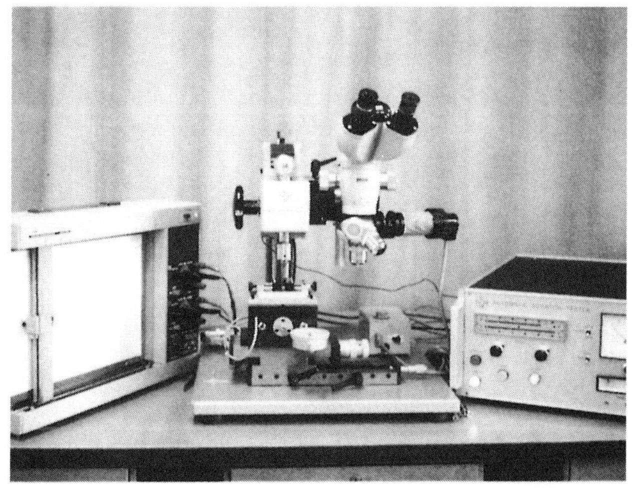

사진 5 밀착성 시험기

반응성 이온 플레이팅법과 장치

절삭 공구의 코팅에 사용되는 반응성 이온 플레이팅 장치의 대표적인 것은 HCD (Hallow Cathode charge) 이온 플레이팅 장치와 멀티 아크 방전형 이온 플레이팅 장치가 있다.

HCD는 고진공조 안의 도가니에 금속 티탄을 넣어서 이것에 HCD 건으로부터 전자 빔을 쬐어서 티탄을 용해·증발시킨다. 그래서 이 증기 티탄과 질소 가스를 플라스마 속에서 반응시켜서 생성한 TiN을 공구 표면에 코팅하는 것이다. 이 때 처리품에 (−)의 전압을 인가함으로써 높은 밀착성을 얻을 수 있다.

한편 멀티 아크 방전형은 그림에 나타낸 것 같은 장치를 사용한다. 이 장치는 최근 개발된 것으로 도가니를 사용하지 않고, 아크 방전에 의해서 티탄을 증발화하고 고밀도의 플라스마 속에서 질소 가스와 반응시켜서 TiN막을 얻고 있다.

이 방법은 도가니를 사용하지 않기 때문에 증발원의 위치에 제약이 없고, 진공조 안 어디에나 설치할 수 있으며, 또 한 번에 4~8개의 증발원을 사용해서 방전시키기 때문에 효율적으로 코팅할 수 있다.

어느 방법으로도 금색의 TiN 피막은 쉽게 얻을 수 있으나, 막질, 밀착성, 밀착회전에 뛰어난 코팅막을 얻기 위해서는 코팅시의 여러 조건이나 장치의 유지는 물론, 코팅 이전의 공구 연삭 기술이나 세척 기술을 포함한 폭넓은 지식이 필요하다.

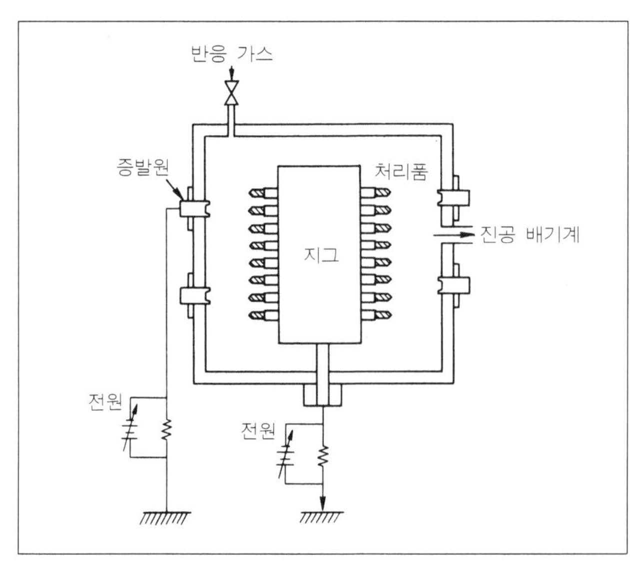

코닉 엔드 밀의 사용 방법
● 드릴과 같은 「만능형」 엔드 밀

드릴의 선단각은 일반적으로 118°로 되어 있으나, 엔드 밀은 약 180°의 선단각이 붙여져 있다고 생각해도 좋을 것이다. 이 엔드 밀의 선단각을 드릴과 같이 한 것이 코닉(Conic : 원뿔) 엔드 밀이다.

이 개요를 **그림 1**에 나타낸다. 코닉 엔드 밀은 선단각을 120°~160° 정도로 하고, 드릴과 마찬가지로 선단 여유각을 10° 전후로 설치한 것이다.

그리고 엔드 밀은 드릴의 중심 두께 $0.15D$~$0.3D$와 비교해서 약 $0.6D$로 커다란 중심 두께가 있기 때문에 **그림 1**의 사선부에 나타낸 것 같이 선단에서부터 축방향으로 약 $1D$의 길이에 걸쳐서 W형 시닝을 하는 것이 중요하다.

이와 같이 코닉 엔드 밀은 엔드 밀에 선단각을 설치하고 시닝을 하여 구멍뚫기 특성을 현저하게 향상시켜 홈절삭, 측면 절삭, 모방 절삭 등을 할 수 있도록 한 만능형 엔드 밀이다.

다음에 코닉 엔드 밀의 특징 및 절삭 실례를 기술한다.

● 구멍뚫기 특성

보동 엔드 밀의 3~5배의 이송 속도로 구멍뚫기를 할 수 있다. 구멍의 확대는 작고 가공면의 거칠기가 개선된다. 또 구멍이 빠지는 쪽의 버는 작아진다.

드릴로는 구멍을 뚫기 어려운 고경도재, 난삭재에 대해서도 큰 효과가 있다. 얇은 구멍 가공($2D$ 이하)에서는 드릴의 수 배 이상의 구멍뚫기 수명을 얻을 수 있다.

밀링 머신 작업에서 밀링 척을 그대로 이용해서 엔드 밀의 애벌 구멍 전(前) 가공을 할 수도 있다.

● 엔드 밀 특성

엔드 밀 코너부의 내(耐)치핑성이 향상된다. 특히 관통 긴 구멍 가공에서는 구멍뚫기 특성의 개선에 의해서 가공 능률이 나아진다.

그리고 중절삭에서도 엔드 밀이 콜릿 척에서 빠지기 어렵고, 3차원 절삭을 자유 자재로 할 수 있기 때문에 포켓의 거친 가공에 적합하다. 선단각을 2단 또는 3단으로 설치하면 근사 볼 엔드 밀로서 거친 가공에도 대용할 수 있다.

그리고 볼 엔드 밀 대신에 모방 절삭의 거친 가공에도 사용할 수 있고, 원뿔 스타일러스의 제작도 간단히 할 수 있다.

홈절삭을 하는 경우, 코닉 엔드 밀의 특징에서 홈바닥이 선단각과 같은 V형으로 되는 것은 말할 것도 없다.

● 절삭 실례

엔드 밀의 선단을 드릴과 같이 수정한 코닉 엔드 밀은 중심에 치즐(끝부분)을 갖는 것이므로 구멍뚫기 특성이 개선된다.

그림 2 (a), (b)는 보통의 스퀘어 엔드 밀과 코닉 엔드 밀로 구멍뚫기 한 경우의 가공 구멍의 정밀도를 비교한 것이다. 엔드 밀로 구멍뚫기 가공하는 경우, 피삭재에 돌입할 때 회전 중심이 잡히지 않은 채 날끝이 흔들리고 외주날이 있기 때문에 흔들림이 있는 만큼 가공 구멍 지름은 확대된다.

이에 대해서 코닉 엔드 밀은 치즐을 갖고 있기 때문에 회전 중심을 얻기 쉽고, 확대량, 가공면 거칠기와 함께 좋은 결과를 얻을 수 있다.

그러나 치즐의 편심을 가급적 작게 하고 길이를 가급적 짧게 해서 치즐 부분에서의 칩 배출을 쉽게 하기 위한 포켓은 작업 내용에 맞추어서 충분히 생각해 주기 바란다.

그리고 관통 출구에서의 버의 발생은 보통의 엔드 밀에 비해서 작다. 이 예에서는 시닝 및 팁 포켓의 형상을 좀더 생각하면 버의 높이는 더 작게 할 수 있다고 생각한다.

그림 2 (c), (d)는 Aℓ 박판의 관통 구멍뚫기 정밀도를 각종의 드릴과 비교한 것이다.

가공면의 거칠기, 관통측의 버의 높이는 코닉 엔드 밀이 가장 좋은 결과를 나타내고 있다. 특히 이 실험과 같이 칩의 막힘이 거의 문제가 되지 않는 박판의 구멍뚫기에서는 코닉 엔드 밀이 뛰어난 성능을 발휘하고 있다.

가공 구멍의 확대량을 비교한 경우, 전술한 실험 예와 같이 다이스강(SKD 11, HB 350)에 대해서도 코닉 엔드 밀은 뛰어난 구멍뚫기 정밀도를 얻을 수 있다.

그림 3은 엔드 밀과 드릴과의 구멍뚫기 수명(코너의 마모량)을 비교한 것이다. 이와 같은 얕은 구멍뚫기(1D 이하)에서는 강성이 매우 높은 코닉 엔드 밀이 뛰어난 결과를 나타낸다.

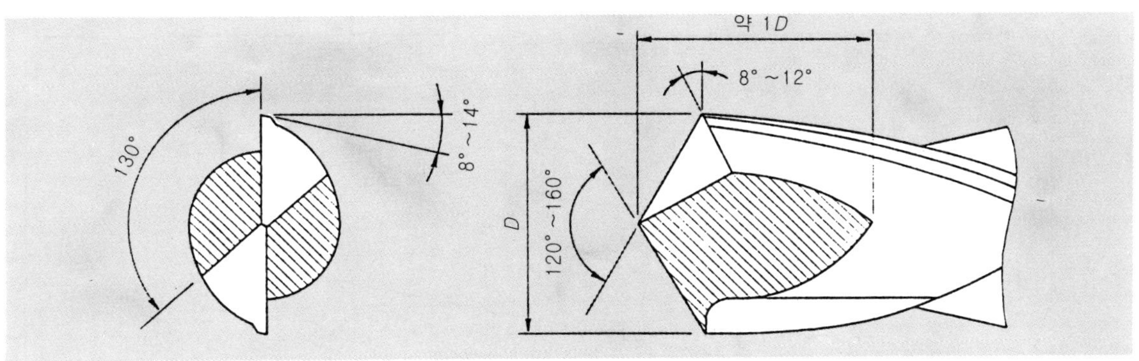

그림 1 코닉 엔드 밀의 형상

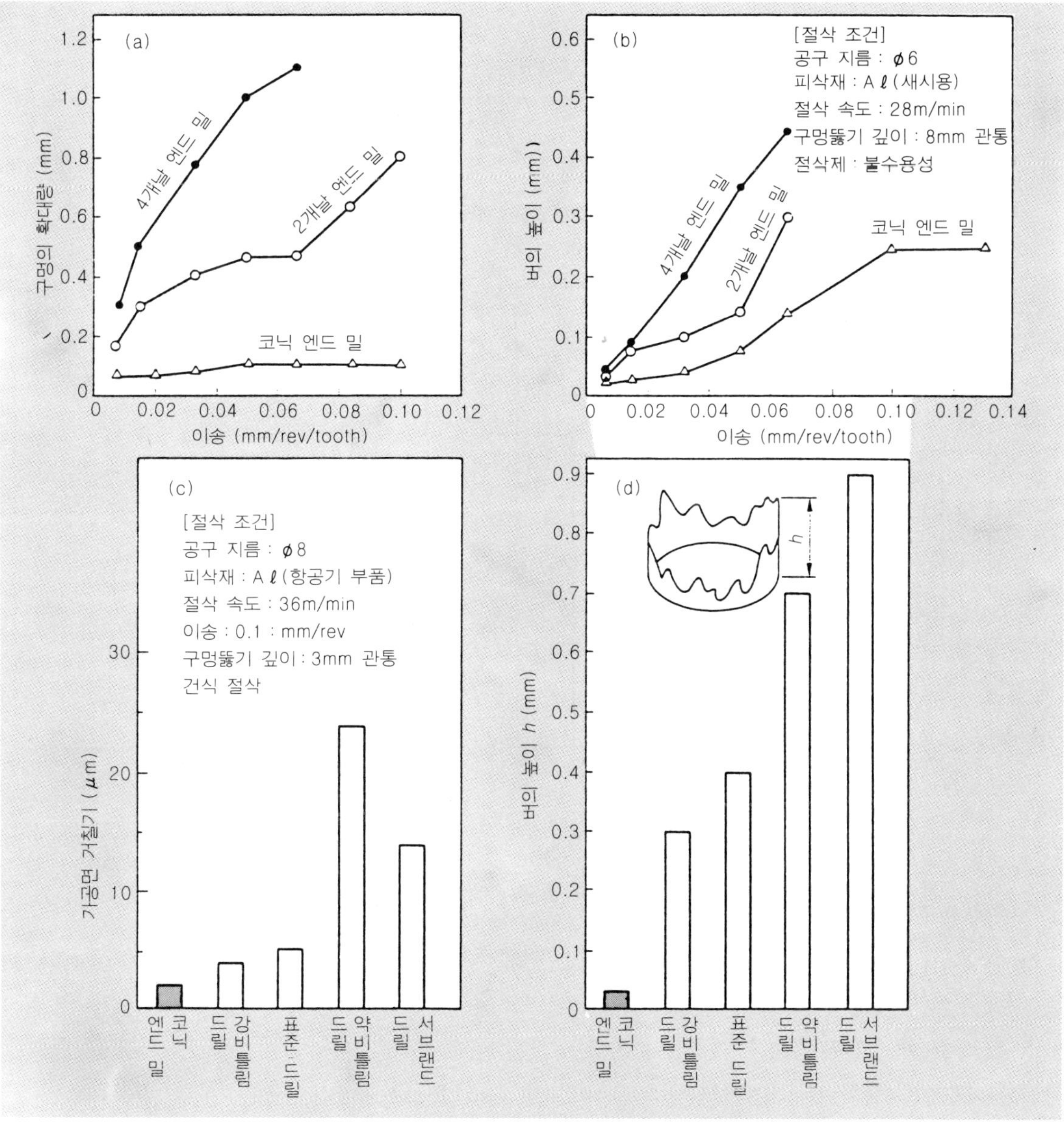

그림 2 코닉 엔드 밀에 의한 구멍뚫기 정밀도

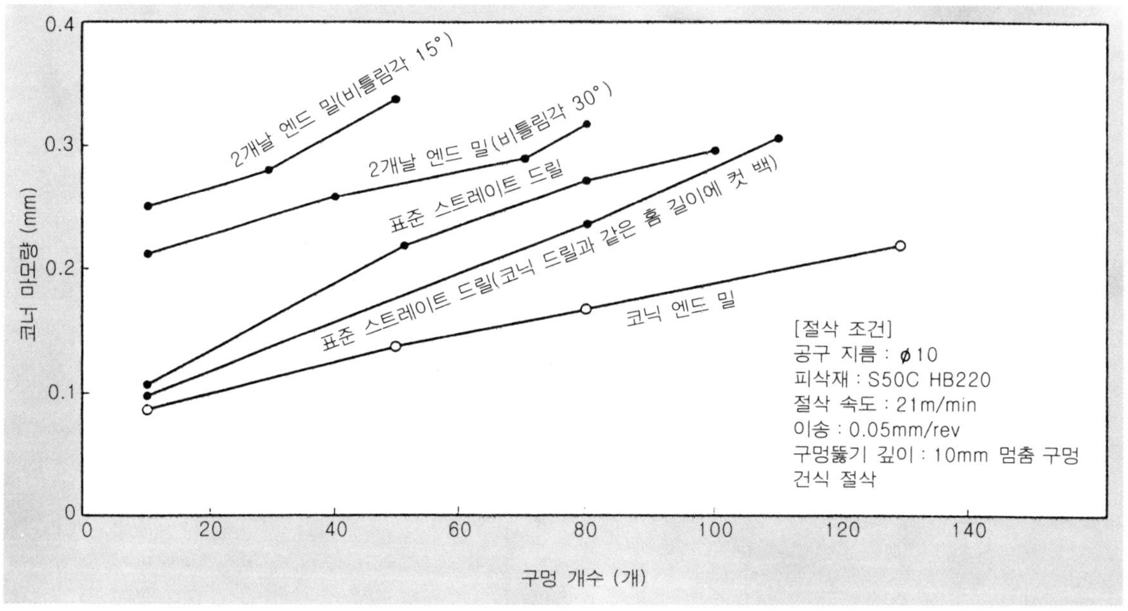

그림 3 코닉 엔드 밀에 의한 구멍뚫기 수명의 비교

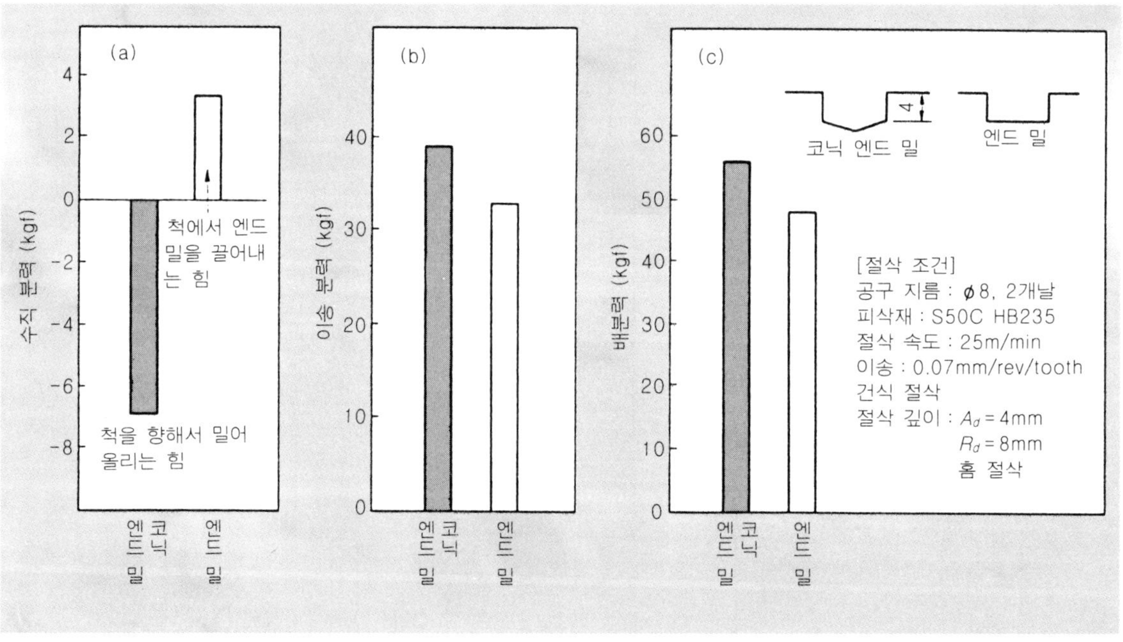

그림 4 코닉 엔드 밀의 홈 절삭에 있어서의 절삭 저항

코닉 엔드 밀의 홈 길이와 같도록 표준 스트레이트 드릴의 홈 길이를 컷 백한 것보다 코너 마모량이 작은 것은 코닉 엔드 밀의 강성이 높은 것과 재질적으로도 뛰어나기 때문이라고 생각할 수 있다.

그림 4는 홈 절삭에서의 절삭 저항을 비교한 결과를 나타낸다.

콜릿 척에서 엔드 밀을 끌어내거나 밀어 넣는 힘(수직 분력), 이송 핸들이 느끼는 힘(이송 분력), 가공면에 수직으로 작용하는 힘(배분력)을 각각 비교하였다.

수직 분력에 대해서 보면 코닉 엔드 밀은 콜릿 척을 향해서 공구를 밀어 올리는 방향으로 힘이 발생한다. 특히 이 실험과 같이 축방향의 절삭 깊이 A_d 가 작은 경우에 현저한 차이로 나타난다.

이것은 절삭 깊이 A_d 가 비교적 작은 거친 절삭이나 모방 절삭에서 엔드 밀이 콜릿 척에서 빠져나오는 것 같은 트러블에 대해서 유효하다. 절삭 깊이 A_d 가 큰 절삭에서는 코닉 엔드 밀의 선단부의 힘보다 외주날에 의한 힘의 성분 비율이 크고 전체적인 차이는 거의 볼 수 없게 된 것이다.

한편 이송 분력, 배분력에 대해서 보면 코닉 엔드 밀은 선단의 원뿔 부분만큼 여분으로 절삭하고 있는 것이 되기 때문에 엔드 밀보다 약간 큰 값을 나타낸다.

축방향의 절삭 깊이 A_d 가 큰 절삭에서는 전술한 수직 분력과 같이 엔드 밀과의 이송 분력, 배분력의 비율은 거의 구분할 수 없게 된다.

이 실험에서 알게 된 것은 코닉 엔드 밀은 절삭 저항에 관해서 엔드 밀보다 특히 불리한 점은 발견하지 못했다는 것이다.

코닉 엔드 밀은 보통의 스퀘어 엔드 밀과 볼 엔드 밀의 중간이라고 생각할 수 있다.

*   *   *

코닉 엔드 밀은 현장의 아이디어에서 생긴 것이다. 시판품은 없다. 따라서 보통의 엔드 밀에서 연삭 성형하지 않으면 안된다.

그 경우, 드릴의 연삭과 같이 중심내기하는 것이 중요하다. 중심에서 치즐부를 남기고, 정확하게 2등분된 선단각이 만들어져 있지 않으면 엔드 밀이 중심 흔들림을 일으켜서 칩도 좌우 균등하게 배출되지 않는다.

다만 만능 공구 연삭기를 사용하면 비교적 쉽게 성형할 수 있다. 그리고 훈련에 의해서 드릴과 마찬가지로 수동 연삭으로 앞날의 재연삭도 할 수 있다.

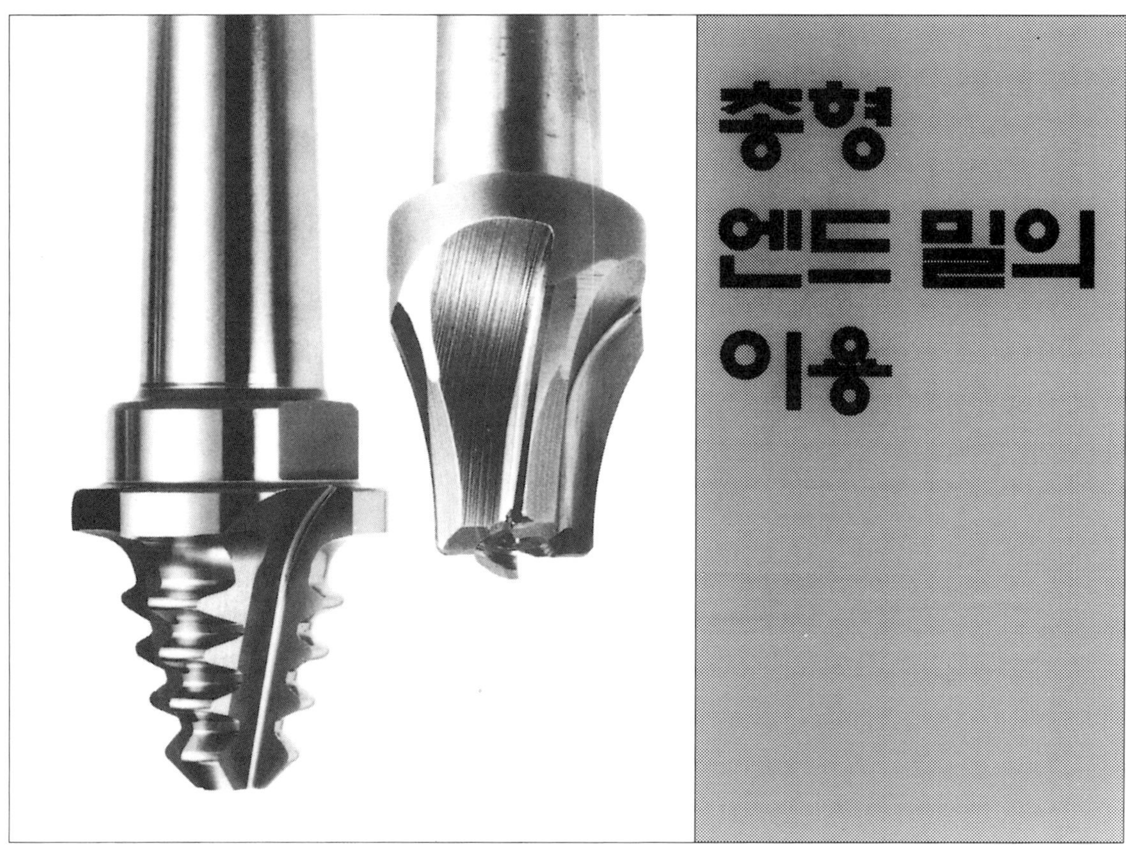

　총형 엔드 밀이란 JIS 밀링 커터 용어에 의하면 「특수 형상을 가공하는 엔드 밀」로 정의되고 있다. 인벌류트 밀링 커터와 같은 총형 밀링 커터는 지금까지 여러 가지의 것이 사용되어 왔으나 수직식 밀링 머신이 주류가 됨에 따라 엔드 밀 모양의 섕크형도 많이 이용되고 있다.

● 총형 엔드 밀의 날형

　총형 엔드 밀은 날형의 특수 윤곽 형상을 피삭재에 전사(轉寫)하는 용도에 사용한다. 따라서 볼 엔드 밀과 같이 절삭날을 부분적으로 사용하는 타입의 엔드 밀은 특수한 윤곽을 갖고 있어도 총형 엔드 밀이라고는 하지 않는다. 그러나 T 홈 밀링 커터나 지름 45 mm 이하의 반달 키 홈 밀링 커터는 총형 엔드 밀에 가까운 것이다.

　절삭 공구의 날형은 보통의 여유면을 갖는 일반 날형(프로파일형이라고도 한다)과 원호 형상의 플랭크를 갖는 2번각 날형의 2종류가 있다.

　총형 엔드 밀은 절삭날의 윤곽 형상을 가장 중시하는 성격에서 단순한 직선이 연속된 형상 이외는 재연삭을 하여도 원래의 윤곽을 쉽게 얻을 수 있는 2번각 날형(**그림** 1)이 주로 사용되고 있다. 그러나,

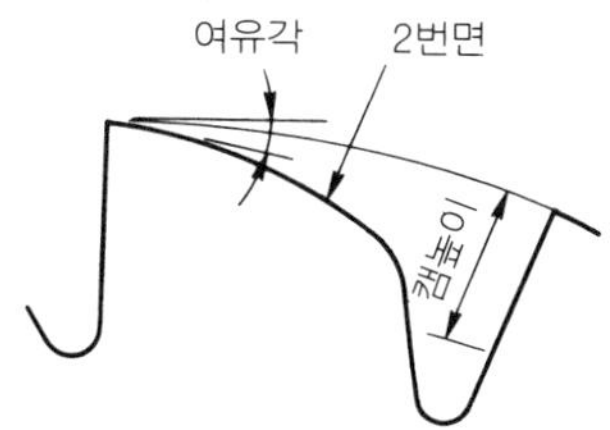

그림 1 2번각 날형

① 2번각 날형은 일반 날형에 비해서 절삭성이 좋지 않다.

② 모방 연삭 등 총형 윤곽의 연삭 기술이 진전되었다.

등의 이유에서 일반 날형으로 만들어지는 총형 엔드 밀도 드물지 않게 되었다.

절삭하는 데는 적절한 여유각을 설정하지 않으면 안된다. 일반날형은 좁은 랜드면에 날 붙이 하면 되기 때문에 작업이 간단하고, 용도에 따라서 여유각을 어떤 크기로도 선택할 수 있고, 절삭도 잘 할 수 있다.

2번각 날형에서는 일반날형의 플랭크에 해당하는 2번면이 절삭날에서 날 홈까지 연속되어 있기 때문에 경사면을 연삭하면 재연삭에 의한 윤곽 형상의 변화는 전혀 없다.

이와 같이 재연삭이 간단하고, 더구나 언제까지라도 최초의 정밀도를 유지할 수 있기 때문에 총형 엔드 밀의 날형으로도 가장 적합하다고 할 수 있다. 단지 제조할 때 2번면의 연삭에서는 숫돌 크기의 제약에서 희망하는 대로의 여유각이나 날수를 얻기 어렵고, 또 기본적으로는 경사각을 0°로 설정할 필요가 있기 때문에 절삭성은 일반날형보다 떨어진다고 할 수 있다.

● 총형 엔드 밀의 용도

3차원 형상의 절삭에는 일반적으로 볼 엔드 밀을 사용해서 모방 밀링 머신이나 NC 밀링 머신으로 가공하고 있다. 이것은 자유도가 대단히 높은 절삭법이지만 볼 엔드 밀의 절삭날의 일부로 형상을 만들기 때문에 가공 시간을 필요로 하는 것과 최종적으로 어떤 다듬질 가공으로 제품을 완성시킬 필요가 있다.

총형 엔드 밀은 연속된 동일한 윤곽 형상을 반복해서 다량으로 가공하거나 절삭만으로 부품을 완성시키는 경우에 효과가 있다.

그리고 언더 컷을 하는 미소 부분의 가공을 할 수 있는 것도 특징이다. **표 1**에 총형 엔드 밀의 적용 예를 일람에 나타낸다.

이들 총형 엔드 밀이라고 부르는 것은 전부 주문에 의해서 제작된다. 따라서 발주하는 데 있어서는 해야 할 작업을 잘 검토해 두지 않으면 안된다. 예를 들어 가공물의 모양에 따라 가공 순서, 가공 정밀도도 맞추어서 공구 모양을 결정하지만 어떤 모양의 공구로 하느냐에 따라 결과가 다른 경우가 자주 생긴다.

표 2 총형 엔드 밀의 적용 예와 제작상의 주의

엔드밀 형상	가공물 형상	날형과 용도	설계상의 주의
		2번각 날형 둥근축에 벤 자리 성형	경사각은 재연삭시에도 설계대로 만들지 않으면 모양이 틀리게 된다. 경사각은 정밀도가 심하지 않을 때 붙이는 경우가 많다.
		2번각 날형	윤곽이 단순한 원호가 아니기 때문에 가공물과의 위치 결정의 관계에서도 공구의 원점을 확실하게 결정해 둘 필요가 있다.
		2번각 날형 세레이션 홈의 절삭	90°의 코너 R깍기의 예. 단면에 대한 파고들기를 피하기 위해서 5°정도의 여유를 붙여 놓는 것이 좋다.
		2번각 날형 코너 R 모떼기	회전축에 90°의 절삭날이 있을 때는 사이드 패킹하는 것이 좋다(단, 형상에 따라서는 할 수 없는 경우가 있다).
		2번각 날형 터빈 날개 뿌리의 성형	요구 정밀도가 엄격한 경우, 측정 방법의 검토를 충분히 해 두어야 한다. 시험 절삭한 시편의 측정으로 판정하는 경우도 있다.
		2번각 날형/일반 날형 T 홈의 절삭	종래의 T 홈 커터에 모떼기날을 설치해서 2공정을 1공정으로 단축한 예.
		일반날형 코너 R와 측면의 동시 가공	재래 엔드 밀에 약간 손을 가해서 총형으로 할 수 있다.
		일반날형 특수 형상의 윤곽 절삭	정밀도의 확보를 위해서는 비틀림각은 작을수록 좋다.
		일반날형 특수 형상의 윤곽 절삭	보통 왼 비틀림은 절삭면에서 멋대로 작용하고, 불안정 절삭으로 가공물에 대한 파들기를 싫어하는 경우, 예를 들어 피삭재가 연한 경우이거나 공구 오버행이 긴 경우에 채택된다.
		일반날형 원호면의 절삭 (거친 절삭용)	외경의 지름 차이가 생기기 쉬운 형상. 날수는 소직경부에서 적게 되도록 사이에 있는 것을 없애는 방법이 있다. 그러나 주속 차이는 보충할 수 없기 때문에 주의하여야 한다. 가공 정밀도와 능률을 고려해서 거칠기용, 다듬질용의 2공정을 채택하는 일이 있다.

그리고 엔드 밀의 절삭성과 공구 제작의 용이성, 즉 공구 비용에 대해서도 잘 음미해 두지 않으면 안된다. 가공 정밀도에 관해서도 공구 정밀도와 가공물의 정밀도가 같게 되지 않는 경우도 있고, 공구 설계에 있어서는 될 수 있는 대로 공구 메이커의 의견을 구하는 것을 권장한다.

● 설계상의 주의

이상의 사례에서도 대략 생각할 수 있으나 설계상의 요점을 정리하도록 한다.

① **목적에 맞는 날형을 선택한다**……복잡한 형상, 곡면 형상으로 정밀도가 엄격하고 그리고 빈번하게 재연삭을 할 때는 2번각 날형을 선택한다. 직선의 짜맞추기나 완만한 곡선만으로 플랭크 재연삭이 하기 쉬운 모양의 경우, 정밀도보다 절삭성을 높이고 싶은 경우, 재연삭을 할수록 절삭량이 많지 않은 경우 등에는 일반날형쪽이 효과적이다.

② **지름 차이를 작게 한다**……절삭날의 각부에서 절삭 속도가 변화하면 국부적인 공구 마모가 진행되기 쉽기 때문에 지름 차이를 될 수 있는 대로 작게 하는 것이 중요하고, 칩 배제면에서도 좋은 결과를 초래한다.

③ **거친 성형용 엔드 밀의 요부(要否)를 검토한다**……정밀한 다듬질에는 미소 절삭 깊이에 의한 절삭이 바람직하다. 이 경우, 작업 능률의 저하를 피하기 위해서 능률적으로 절삭할 수 있는 거친 다듬질 엔드 밀을 추가해서 거침과 다듬질의 2공정으로 하는 방법이 잘 취해진다.

④ **공구 형상을 제작할 수 있는가**……총형 엔드 밀은 날붙임 때문에 숫돌이 들어가지 않는 윤곽 형상으로 설계되는 경우가 있으나 이와 같은 일이 있어서는 안된다. 날수가 많은 경우나 곡률이 큰 윤곽을 갖는 날형에서 주의가 필요하다.

⑤ **기준선이 명확하게 되어 있을 것**……공구 설계를 진행해 나가면 가공물을 경사지게 해서 절삭하는 것이 공구에 무리가 없는 경우가 생긴다. 또 곡선으로 된 윤곽의 경우는 가공물과 공구와의 위치 맞추기가 어려운 경우가 있다. 이런 것들을 사전에 검토해서 기준선(점)을 명확하게 해 두는 것이 사용상, 공구 제작시의 정밀도 측정의 편의면에서도 필요하다.

⑥ **기타**……칩 배제를 지장없이 할 수 있을 것, 날의 비틀림 방향이나 경사각을 검토할 것, 정밀도 측정을 할 수 있을 것 등을 확인한다. 특히 경사각은 윤곽 정밀도에 영향을 주기 때문에 재연삭 후에도 반드시 구입시와 같은 경사각으로 하여야 한다.

공구 재료는 가공물의 피삭성으로 선택하지만 총형 엔드 밀의 경우는 피연삭성에서 뛰어난 분말 하이스 중에서 선택하는 것이 적당하다.

● 총형 엔드 밀의 정밀도

　총형 엔드 밀은 절삭날 윤곽의 정밀도가 생명이다. 2번각 날형은 호브 등과 같이 2번각 연삭기에 의해서 날이 붙여진다. 옳은 형상의 숫돌을 사용해서 고도의 기술을 구사해서 정밀한 날형을 얻을 수 있다.

　2번각 날형 중에서 정밀도가 엄격한 대표적인 것에 터빈 플레이트 날개 뿌리 가공용의 크리스마스 트리 커터가 있다. 가공물의 정밀도의 요망으로 폼 오차 5 μm 이내, 산날(山刃)의 피치 오차 5 μm 이내로 제작된다. 그러나 정밀도는 공구 비용에 크게 영향을 준다는 것을 배려해야 한다.

　일반날형의 총형 엔드 밀은 곡선 형상의 절삭날을 필요로 하는 경우, 모방 연삭 방식으로 날을 붙이게 된다. 모방용 템플릿의 정밀도나 공구의 크기에도 관계되지만 보통 폼 오차 $30 \sim 50$ μm로 제작된다.

　이 경우는 릴리브 날형과 달라서 비틀림각이나 경사각도 어느 정도 허용되고, 예를 들어 비틀림각은 $15° \sim 20°$, 경사각은 $5° \sim 10°$로 제작되는 경우가 많다. 그 위에 날수를 2배 정도 늘릴 수 있고, 절삭성도 2번각 날형에 비하면 많이 개선된다.

　총형 엔드 밀의 폼 정밀도는 간단한 것은 게이지로 측정하게 되나 보통은 광학 투영기에 의한 투영도 맞춤으로 측정한다.

　위치의 오차나 흔들림 정밀도는 공구 현미경이나 3차원 측정기로 측정한다. 윤곽 정밀도가 좋아도 흔들림이 크면 절삭 정밀도는 반드시 나빠지기 때문에 재연삭 후에는 반드시 흔들림값을 체크할 필요가 있다.

＊　　　　＊　　　　＊

　총형 엔드 밀은 다음과 같은 용도에 뛰어난 특징을 발휘한다.

　① 특수한 설비를 사용할 것 없이 범용의 밀링 머신으로도 쉽게 복잡한 윤곽을 양산할 수 있다.

　② 2공정 이상을, 공구를 연구함으로써 1공정으로 만들 수 있다.

PART ● 2

엔드 밀은 어떻게 절삭할 수 있는가

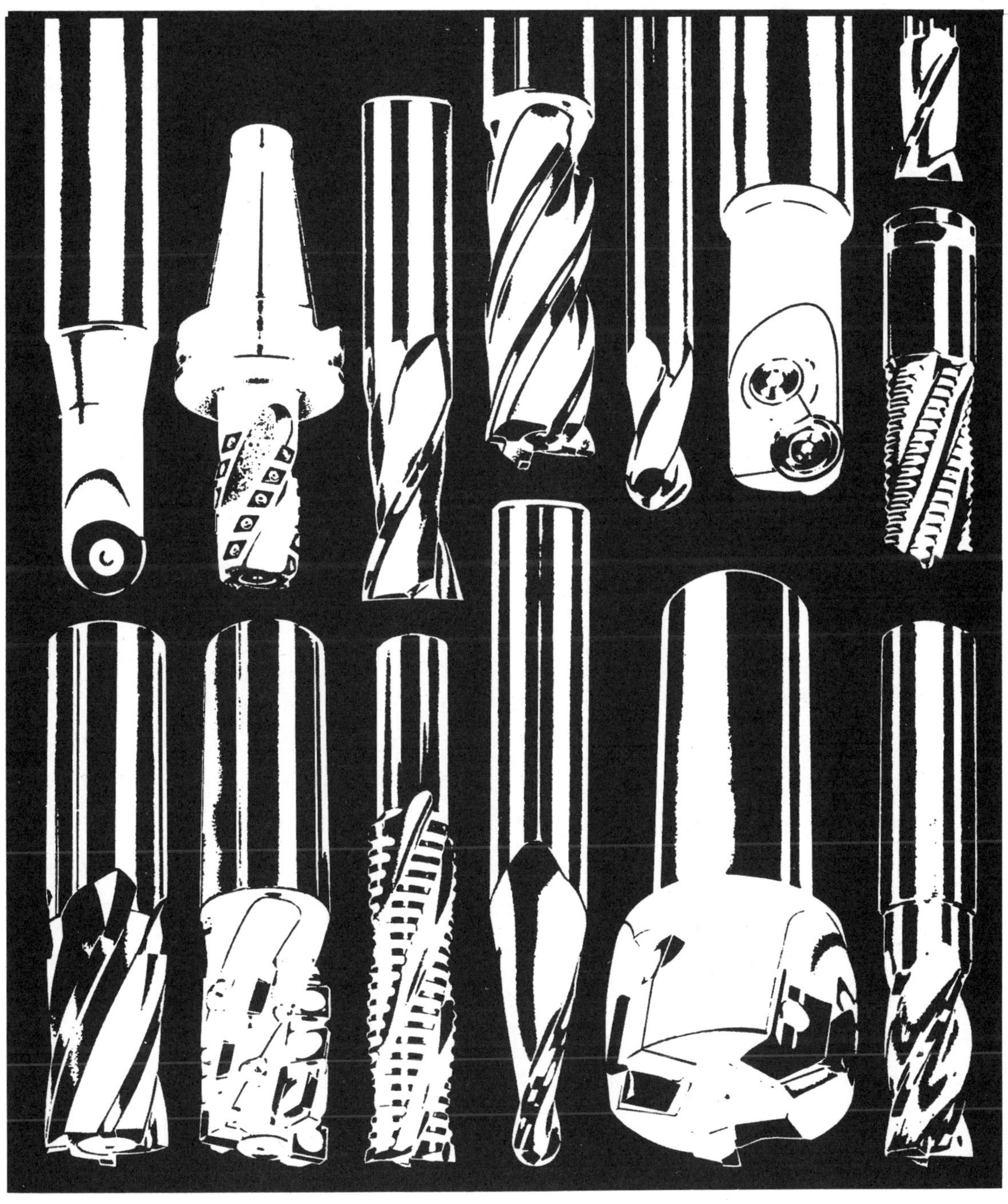

1　엔드 밀의 절삭 기구

① 복잡한 절삭 메커니즘

드릴, 리머, 탭 등은 축방향으로만 이송이 주어지고, 절삭 토크와 스러스트 하중을 축중심에 대칭인 절삭 저항으로 받는다. 가공물의 입구쪽, 빠지는 쪽의 과도적인 상태와 칩의 이상한 막힘의 영향을 제외하면 그것들의 절삭 저항은 항상 일정한 상태에서 작용하고 있다고 볼 수 있다.

이에 비해서 엔드 밀은 구멍뚫기에도 사용할 수 있으나 그 대부분이 축직각 방향으로 이송되고, 절삭 토크, 스러스트 등의 축대칭인 힘 외에 축에 대해 극단적인 굽힘의 힘을 받는다.

엔드 밀이 받는 이러한 절삭 저항은 공구의 회전 방향에 따라서 시시각각 그 크기, 방향이 변화하는 비정상적인 절삭의 반복이고, 드릴, 리머, 탭 등과 달라서 절삭 저항의 크기, 방향 등을 예측하는 것도 대단히 어렵다.

엔드 밀로 절삭 가공을 하고 있을 때, 마모도 비교적 적고 안정된 절삭을 계속하고 있는 도중 돌연히 날홈의 깎아 올린 부분에서 부러져 버리는 경험을 한 사람이 있을 것이다.

엔드 밀은 절삭 토크와 같이 강력한 굽힘의 힘을 받게 되나 그 방향이 반드시 이송 방향은 아니다. 이송과 직각인 방향으로 오른쪽도 왼쪽도 굽힘의 힘을 받는다. 이 굽힘 모멘트는 반복 굽힘 응력으로 날홈의 상향 절삭부에 집중적으로 작용한다.

이 날홈 상향 절삭부는 엔드 밀 1회전 사이에 두 방식(인장과 압축)의 힘을 받고, 이것이 반복 작용하기 때문에 정적(靜的) 굽힘 파괴 모멘트보다는 훨씬 작은 모멘트로 피로 파괴를 일으키게 된다.

날끝에 발생하는 마모는 재연삭에 의해서 제거되고, 새로운 절삭날로 사용할 수 있으나 엔드 밀 본체에는 피로가 축적되어서 점점 피로 파괴 수명에 가까워져 간다.

그리고 이송과 직각 방향으로 작용하는 힘은, 가공면에 복잡한 기복이나 경사면을 형성시킨다.

일반적으로 엔드 밀 가공한 홈이 기울고 혹은 기복이나 기울기가 생기는 트러블은 이 이송 방향에 직각으로 작용하는 힘(배분력)에 의해서 생기는 것이다.

더욱이 엔드 밀 가공에 있어서 거칠기로 표시되고 있는 값에는 이 기복의 값을 포함하고 있지 않으나 기복의 값은 거칠기에 비해서 수 배~수십 배의 크기를 갖고 있다.

이와 같은 것을 생각하면 엔드 밀 가공에 의한 정밀도로서 거칠기를 판정하는 것이 타당한 것인지 의문이 생긴다.

이상은 어느 것이나 엔드 밀의 구조적인 특징과 가공 상태에 따른 것이고, 그 때문에 절삭 저항의 작용 방법에서 생기는, 말하자면 숙명적인 특징이라고 할 수 있다.

② 엔드 밀에 작용하는 절삭 저항

(1) 절삭 토크 T

엔드 밀에 걸리는 절삭 저항으로 **그림 1**에 나타낸 것 같이 엔드 밀의 회전 방향과 반대 방향으로 작용해서 엔드 밀을 비트는 것처럼 힘이 가해지는 절삭 토크 T가 작용한다.

엔드 밀의 경우, 이 절삭 토크가 직접적인 원인으로 부러지는 일은 거의 없다. 그러나 다음에 기술하는 수직 분력 W_1과 같이 작용해서 콜릿 척에서 스트레이트 생크를 빼내는 힘으로 인해 이 절삭 토크를 무시할 수 없다(오른날, 오른 비틀림, 오른 회전의 경우).

그리고 절삭 토크가 과대해지면 주축의 회전수가 저하하거나 때로는 능력 부족으로 정지되는 경우도 있다.

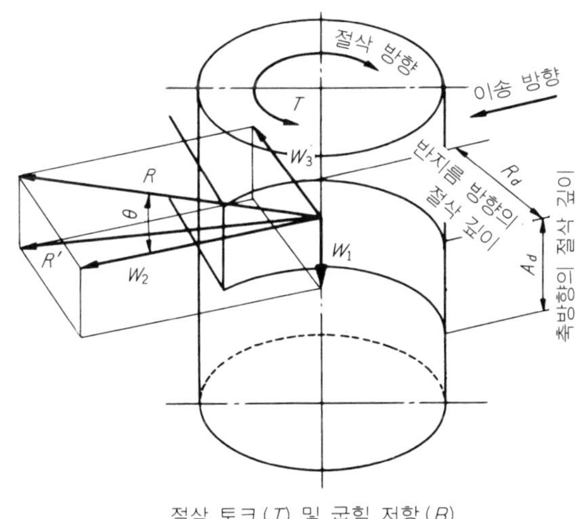

절삭 토크(T) 및 굽힘 저항(R)

그림 1 엔드 밀에 작용하는 절삭 저항

(2) 수직 분력 W_1

오른날, 오른 비틀림각을 갖는 보통의 엔드 밀에서는 콜릿 척에서 엔드 밀을 빼내는 방향으로 수직 분력 W_1이 작용한다. 가공물측에서 보면 가공물을 위로 끌어 올리려는 힘이다.

바이스 등으로 고정하고 있는 경우에 가공물이 떠올라서 예정보다 깊게 깎이는 경우가 있고, 또 소형의 밀링 머신에서는 기계의 테이블 자체가 떠오르는 경우도 있다. 영향은 비틀림각이 크게 될수록 강하게 된다.

(3) 이송 분력 W_2

엔드 밀에 작용하는 이송 분력 W_2는, 상향 절삭(업 컷)의 경우 이송과 같은 방향으로 작용한다.

하향 절삭(다운 컷)의 경우는 이송 방향과 반대 방향으로도 작용한다. 이송 분력 W_2는 수동 이송으로 테이블의 이송 핸들을 돌렸을 때 느끼는 절삭 저항이다. 엔드 밀의 절삭성을 평가할 때의 기준으로 삼는 경우도 있다.

(4) 배분력 W_3

배분력은 이송 분력에 직각 방향, 즉 다듬질면에 수직 방향으로 작용한다. 따라서 가공면에 발생하는 거칠기, 기복, 기울기 등 가공 정밀도를 좌우하는 중요한 요인이 된다.

이 배분력 W_3는 **그림 2**에 나타낸 것 같이 방향이 반대인 2가지 성분 $W_3{}'$와 $W_3{}''$로 되어 있다. $W_3{}'$는 엔드 밀축을 다듬질면에서 떼어내려는 방향(언더 컷 경향으로), $W_3{}''$는 반대로 다듬질면을 향해서 엔드 밀축이 구부러지는 방향으로(오버 컷 경향으로) 작용한다.

그림 2에서는 알기 쉽게 하기 위해서 4개날 엔드 밀로 설명하고 있으나 2개날로도 비틀림각이 있으면 비슷한 현상이 발생한다.

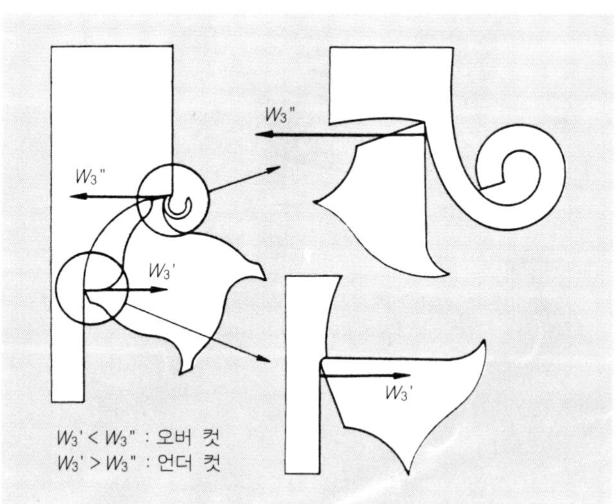

그림 2 업 컷에 있어서 배분력의 작용 방법

이들 $W_3{}'$와 $W_3{}''$는 엔드 밀축에 동시에 작용하고 있어서 3분력의 하나로 측정되는 배분력 W_3는 $W_3{}'$와 $W_3{}''$가 서로 반대 방향인 2성분의 합으로서 측정된다.

배분력에 의한 엔드 밀축의 휨은 임의의 순간에 나타나는 $W_3{}'$와 $W_3{}''$의 대소 관계에 따

라, $|W_3'| < |W_3''|$ 이면 엔드 밀축은 다듬질면을 향해서 오버 컷하는 방향으로, $|W_3'| > |W_3''|$ 이면 다듬질면으로부터 떨어지는 방향으로 언더 컷(under cut)하는 휨이 생기게 되는 것이다.

가령 $|W_3'| = |W_3''|$ 로 되면 배분력은 거의 생기지 않고 엔드 밀 중심축은 이송 분력 W_2의 작용 방향으로만 굽힘 가공의 힘을 받아서 휨이 생긴다.

이 배분력의 성분 W_3', W_3''의 대소 관계는 반지름 방향의 절삭 깊이 R_d에 의해서 크게 변화하고 양, 음 어느 방향으로도 된다. 그러나 이 배분력도 하향 절삭의 경우에는 엔드 밀 축심을 다듬질면에서 떼어내는 방향(언더 컷 경향)의 힘 밖에 작용하지 않는다.

그림 3은 한 개날 엔드 밀을 사용해서 판 두께가 1 mm인 강판에 홈절삭을 한 경우의 3분력을 나타내고 있다.

수직 분력 W_1은 판 두께가 1 mm라고 하면 엔드 밀에 30°의 비틀림각이 만들어져 있었기 때문에 생긴 것이다.

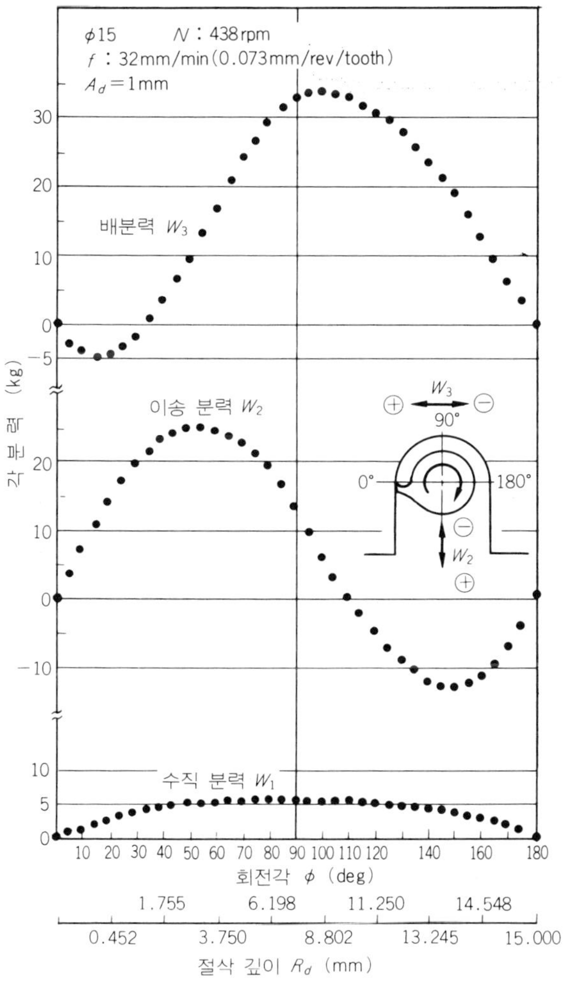

그림 3 한 개날 엔드 밀의 회전각과 각 절삭 분력의 변화

이송 분력 W_2는 상향 절삭과 하향 절삭의 영역에서 방향이 반대로 되어 있으나 그 반전 위상(位相) 혹은 힘의 크기는 날끝의 회전각 90°를 경계로 좌우 대칭은 아니다.

배분력 W_3에 대해서는 회전각 0°에서 33°까지 사이는 마이너스 방향이고, 게다가 회전각이 진행되면 차차로 플러스 방향으로 변화한다. 실제 절삭에서는 동시 절삭날수나 비틀림각의 영향으로 엔드 밀의 축방향 절삭날의 각 위치에서는 배분력의 크기는 부분적으로 다른 값을 나타내게 된다.

(5) 굽힘 저항 R

엔드 밀이 꺾이는 원인인 굽힘 저항 R는 이송 분력 W_2와 배분력 W_3의 합력 $\sqrt{W_2{}^2 + W_3{}^2}$으로 구해지고 있다.

이 굽힘 가공 저항 R는 엔드 밀의 1회전을 1주기로 해서 날홈의 절상부에 양쪽의 반복 응력으로 작용해서 피로 파괴의 직접 원인이 된다.

그림 4는 절삭 깊이와 굽힘 저항 R의 방향에 대해서 조사한 흥미 있는 실험 결과이다.

외경 $\phi 8\,mm$, 표준날 길이, 4개날의 엔드 밀을 사용하고 가로축에는 반지름 방향의 절삭 깊이 R_d를 취하고 세로축에는 엔드 밀에 작용하는 굽힘 가공 저항 R 방향 θ를 취하고 있다.

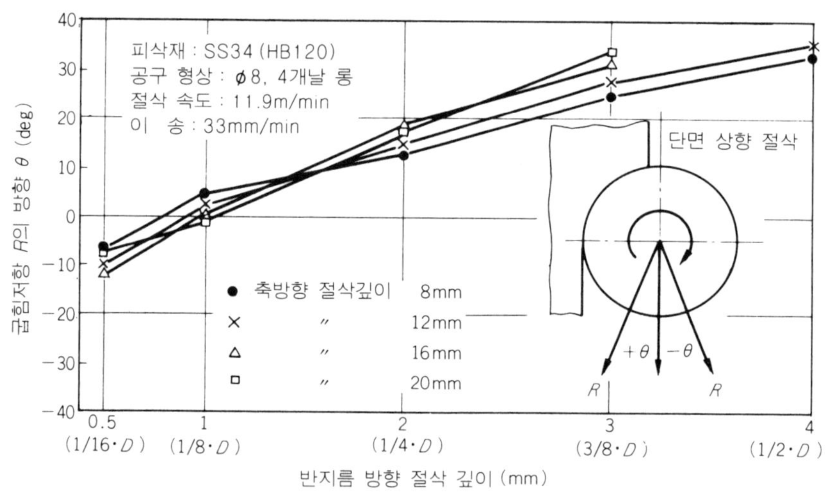

그림 4　절삭 깊이와 굽힘 저항 R의 방향

전술한 바와 같이 θ가 플러스인 경우($|W_3'| < |W_3''|$)는 오버 컷, θ가 마이너스인 경우($|W_3'| > |W_3''|$)는 언더 컷을 의미하고 있다.

축방향 절삭 깊이 A_d를 변화시켜도 R_d가 약 $1\,mm$ 부근에서 $\theta \fallingdotseq 0$($|W_3'| \fallingdotseq |W_3''|$), 즉 엔드 밀 축심이 다듬질면에 대해서 오버 컷도 언더 컷도 하지 않고, 이송 방향으로만 굽힘의 힘을 받는 절삭 깊이가 나타나는 것을 볼 수 있다.

엔드 밀 지름 D를 바꾸어서 실험한 결과, 일반적인 범위에서는 반지름 방향의 절삭 깊이 R_d 가 $D/8$ 부근에서 배분력의 영향이 가장 작게 되고, 엔드 밀은 이송 분력 방향에만 휨을 일으키는 절삭 깊이가 있다는 것을 알게 되었다. 그러나 이송이 극히 작은 경우나 엔드 밀이 마모된 상태에서는 **그림 4**의 그래프는 약간 오른쪽으로 이동하게 된다.

이와 같이 엔드 밀 축심에 작용하는 배분력의 영향에서 보면 대체적으로 $D/8$ 정도의 절삭 깊이에서 작업할 때, 절삭 저항에서 보아 다듬질면은 최고로 수직이 된다는 것을 의미한다.

2 절삭 조건의 선택 방법

① 절삭 조건이란

사용자들은 자주 어떤 공정에 대해서 엔드 밀외 추천 조건을 제시해 달라고 하는 일이 있다. 그것은 공구의 수명이 길고, 가공 능률이 높고, 가공면의 정밀도가 우수한 작업을 바라기 때문일 것이다.

가령 절대로 부러지지 않고, 마모도 변형도 되지 않으며, 어떤 재질이라도 칼로 고구마를 자르듯 쉽게 깎을 수 있는 공구를 만들 수 있다면 소위 절삭 조건에 대해서는 아무것도 생각할 필요가 없게 된다.

그러나 실제 작업에서는 마모되고, 부러지고, 용착이 생기고, 가공면에는 거칠기나 기복 혹은 기울기가 생긴다. 따라서 절삭 조건 선정이 필요하지만 무엇을 대상으로 절삭 조건을 결정하느냐가 문제가 된다.

가령 공구의 수명은 희생해도 좋으니 가공 능률을 올리고 싶다든가, 혹은 가공면의 정밀도가 중요하다든가, 절손이나 날 파손이 일어나지 않게 하고 싶다는 등의 작업 내용에 따라서 절삭 조건도 달라지게 된다. 절삭 조건의 선정에 있어서 고려하지 않으면 안될 항목은 많이 있으나 일반 작업에서 필요한 최소한의 절삭 조건은 대체로 다음 6항목에 집약될 것 같다.

(1) 피삭재의 재질과 경도, 피삭성

어떤 재질이고 어느 정도의 경도인 공작물인가를 알지 못하면 소위 절삭 조건을 생각할 실마리가 없다.

그 중에는 열처리의 이력, 재료의 조직 상태 등의 차이로 동일 재료, 동일 경도라도 절삭하기 쉬운 것과 그렇지 않은 것이 있다.

일반적으로 난삭재라고 불리는 것이나 경도가 높은 것일수록 절삭 속도는 낮게 잡지만 이송을 너무 작게 하면 오히려 공구 수명이 짧아지는 경우가 자주 있다. 또 딱딱해서 어려운 재료일수록 다운 컷이 유리한 경우가 많이 있다.

(2) 절삭 속도, 회전체 지름, 회전수

절삭 속도 v m/min, 회전체 지름 D mm, 회전수 N rpm 사이에는 다음 관계식이 성립된다.

$$v = \frac{\pi \cdot D \cdot N}{1000} \fallingdotseq \frac{D \cdot N}{320}$$

또는, $N = \frac{320 \cdot v}{D}$

일반적으로 하이스 엔드 밀의 절삭 속도는 대충 말해서 합금강에 대해서는 $10\sim40$ m/min, 비철 금속에 대해서는 $30\sim80$ m/min 정도로 잡고 있다. 이 정도의 절삭 속도에서는 엔드 밀에 작용하는 절삭 저항, 가공면 정밀도 등은 그다지 극단적인 영향은 받지 않으나 날끝 마모에는 중대한 영향을 미친다.

절삭 속도가 높으면 날끝에서 절삭 온도의 상승을 초래하고, 마모의 비정상적인 발달을 촉진한다. 그리고 절삭중에 채터링 진동이 발생했을 때는 절삭 속도를 한층 내림으로써 해결되는 경우가 있다.

(3) 이송 속도

가공 능률을 주체로 생각할 경우에는 절삭 속도에 관계없이 테이블 이송 속도 C (mm/min)에 의한 표시가 잘 맞지만 가공면 정밀도, 엔드 밀의 변형이나 날 파손, 절삭 저항 등을 생각한 경우에는 공구 1회전당의 이송 f'(mm/mev), 또는 1날 1회전당의 이송 f(mm/rev/tooth)가 기준이 된다.

이것은 다음과 같은 관계식으로 표시할 수 있다.

$$f = \frac{C}{N \cdot n} \quad (\text{mm/rev/tooth})$$

단, n : 날수

N : 회전수(rpm)

과대한 이송은 공구 수명을 단축하지만 이송이 너무 작아도 마모를 촉진시킨다. 한편 절삭 저항은 이송의 증대에 따라서 크게 되고 가공 정밀도, 엔드 밀의 강도, 절삭 저항, 가공물 설치 강도 등에 관련된 중요한 요인이다.

(4) 절삭 깊이

엔드 밀에서 절삭 깊이는 축방향의 절삭 깊이(A_d)와 반지름 방향 절삭 깊이(R_d)에 의해 표시된다.

홈절삭은 R_d 가 엔드 밀 지름 D와 같은 경우이다. 절삭 깊이(특히 R_d)는 이송과 같은 효과를 갖는 요인이다.

일반적으로 A_d 가 크면 채터링이 생기기 쉽고, 가공면의 기복도 큰 경향이 있다.

(5) 절삭유

절삭유의 사용 목적은 냉각 작용, 윤활 작용을 이용해 고온에 의한 날끝의 경도 저하를 방지하고, 가공물 혹은 칩과 날끝과의 마찰을 작게 해서 가공면 거칠기를 향상시키고, 날 끝에 대한 용착을 방지하고, 칩의 제거, 배출 등을 쉽게 하는 데 있으며 절삭 조건의 중요한 요인이다.

일반적으로 건식 절삭과 비교하면 절삭 유제를 사용함으로써 공구 수명, 가공 정밀도 등은 현저하게 향상되며, 수용성 절삭유보다도 불수용성 절삭유쪽이 효과가 크다고 생각해도 문제는 없다.

엔드 밀에 의한 다이스강, 스테인리스강의 절삭에서 특히 고탄소, 고크롬계의 가공물을 상향 절삭할 때, 다듬질면이 비늘형의 대단히 거칠은 가공면이 되는 일이 있다.

이것은 날끝에서의 칩의 발생, 혹은 부착 방법에 따라서 다듬질면과 날끝 사이에서 칩의 재절삭이 이루어지기 때문이다. 이런 경우, 촉매 역할을 하는 극압 첨가제를 포함한 불수용성 절삭유를 사용하면 큰 효과를 얻을 수도 있다.

(6) 절삭 방향

가공물에 대한 날끝의 절삭 깊이가 "0" 또는 작은 쪽에서 차차로 두껍게 되는 절삭을 업 컷(up cup), 이 반대의 절삭을 다운 컷(down cut)이라 한다(**그림 1**). 양자의 절삭 기구는 단지 절삭 방향이 반대 방향이라고 하는 것뿐만 아니라 절삭 저항으로 작용 방법이나 가공면에 대한 영향도 매우 다르다.

일반적으로 가공면 정밀도가 요구되는 다듬질 절삭에서는 업 컷이 유리하다. 한편 중(中)·거친 절삭 등 제거량이 많은 절삭에서는 다운 컷쪽이 대체로 공구 수명이 길다.

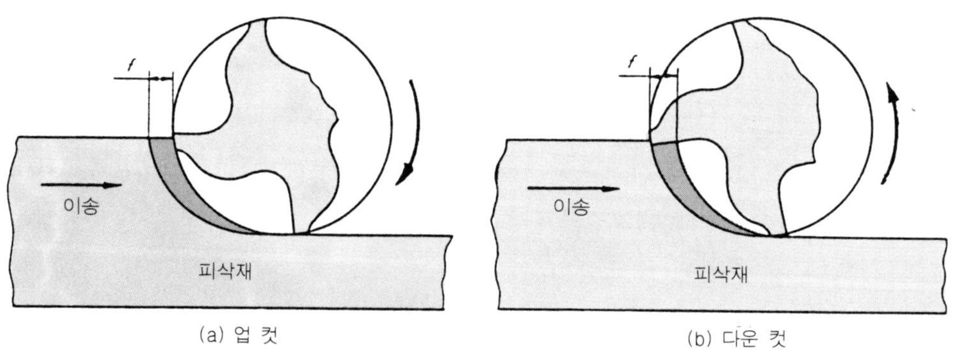

그림 1 업 컷(상향 절삭)과 다운 컷(하향 절삭)

② 기준 절삭 조건

그동안 엔드 밀 메이커들이 제시한 엔드 밀 절삭 조건표 혹은 추천 절삭 조건표는 엔드 밀의 종류, 날수, 절삭 깊이 등을 고려한 특정한 조건내에서 절삭 속도나 이송 속도를 표시하는데 불과하였다. 그 때문에 날수, 날길이, 절삭 깊이 등이 변하게 되면 이송을 어떻게 바꾸어야 좋은가하는 지시가 없었다.

여기서는 엔드 밀의 피로 파괴 현상, 절삭 저항(절삭 토크, 굽힘 저항), 가공물의 고정 강도, 콜릿 척의 쥐어 잡는 강도 등을 종합적으로 고려하여 **표 1**에 나타낸 것 같은 엔드 밀 기준 절삭 조건표를 작성하였다.

이 기준 절삭 조건표로 엔드 밀의 종류, 날수, 날길이를 포함해서 각종 피삭재의 임의의 절삭 깊이에 따르는 절삭 속도, 이송 속도 등을 간단한 계산으로 구할 수 있도록 하였다. **표 1** 중에 나타나는 계산 순서에 따라서 구한다.

(1) 엔드 밀 기준 절삭 조건표의 특징

이 기준 조건표의 특징을 정리하면 다음과 같다.

① 임의의 절삭 깊이(A_d, R_d)에 대한 테이블의 이송 속도를 구할 수 있다.

② 엔드 밀의 종류, 재질, 날 길이, 날수에 대한 이송 속도를 구할 수 있다.

③ 각종의 피삭재에 대해서 이송 속도를 구할 수 있다.

④ 이송 속도(C)의 계산식

$$C = \frac{v \cdot D \cdot F \cdot E}{A_d \cdot R_d} \ (\mathrm{mm/\,min}) \cdots\cdots\cdots\cdots\cdots\cdots\cdots\cdots\cdots\cdots\cdots\cdots (1)$$

이 식으로 예를 들면 다음과 같이 가공 능률이 일정(이송 속도 C 가 정해져 있다)하다고 간주하고 엔드 밀의 지름(D)이나 절삭 깊이(A_d, R_d)를 구할 수 있다.

$$R_d = \frac{v \cdot D \cdot F \cdot E}{A_d \cdot C} \ \cdots\cdots\cdots\cdots\cdots\cdots\cdots\cdots\cdots\cdots\cdots\cdots\cdots\cdots\cdots\cdots (2)$$

$$D \cdot F = \frac{C \cdot A_d \cdot R_d}{v \cdot E} \ \cdots\cdots\cdots\cdots\cdots\cdots\cdots\cdots\cdots\cdots\cdots\cdots\cdots\cdots (3)$$

이와 같이 단지 이송 속도를 구하는 것만이 아니라 어떤 가공 능률 밑에서

⑤ 어떤 지름의 엔드 밀을 사용하면 좋은가?

⑥ 절삭 깊이를 어떻게 하면 되는가?

⑦ 어떤 타입의 엔드 밀을 사용할 것인가?

등 여러 가지 조건을 구체적으로 알 수 있게 된다.

예제를 통해 응용 계산을 해 보자.

● S 50 C(HB 200), 테이블 이송 속도 : 80 mm/min, 절삭 속도 : 30 m/min, 절삭 깊이 A_d : 30 mm, R_d : 10 mm, 사용 엔드 밀 : 4개날 표준 날길이라는 조건으로 절삭할 때, 엔드 밀의 지름은 대충 몇 mm를 사용하면 좋은가.

[해답] 식 (3)에 따라

$$D \cdot F = \frac{80 \times 30 \times 10}{30 \times 1.5} ≒ 533$$

표 1 엔드 밀의 기준 절삭 조건표

(a) 엔드 밀 계수 (E)

엔드 밀 타입		날 길이 (단위 D)	날 수			
			2	3	4	6
(코팅 무처리)	하이스 쇼트날	1.5~2	1.5	–	–	–
	하이스 표준날	2 ~ 3	1.0	–	1.5	2.0
	하 이 스 롱날	3 ~ 5	0.5	–	0.75	1.0
하 이 스 키 홈 용		1 ~ 2	0.5	–	–	–
하 이 스 하 이 힐 리 컬		2~2.5	–	1.25	1.5	–
거 친 다듬질 겸 용	표 준 날	1.5~2.5	–	–	1.8	2.4
	롱 날	3~4.5	–	–	1.1	1.45
러 핑	쇼 트 날	1.4~2.5	–	1.6	1.95	2.6
	표 준 날	2.4~3	–	1.15	1.4	1.85
초 경 표 준 날		2.2~2.8	0.8	–	1.2	

[계산 순서]

1. 회전수 $N = \dfrac{320 \times V}{D}$ (rpm)

   여기서, 건식 절삭의 경우는 이 값의 70~80%로 한다.

2. 이송 속도 $C = \dfrac{v \times D \times F \times E}{A_d \times R_d}$ (mm/min)

   여기서, R_d 가 0.1D 이하인 경우는 0.1D로 해서 계산, A_d 가 0.5D 이하인 경우는 0.5D로 해서 계산한다.

   V : 절삭 속도(m/min)
   F : 이송 계수
   D : 엔드 밀 외경(mm)
   E : 엔드 밀 계수
   A_d : 축방향 절삭 깊이(mm)
   R_d : 반지름 방향 절삭 깊이(mm)

3. 다듬질 절삭인 경우에는 이송 속도를 1/2로 한다.

4. 이 조건표는, 주축 모터 출력 7.5 kW의 수직 밀링 머신을 상정하는 것이다.

5. 예제

   ϕ 10, 4개날, 표준날 길이의 하이스 엔드 밀(무처리)을 사용하여 S50C재를 A_d=15mm, R_d=5mm, 절삭유를 사용해서 가공하고자 한다. 회전수 N 과 이송 속도 f를 구하여라.

   $N = \dfrac{320 \times 30}{10} = 960 \, \text{rpm}$

   $f = \dfrac{30 \times 10 \times 12.9 \times 1.5}{15 \times 5} = 77 \, \text{mm/min}$

(b) 절삭 속도(V)와 이송 계수(F)

피 삭 재		경 도 HB	절 삭 속 도 · V (m/min)			이 송 계 수 F — 엔 드 밀 외 경 D (mm)															
			하이스	코팅 하이스	초 경	1	2	3	5	6	8	10	12	15	18	20	25	30	35	40	45	50
구 조 용 강	SS41	~175	30~35	35~45	45~50	1.5	2.6	4.2	6.8	8.4	11.0	14.2	16.8	21.0	25.2	26.3	25.2	24.2	23.7	22.1	17.4	14.2
탄 소 강	S50C, SK7	~225	25~30	30~40	35~45	1.4	2.4	3.8	6.2	7.6	10.0	12.9	15.3	19.1	22.9	23.9	22.9	22.0	21.5	20.1	15.8	12.9
합 금 강	SNC836, SUJ2 프라하든강	~275	15~20	20~30	20~30	1.3	2.2	3.4	5.6	6.8	9.0	11.6	13.8	17.2	20.6	21.5	20.6	19.8	19.4	18.1	14.2	11.6
공구강 다이스강	SKD	~325	10~15	15~25	15~25	1.0	1.7	2.7	4.3	5.3	7.0	9.0	10.7	13.4	16.0	16.7	16.0	15.4	15.1	14.1	11.1	9.0
내열강 고합금강		~375	8~12	15~20	15~20	0.8	1.4	2.3	3.7	4.6	6.0	7.7	9.2	11.5	13.7	14.3	13.7	13.2	12.9	12.1	9.5	7.7
고 경 도 재		HRC40이상	~ 5	~10	~10	0.7	1.2	1.9	3.1	3.8	5.0	6.5	7.7	9.6	11.5	12.0	11.5	11.0	10.8	10.1	7.9	6.5
페 라 이 트 계 스 테 인 리 스 강	SUS405, 429 430, 434	~183	20~25	30~40	30~40	1.4	2.4	3.8	6.2	7.6	10.0	12.9	15.3	19.1	22.9	23.9	22.9	22.0	21.5	20.1	15.8	12.9
마 텐 자 이 트 계 스 테 인 리 스 강	SUS403, 410 416, 420	~210	15~20	20~30	20~30	1.3	2.2	3.4	5.6	6.8	9.0	11.6	13.8	17.2	20.6	21.5	20.6	19.8	19.4	18.1	14.2	11.6
오 스 테 나 이 트 계 스 테 인 리 스 강	SUS201, 302 304, 316	~187	10~15	15~25	15~25	1.1	1.9	3.0	5.0	6.1	8.0	10.3	12.2	15.3	18.3	19.1	18.3	17.6	17.2	16.1	12.6	10.3
주 철	FC25	~180	30~40	40~50	45~60	3.4	5.8	9.1	14.9	18.2	24.0	31.0	36.7	45.8	55.0	57.4	55.0	52.8	51.6	48.2	37.9	31.0
황 동			35~40	45~60	50~60	2.0	3.4	5.3	8.7	10.6	14.0	18.1	21.4	26.7	32.1	33.5	32.1	30.8	30.1	28.1	22.1	18.1
동			40~60	60~80	60~90	2.7	4.6	7.2	11.8	14.4	19.0	24.5	29.1	36.3	43.5	45.4	43.5	41.8	40.9	38.2	30.0	24.5
압 연 알 루 미 늄			50~70	70~90	70~100	3.1	5.3	8.4	13.6	16.7	22.0	28.4	33.7	42.0	50.4	52.6	50.4	48.4	47.3	44.2	34.8	28.4
알 루 미 늄 주 물			60~80	80~120	90~140	4.5	7.7	12.2	19.8	24.3	32.0	41.3	49.0	61.1	73.3	76.5	73.3	70.4	68.8	64.3	50.6	41.3

따라서 **표 1**(b)에 표시한 S 50 C의 이송 계수(F)와 엔드 밀의 지름(D)과의 관계를, $D \cdot F$에 따르면 $20 \times 23.9 = 478$, $25 \times 22.9 = 572$, $30 \times 22 = 660$이므로, 대략 $\phi 20 \sim 25 \, \mathrm{mm}$라는 것을 알 수 있고, $\phi 25 \, \mathrm{mm}$를 사용하는 것이 좋다는 예상을 할 수 있다.

그리고 **표 2**에 몇 개의 계산 예제를 제시해 보았다.

표 2 절삭 조건을 구하는 예

피삭재 경 도	사 용 공 구			가 공 조 건			절 삭 조 건	
	타입	공구지름 D	날수 N	v (m/min)	Ad (mm)	Rd (mm)	회전수 (rpm)	이송 속도 (mm/min)
SKD11 HB320	코 팅 경 도	10	2	25	15	1	$\dfrac{320 \times 25}{10} = 800$	$\dfrac{25 \times 10 \times 9.0 \times 0.8}{15 \times 1} = 120$
S50C HB220	거칠음 · 다듬질 겸용 롱날 길이	20	4	25	40	15	$\dfrac{320 \times 25}{20} = 400$	$\dfrac{25 \times 20 \times 23.9 \times 1.1}{40 \times 15} = 22$
S50C HB220	하 이 스 표 준 날 길 이	10	4	30	15	5	$\dfrac{320 \times 30}{10} = 960$	$\dfrac{30 \times 10 \times 12.9 \times 1.5}{15 \times 5} = 77$
SUS304 HB150	하 이 스 쇼 트 날 길 이	10	2	15	5	10 구멍	$\dfrac{320 \times 15}{10} = 480$	$\dfrac{15 \times 10 \times 10.3 \times 1.5}{5 \times 10} = 46$

(2) 기준 절삭 조건 요인에 대한 설명

표 1의 엔드 밀 기준 절삭 조건표가 어떤 근거에 의한 것인가에 대해 좀더 설명하겠다.

우리의 엔드 밀 절삭 실험에 의하면 밀링 머신의 주축 모터가 $7.5 \, \mathrm{kW}$(수직형 밀링 머신 3형)의 비교적 새로운 강성이 있는 기계를 사용한 경우에도 절삭 체적(V)이 $70 \sim 80 \, \mathrm{mm^3/rev/tooth}$를 넘는 절삭을 하게 되면 채터링 진동, 이상 진동이 발생해서 절삭 불능에 가까운 상태가 되었다.

이 때의 절삭 토크는 $2000 \, \mathrm{kgf \cdot cm}$ 이상이 되고 기계의 능력은 있다고 해도 콜릿 척의 잡아 쥐는 강도, 가공물 및 바이스의 고정 강도 등으로 보아도 한계를 설정할 필요가 있다고 생각해서 연강 절삭을 기준으로 엔드 밀 사이즈와 절삭 체적(V) 사이에 다음과 같은 기준을 설정하였다(주 : 절삭 체적 $V \, [\mathrm{mm^3/rev/tooth}]$와 절삭 속도 $v \, [\mathrm{m/min}]$를 착각하지 않도록 주의하여야 한다).

$$\left.\begin{array}{l} \phi 18 \ \text{이하} \cdots \cdots V = 2 \times 10^{-3} \cdot D^3 \ (\mathrm{mm^3/rev/tooth}) \\ \phi 19 \sim 40 \cdots \cdots V = 6.6 \times 10^{-2} \cdot D^{1.81} \ (\mathrm{mm^3/rev/tooth}) \\ \phi 41 \ \text{이상} \cdots \cdots V = 50 \ (\mathrm{mm^3/rev/tooth}) \end{array}\right\} \cdots \cdots \cdots (4)$$

여기서 말하는 절삭 체적 $V \, (\mathrm{mm^3/rev/tooth})$란 축방향의 절삭 깊이($A_d$), 반지름 방향의 절삭 깊이($R_d$), 엔드 밀 한 날당의 이송량($f$)으로 하면 다음과 같이 나타낼 수 있다.

$$V = A_d \cdot R_d \cdot f \ (\mathrm{mm^3/rev/tooth}) \cdots \cdots \cdots \cdots \cdots (5)$$

식 (4)에 표시한 것 같이 엔드 밀 사이즈에 따라서 3구분한 이유는 작은 지름에서는 굽힘 저항에 의한 절손 방지를 주체로 대직경 범위에서는 기계 주축 및 공구, 가공물의 설치계의 강도, 강성을 고려해서 결정된 것이다.

① **절삭 속도(v)에 대해서** $\cdots \cdots$ 엔드 밀 절삭에서 이송에 대한 또 하나의 중요 요인인 절삭 속도(v)는 독립 요인으로 생각할 수 있다.

절삭 속도는 가공 능률과 공구 수명(특히 마모)이라는 상반된 특성에 관계되어 있다. 공구의 마모면에서는 일반적으로 저속 고이송 절삭이 좋은 결과를 얻고 있다. 그러나 가공 능률을 올리는 데는 한 날당의 이송량을 정하면 절삭 속도를 올림으로써 비례적으로 오르게 되나 공구 수명의 저하는 피할 수 없게 된다.

여기서는 하이스를 기준으로 해서 TiN 코팅을 한 것은 피삭재 재질, 경도 등을 고려해서 1.3~2.0배, 초경 엔드 밀에 TiC의 코팅을 한 것은 1.5~2.0배로 속도를 올렸다(**표** 1(b)).

② **날 길이에 대해서**……수요량이 제일 많은 하이스 표준날 길이 2개날의 날 길이를 기준으로 1로 하고 롱날은 0.5, 쇼트날은 1.5로 잡았다. 초경 엔드 밀은 쇼트날과 표준날 길이의 중간에 위치해 있으나 그 특성을 고려해서 0.8로 하였다. 이들 2개날을 기준으로 4개날은 50% 높인 것이다.

날 길이의 차이에 대해서는 롱날이라고 해서 반드시 유효 날 길이 전체로 절삭한다고는 할 수 없으나, 절삭에 의한 굽힘 모멘트를 일정하게 한다는 생각에서 유효 날 길이 비의 역수로 표시하였다.

③ **공구 재질에 대해서**……초경 합금의 위치 결정은, 항절력이 최고인 것이 고속도 공구강의 3/4 정도로 간주하고, 엔드 밀에 작용하는 굽힘 저항의 실험식 $R = a \cdot v^n$에서의 굽힘 저항(R)이 3/4에 이르도록 절삭 체적 V에 제한을 두었다. 그 결과, 초경 엔드 밀은 하이스 엔드 밀과 비교할 때, 절삭 체적(V)이 약 64% 정도면 좋은 것으로 나타났다.

이 값은 한 날당 이송량 f(mm/rev/tooth)를 하이스 엔드 밀의 약 64%로 한다는 의미가 된다.

따라서 단순하게 본 2개날 초경 엔드 밀의 날 길이로는 엔드 밀 계수는 1.25로 되지만 재질 특성을 고려하면 $1.25 \times 0.64 = 0.8$로 된다.

④ **엔드 밀 계수 E에 대해서**……전항 ②, ③의 날 길이 및 공구 재질의 효과, 날수의 효과 등을 가미하여 엔드 밀 계수 E로 **표** 1 (a)에 표시하였다(만약 날 길이 또는 홈 길이를 엔드 밀의 지름과 관계지은 계산식으로 만들면 상당히 복잡한 계산식이 돼 버린다).

⑤ **이송 계수 F에 대해서**……엔드 밀의 지름 범위를 3구간으로 크게 나누고, 각각의 지름에 따라서 어느 정도로 절삭 체적을 절삭시키면 되는가를 식 (4)에 나타내었다.

이 절삭 체적 V는 식 (5)에 나타낸 것 같은 의미를 가지며, 다음과 같이 고쳐 쓸 수 있다.

$$f = \frac{V}{A_d \cdot R_d} \text{ (mm/rev/tooth)} \quad \cdots\cdots\cdots\cdots\cdots\cdots\cdots (6)$$

이 f는 한 날 1회전당의 이송량이고, 1분당 테이블 이송 속도 C는 다음과 같이 된다.

$$C = f \cdot N \cdot n \cdot X \quad \cdots\cdots\cdots\cdots\cdots\cdots\cdots\cdots\cdots (7)$$

단, n: 기준날수 2개

N: 회전수 rpm(절삭 속도를 v로 하면 $N \fallingdotseq (320 \times v)/D$로 나타낼 수 있다).

X : 수정 계수. 엔드 밀의 타입, 날수 보정 등의 엔드 밀 계수 E 및 가공물의 피삭성을 나타내는 계수 M 을 포함

그리고 지름 구분마다 테이블 이송 속도의 식을 구하면 다음과 같다.

$\phi\,18\,\mathrm{mm}$ 이하에 대해서는

$$C = \frac{2 \times 10^{-3} \times D^3 \times 320 \times v}{A_d \times R_d \times D} \times 2 \times E \times M$$

$$= \frac{v \times D \times E \times F}{A_d \times R_d} \quad (\text{단}, \ F = 1.28 \times D \times M)$$

$\phi\,19 \sim 40\,\mathrm{mm}$ 에 대해서는

$$C = \frac{6.6 \times 10^{-2} \times D^{1.81} \times 320 \times v}{A_d \times R_d \times D} \times 2 \times E \times M$$

$$= \frac{v \times D \times E \times F}{A_d \times R_d} \left(\text{단}, \ F = \frac{42.2 \times M}{D^{0.19}} \right)$$

$\phi\,41\,\mathrm{mm}$ 이상에 대해서는

$$C = \frac{50 \times 320 \times v}{A_d \times R_d \times D} \times 2 \times E \times M$$

$$= \frac{v \times D \times E \times F}{A_d \times R_d} \left(\text{단}, \ F = \frac{32 \times 10^3 \times M}{D^2} \right)$$

여기서 이송 계수 F 에 포함되는 가공물의 피삭성을 나타내는 계수 M 은 탄소강 S 50 C (HB 225)를 1로 하고, 절삭하기 어려운 재질일수록 작은 값을 나타내도록 표시되어 있다.

3 엔드 밀 절삭과 가공 정밀도

① 절삭 저항과 다듬질면

엔드 밀이 받는 절삭 저항에 의한 굽힘의 힘은 반드시 이송 방향만이 아니라 가공면(다듬질면)에 수직인 방향으로도 굽힘의 힘을 받는다.

우리들의 실험 데이터에 의하면 특히 상향 절삭에서는 $R_d \geqq D/8$일 때는 오버 컷을 하고, $R_d \leqq D/8$일 때는 엔드 밀 축심에 다듬질면에서 떨어지는 방향으로 굽힘의 힘을 받아서 언더 컷을 한다.

그림 1은 각 절삭 깊이에서 최대 굽힘 저항과 방향을 그림 속에 나타낸 조건에 의해서 실험한 결과이다.

이 실험 데이터에서도 2개날, 4개날 엔드 밀이 같이 상향 절삭(업 컷)에서 R_d가 약 $D/8(0.125D)$일 때, 엔드 밀에 작용하는 굽힘 저항의 방향 θ는 거의 "0"을 나타내고 있다.

한편, 하향 절삭에서는 굽힘 저항의 방향 θ는 모두 마이너스의 방향, 즉 언더 컷 경향을 보이고 있다.

이와 같이 엔드 밀로 가공된 다듬질면은 다소나마 반드시 배분력의 영향을 받고 있다고 생각하지 않으면 안된다. 그 결과, 다듬질면은 반드시 오버 또는 언더 컷측으로 경사진 것 같은 면이 된다.

(1) 엔드 밀 절삭에 의한 가공면의 상태

그림 2는 엔드 밀에 의한 가공면 정밀도를 모형으로 표시한 것이다. 이 그림에서는 언더 컷 경향의 가공면으로 되어 있다.

이와 같은 절삭 다듬질면의 기울기 현상은 측면 절삭뿐만 아니라 홈 절삭에서도 자주 볼 수 있다.

배분력에 의한 엔드 밀 축심의 변형은 가공물의 기준 위치와의 어긋남을 일으키게 하고, 축심에 따른 외주면은 단순한 외주 포락선(包絡線)으로 비치는 것이 아니라 이것에 기복을 포함하게 되는데 더욱이 기복에는 거칠기를 포함한 가공면이 형성된다.

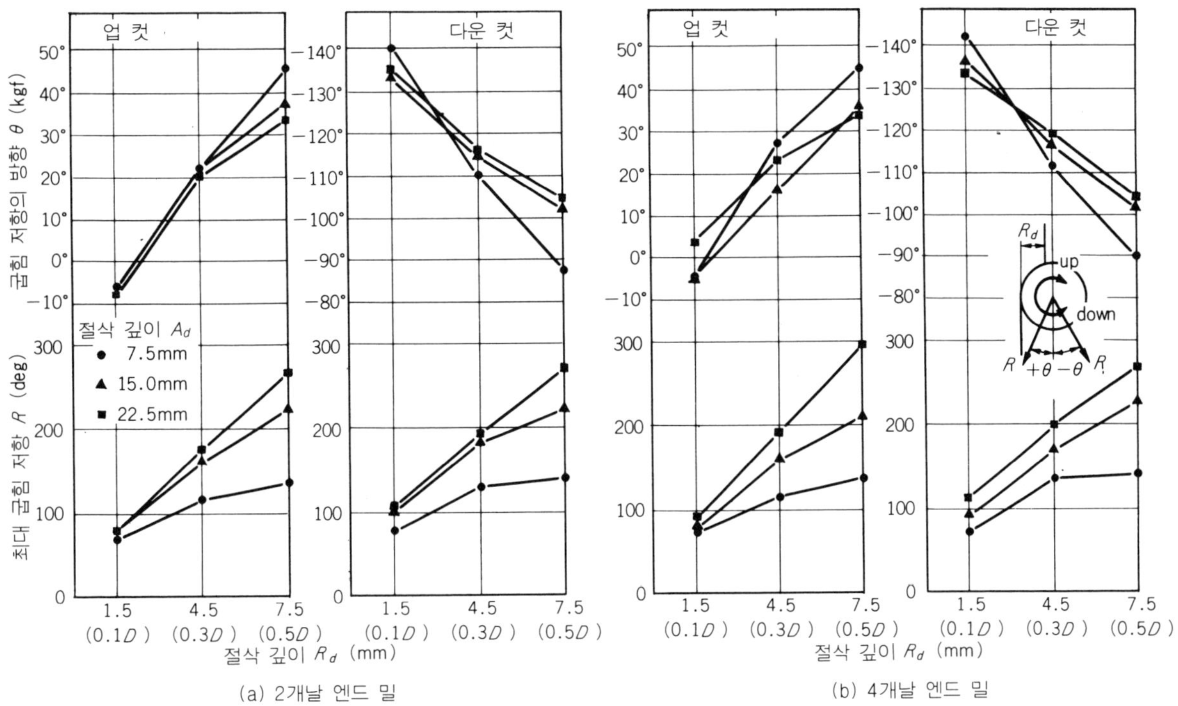

[실험 조건] 엔드 밀 : φ15mm/2개날 및 4개날, 회전수 : 65rpm, 이송 : 0.058mm/tooth, 피삭재 : S50C(HB210), 절삭유 : 건식 절삭, 엔드 밀 척 : CA50 F-32, 시험기(機) : 평형 밀링 머신 3ML, 3분력 측정기 : AST식 절삭 공구 동력계

그림 1 각 절삭 깊이에 있어서 최대 굽힘 저항과 방향

이들 가공면 정밀도로서 들을 수 있는 위치의 어긋남, 기복, 거칠기, 축심의 기울기 등은 절삭 조건에 따라서도 바뀌기 때문에 일률적으로는 말할 수 없으나 일반적으로 문제가 되는 가공면의 거칠기에 대해서 기복의 크기만을 들어도 수 배~수십 배의 크기가 있다는 것을 알아 둘 필요가 있다.

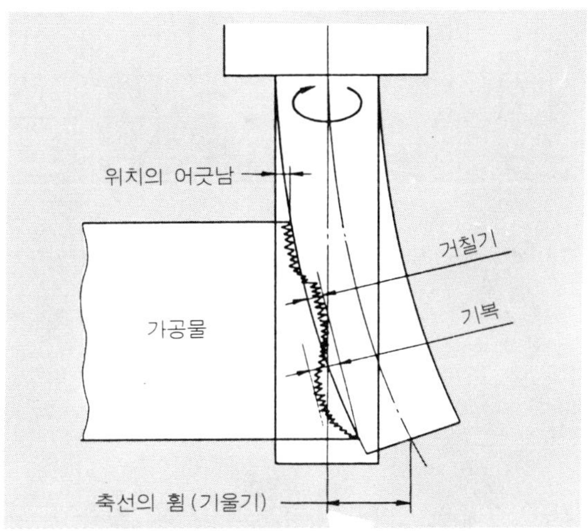

그림 2 엔드 밀에 의한 가공면 정밀도

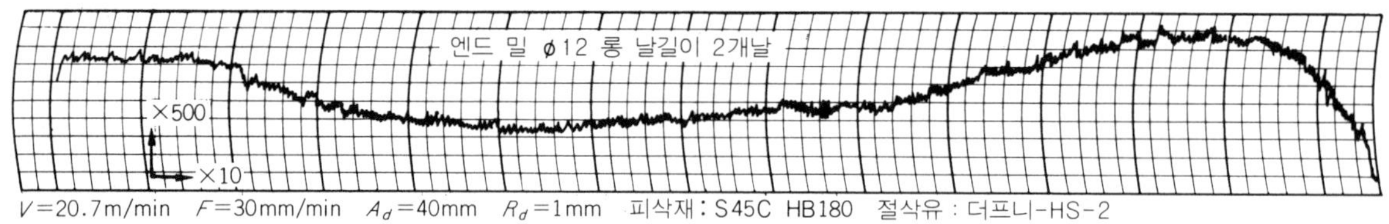

그림 3 측면 절삭에 있어서 거칠기와 기복의 상태

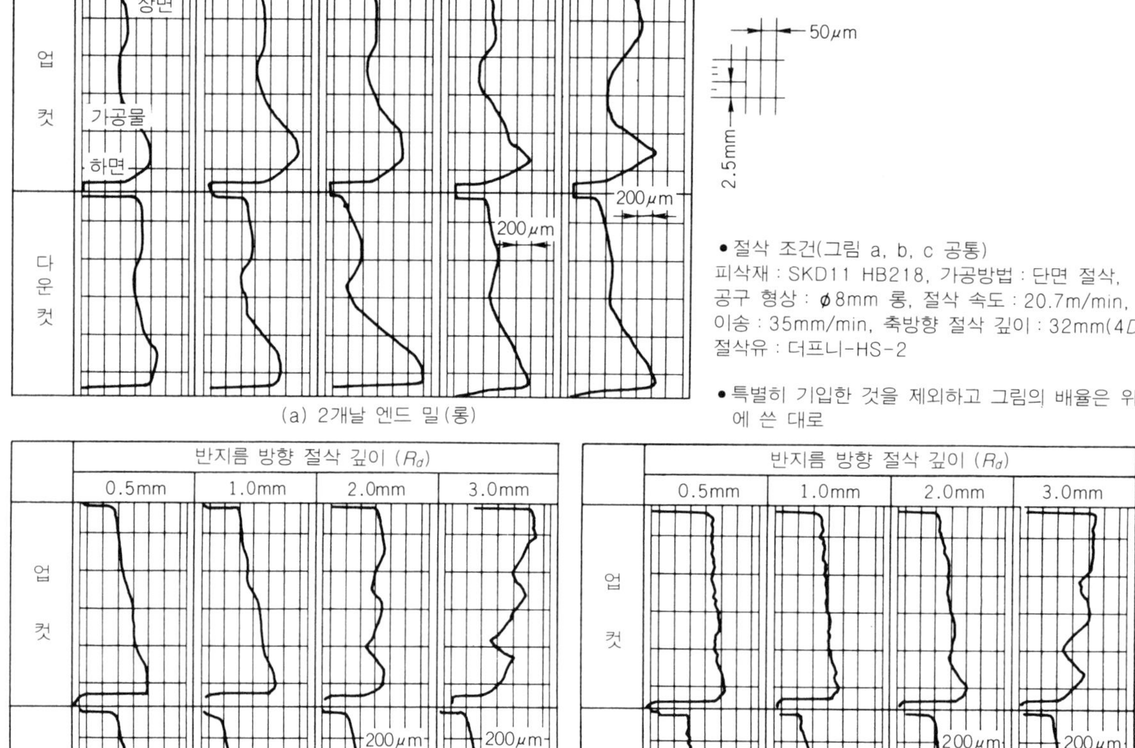

그림 4 엔드 밀에 의한 다이스강의 가공면 정밀도

(2) 거칠기와 기복

그림 3은 거칠기와 기복의 크기를 비교한 예이다. 거칠기는 약 12 μm이지만 기복은 약 60 μm가 된다.

그림 2, 그림 3 등을 보면 가공면 상태를 평가하는 데 자주 문제가 되는 가공면 거칠기만으로는 참다운 의미의 가공면을 정확하게 표현할 수 없다는 것을 잘 알 수 있다.

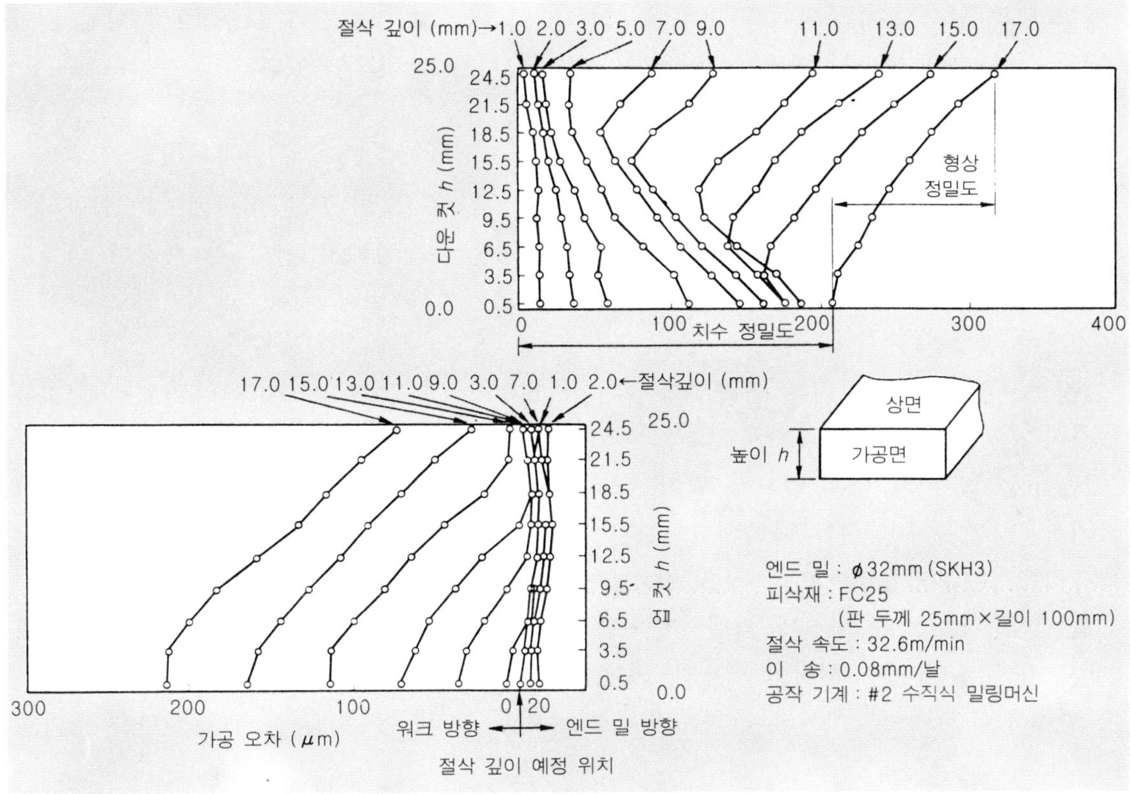

그림 5 판 두께 방향의 형상 정밀도

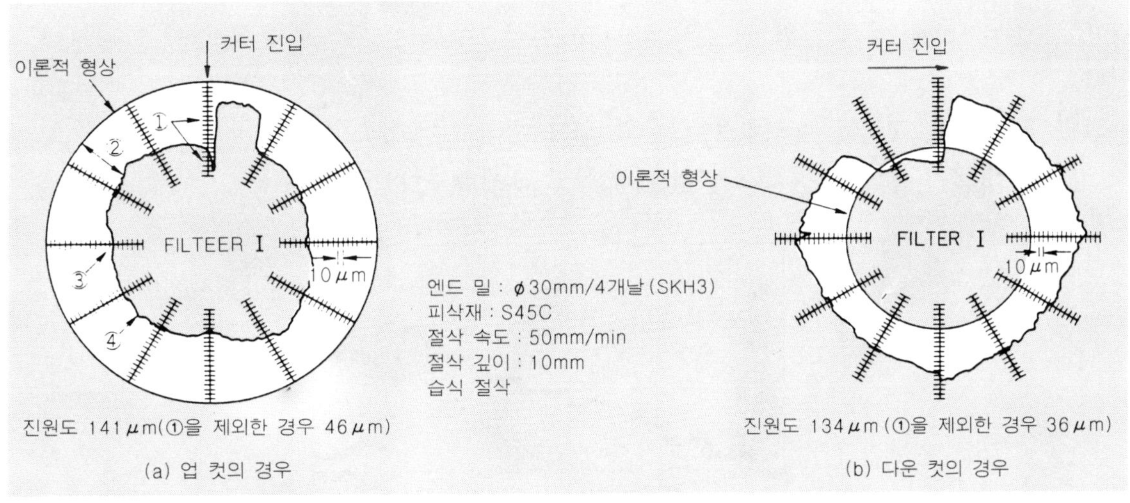

그림 6 진원도 곡선

예컨대 후공정에서 연삭 다듬질이 있는 가공에서는 위치 어긋남, 거칠기, 기복, 축심의 기울기 등 전부를 표시하지 않으면 연삭으로 절삭면을 완전하게 깎아내지 못하게 된다.

그림 4는 다이스강 SKD 11(HB 218)에 대한 2개날 엔드 밀, 4개날 엔드 밀, 4개날 중절삭용 엔드 밀의 각각 롱 타입, 비틀림각 30°로 절삭한 가공면 상태를 나타낸 실측값이다.

엔드 밀의 날수, 종류, 반지름 방향의 절삭 깊이 R_d, 업 컷이거나 다운 컷에 의해서 가공면의 기복, 기울기, 거칠기 등이 어떻게 변화하는가를 잘 알 수 있다.

(3) 업 컷, 다운 컷에 의한 가공 정밀도

엔드 밀에 의한 업 컷에서는 반지름 방향의 절삭 깊이 R_d 가 $D/8$ 이하에서는 일반적으로 언더 컷하지만, $R_d \geqq D/8$에서는 가공물의 다듬질면을 향해서 엔드 밀 축심이 변형하고 오버 컷을 일으킨다. 다운 컷의 경우에는 어느 것이나 언더 컷을 할 수 있도록 엔드 밀 축심이 변형한다.

그림 5~8은 니가타 대학 공학부의 후지이 교수가 「정밀 가공」 1975년 7월호에 발표한 것이다.

그림 5는 업 컷과 다운 컷으로 각각 반지름 방향의 절삭 깊이 R_d 를 바꾸었을 때의 절삭 기복 및 기울기 상태를 나타내고 있다. 업컷에서는 한쪽에서 200 μm도 오버 컷하거나 다운 컷에서는 300 μm도 언더 컷을 일으키는 일이 있다.

그림 6은 NC 밀링 머신에 의한 원 외주 절삭의 진원도를 본 것으로 이론 기준원에 대해서 가공 후의 치수 형상이 어떻게 되는가를 업 컷과 다운 컷으로 비교하였다.

그림에서 ①은 가공 개시점의 과도적 상태이므로 번잡함을 피하기 위해 설명을 생략한다.

업 컷의 경우(그림 a)는 $R_d = D/3$로 크기 때문에 심하게 오버 컷을 일으켜서 원 외경 치수에서 200 μm 이상으로 치수가 마이너스되어 버린다. 이에 대해서 다운 컷의 경우(그림 b)는 언더 컷에 의해서 원 외경은 200 μm 이상으로도 플러스 가공된 상태를 나타내고 있다.

그림 7은 이송 속도를 바꾸었을 경우의 절삭 방향의 영향을 비교하고 있다. 이송 속도는 반지름 방향의 절삭 깊이 R_d 와 아주 유사한 효과를 나타내고 있다.

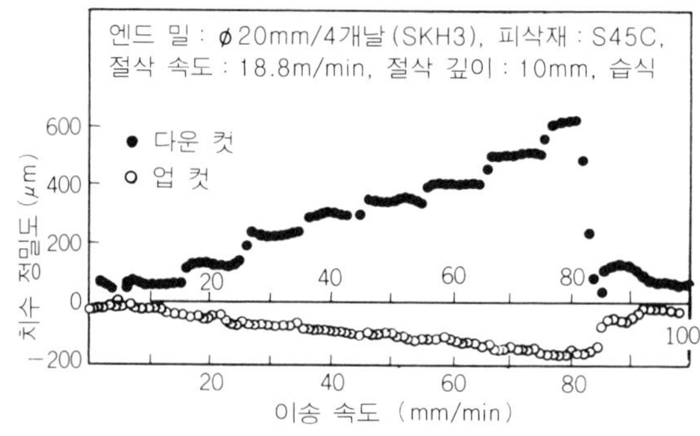

그림 7 이송 속도에 의한 치수 정밀도의 변화

그림 8은 가공면의 거칠기에 대해서만 업 컷, 다운 컷을 비교한 데이터이다.
거칠기에 대해서만 보면 업 컷쪽이 좋은 결과를 얻기 쉽다는 것을 보여준다.

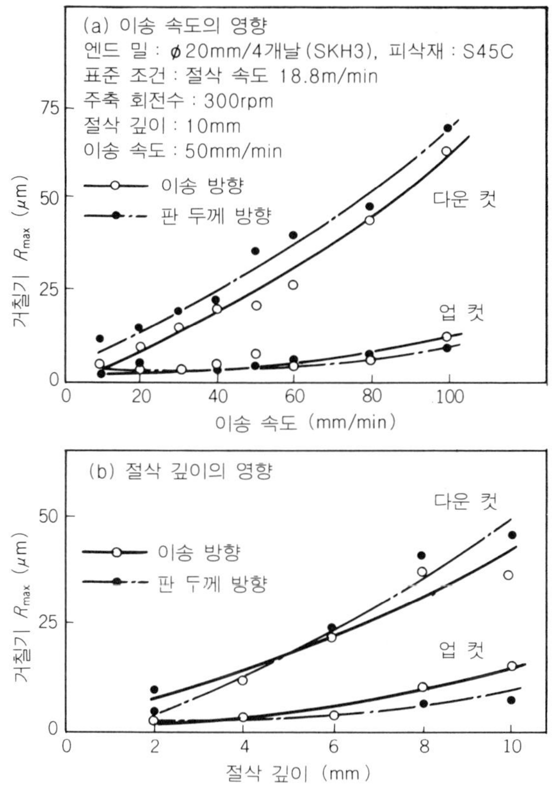

그림 8 엔드 밀에 의한 거칠기

지금까지 기술한 것을 정리하면 다듬질면의 정밀도를 향상시키기 위해서는 ① 중다듬질 공정에서 $R_d \fallingdotseq D/8$ 정도로 절삭하고 가공면의 기울기를 제거하며, ② 다듬질 절삭에서는 마모가 적은 엔드 밀을 사용하고, ③ 2개날보다 4개날을 사용하며 ④ 될 수 있는 대로 지름이 큰 엔드 밀을 사용하고, ⑤ 업 컷으로 가공하는 것이 좋다라고 생각할 수 있다.

그리고 엔드 밀 절삭에서는 칩의 재절삭을 방지하지 않으면 안된다. 홈절삭 등에서는 가공된 홈 속에 칩이 꽉 차서 업 컷쪽의 다듬질면과 절삭날 사이에서 칩이 재절삭을 일으켜 다듬질면의 상태를 나쁘게 한다.

특히 고크롬강(스테인리스강이나 다이스강) 절삭에서는 절삭날에 칩이 부착된 채로 다음 절삭을 해서 재절삭을 일으키게 한다.

절삭날에서 칩이 쉽게 제거되도록 하기 위해서는 고압 공기를 내뿜거나 절삭유를 대량으로 주입해도 되지만 활성형 불수용성 절삭유를 사용하면 상당한 효과를 얻는 경우도 있다.

② 이형 단면(端面) 절삭에서의 기복

엔드 밀 1회전중에 2개날로는 2회, 4개날로는 4회, 배분력의 최대값과 최소값을 나타내는 회전각을 볼 수 있다. 그 때 형성되어 가고 있는 다듬질면의 축방향의 어느 위치에 절삭날이 접하고 있는가에 따라 요철(凹凸)의 위치가 정해진다.

요철의 차이는 가공면 거칠기와 비교해서 수 배~수십 배에도 달하고 가공물의 치수 정밀도로서도 무시할 수 없는 부분이다. 일반적으로 가공물의 절삭면은 테이블의 이송 방향에 대해서 평행한 것이 많으나 경우에 따라서는 이송 방향에 대해서 경사진 면, 혹은 원단면인 경우도 있다.

이 때 그것들의 가공면 정밀도는 어떻게 되어 있을까. 업 컷에 있어서는 이와 같은 이형 단면을 절삭하면 반드시 가공물의 하단선을 기준으로 윗쪽을 향해 같은 주기(周期)의 기복이 발생한다.

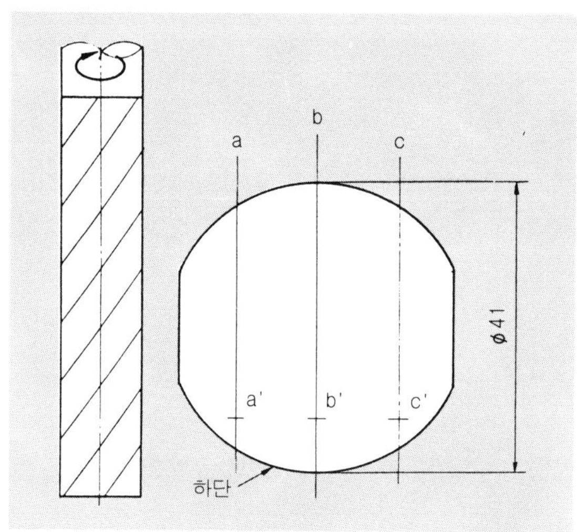

그림 9　원단면의 기복 측정 위치

그림 9에 나타나는 것 같이 엔드 밀 절삭한 원 단면의 a, b, c 3개소의 기복을 단면 하단을 기준으로 측정하였다. **그림** 10은 원 단면의 하단면을 기준으로 측정한 기복, 거칠기 곡선이다.

어느 측정 위치에서도 하단면에서의 기복 위치가 거의 같다는 것을 알게 되었다.

예컨대 **그림** 9의 원 단면 a′, b′, c′의 수평 위치에서 가공 치수를 측정하면 기복의 골이나 산에서의 치수로 돼 버리기 때문에 측정 위치에 따라서는 참으로 이상한 치수 오차가 생기게 된다.

마치 엔드 밀의 이송 방향으로 기복이 생기고 있는 것처럼 보이기도 한다. 이형 단면의 절삭에서는 가공물의 하단을 기준으로 해서 기복의 주기가 생긴다는 것을 알고 있도록 하자.

한편 **그림** 10에서 알 수 있는 것과 같이 ∅12 mm, 롱 날 길이의 2개날에서는 상당히 큰 기복도 롱 날 길이의 4개날, 또 ∅18 mm, 롱 날 길이의 2개날, 같은 4개날과 엔드 밀의 외경을 크게 해서 또 날수를 2개날에서 4개날로 함으로써 가공면의 기복을 개선할 수 있었다.

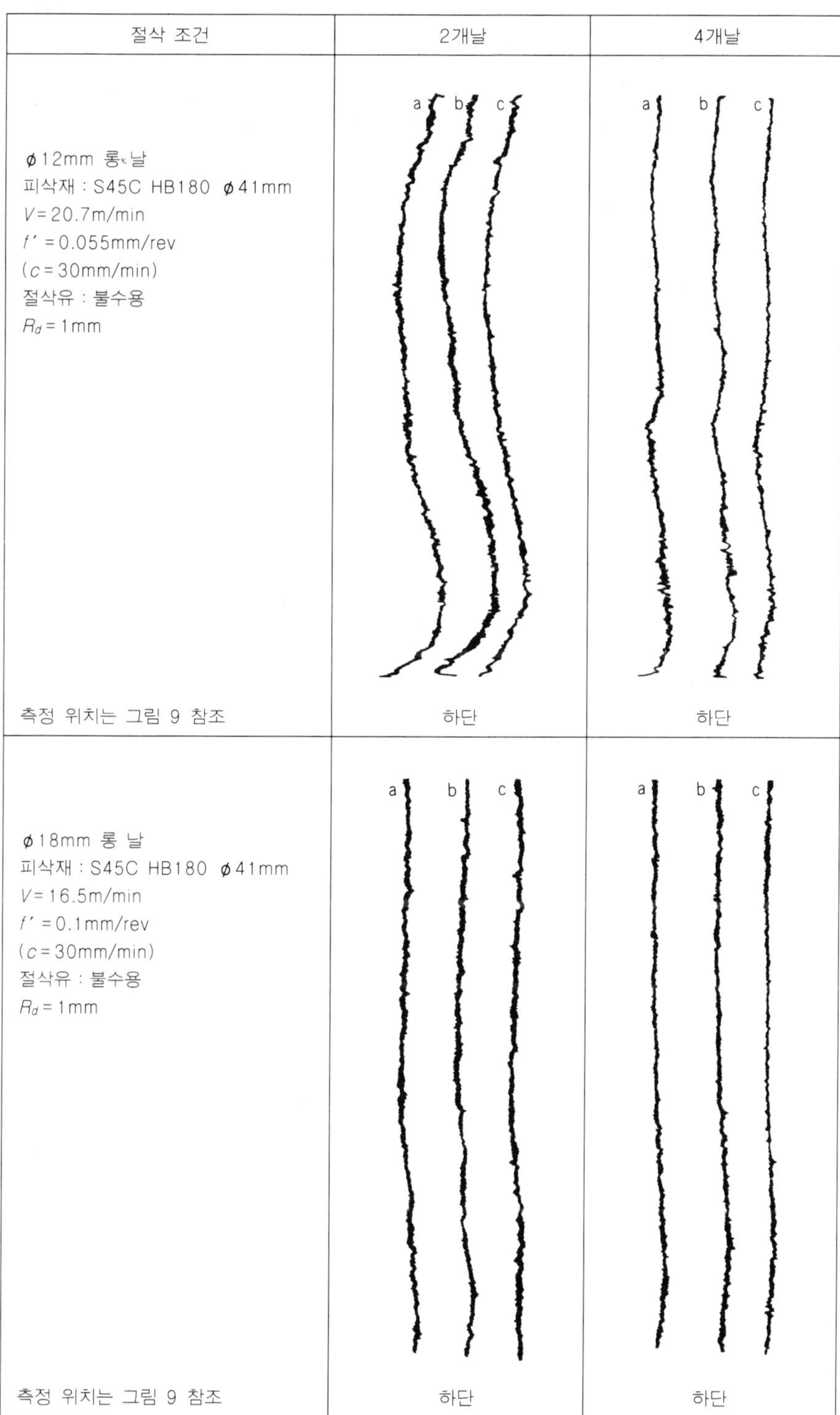

그림 10 하단을 기준으로 측정한 각부의 기복, 거칠기 곡선

날 지름과 섕크 지름이 같은 엔드 밀의 사용 방법

　엔드 밀에 작용하는 굽힘, 비틀림 저항에 충분히 견디고 또 콜릿 척의 잡아 쥐는 강도의 향상을 목적으로 하며, 최근에는 라저(larger) 섕크라고 불리는 날 지름보다 자루 지름이 굵은 엔드 밀을 많이 사용하고 있다. 그러나 사용자의 강한 요구로 날 지름과 자루 지름이 같은 것도 꽤 나와 있다. 이와 같은 요구는 전용기의 홀더나 설치 지그와의 간섭 때문에 부득이한 경우가 있다.

　그런데 극히 드물게 **그림 1**과 같이 날 지름과 자루 지름이 같으면 콜릿 척의 잡아 쥐는 길이를 바꾸어서 일부 자루 지름 범위를 포함하는 축방향의 폭넓은 절삭을 할 수 있기 때문에 이와 같은 타입의 것을 선택하는 사람이 있다. 그러나 이와 같은 사용 방법은 원칙적으로 잘못된 것이다.

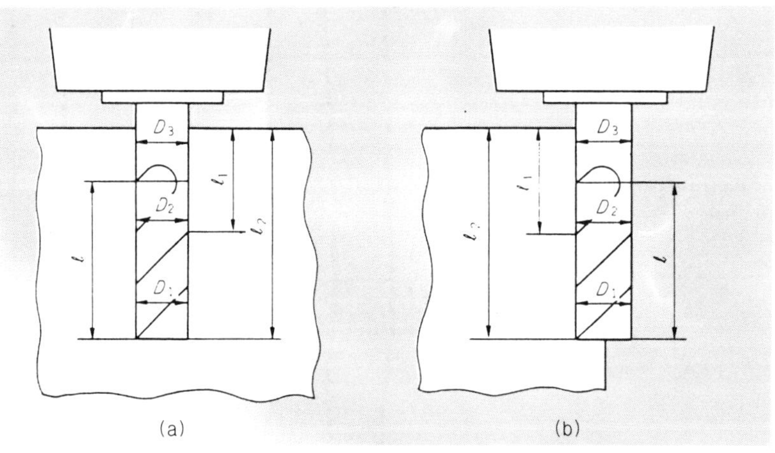

그림 1　날지름, 자루지름이 같은 경우의 잘못된 사용 방법

　왜냐하면 **표 1**에 나타나는 외경 공차를 고려한 경우, 2개날 엔드 밀로는 이미 날 지름보다도 자루 지름쪽이 굵을 가능성이 크기 때문이다.

　그리고 **그림 1**(a), (b)에 표시한 것 같이 축방향의 절삭 깊이 ℓ_2가 날 길이 ℓ 보다 큰 경우는 제1공정으로 ℓ_1의 절삭을 하고 계속해서 ℓ_2의 가공을 하도록 한다.

표 1 날지름, 자루지름의 외경 공차의 한 예

엔드 밀 날지름(mm)		자루지름 (mm)
2개날	4개날	
$12^{\,0}_{-25}$	$12^{\,+36}_{\ \ 0}$	$12^{\,0}_{-18}$

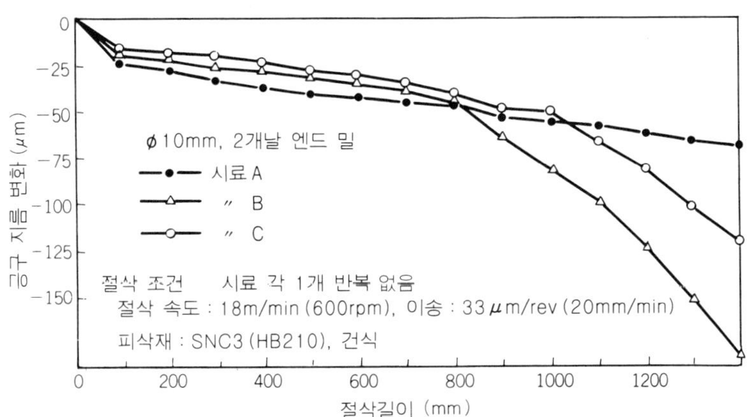

그림 2 엔드 밀의 절삭 길이와 지름 감모량

이 때 l_1 의 절삭을 마친 D_1 부분은 날부 지름이 마모돼서 선단에서 l_1 의 길이만큼 외경이 작게 되어 있다.

이 외경 마모에 의해서 자루 지름보다 l_1 부분의 홈폭쪽이 작게 될 가능성은 충분히 있다. 적어도 이와 같은 가공을 끝낸 공구의 외경은 $D_3>D_2>D_1$ 로 된다고 생각해도 좋을 것이다.

그림 1(a)의 홈절삭에서는 자루부 D_3 가 먼저 가공한 홈과 맞닿으면서 때로는 부러질지도 모른다.

그림 1(b)와 같은 측면 절삭에서는 자루부 D_3 가 먼저 가공한 측면에 접촉해서 엔드 밀은 언더 컷 경향으로 구부러지는 것으로 생각할 수 있다.

이것은 어느 것이나 엔드 밀의 지름 마모에 의한 것으로 그 정도는 **그림** 2에 한 예를 표시한 것 같이 엔드 밀의 날 지름 공차와 비교해서 대단히 큰 값을 나타내는 것이라는 것을 알아 둘 필요가 있다.

이상과 같이 칭호 치수의 날 지름, 자루 지름이 같아도 실질적으로는 자루 지름쪽이 크다고 생각하고 사용해 주기 바란다.

4 절삭 저항과 소요 동력

임의의 절삭 조건에서 엔드 밀의 절삭 저항을 예측할 수 있으면 절삭 조건의 수정, 공구 및 지그(jig)의 설계, 기계의 선택 등이 대단히 편리해진다.

선삭이나 드릴에 의한 구멍뚫기 등 절삭 깊이 상태가 정상적인 절삭(날끝이 항상 일정한 절삭 깊이를 유지하는 절삭)에서는 실험적, 역학적 수법에 의해서도 비교적 쉽게 실질적인 정미 절삭 동력을 구할 수 있다.

그러나 엔드 밀 등의 밀링 커터 공구로는 날끝의 절삭 깊이는 회전각과 같이 증감하고 절삭 저항의 크기와 방향도 항상 변화한다.

그리고 동시 절삭 날수도 변동하고 있기 때문에 역학적으로 계산하게 되면 상당히 어려운 계산이 필요하게 된다.

우리들은 각종 피삭재에 대해서 엔드 밀의 지름, 날수, 절삭 깊이, 이송량 등을 변화시켰을 때, 절삭 토크, 절삭 3분력이 어떻게 변화하는가를 오랜동안 실험하였다.

그 결과 절삭 체적과 절삭 저항의 관계를 구하면 다음과 같은 실험식이 성립된다는 것을 알게 되었다.

$$R = a \cdot V^p \,(\mathrm{kgf}) \quad\cdots\cdots\cdots\cdots\cdots\cdots\cdots\cdots\cdots\cdots\cdots\cdots\cdots\cdots\cdots (1)$$

$$T = b \cdot (n \cdot V)^q \,(\mathrm{kgf \cdot cm}) \quad\cdots\cdots\cdots\cdots\cdots\cdots\cdots\cdots\cdots\cdots (2)$$

R는 엔드 밀에 작용하는 굽힘 저항이고, 이송 분력과 배분력의 합력이다. 그리고 T는 절삭 토크, n은 엔드 밀의 날수를 표시한다. V는 1회전당의 절삭 체적이고, 축방향의 절삭 깊이 A_d, 반지름 방향 절삭 깊이 R_d, 공구 1회전 한 날 이송을 f라고 하면

$$V = A_d \cdot R_d \cdot f \,(\mathrm{mm}^3/\mathrm{rev/tooth})$$

로 된다.

실험은 13종류의 피삭재에 대해서 엔드 밀의 지름에 관계없이 성립하는 것을 확인하여 식 (1), (2)의 각 정수, 지수를 구하였다.

그들의 관계를 **표 1**에 나타낸다.

표 1 각종 피삭재의 절삭 저항에 대한 정수

피 삭 재		굽 힘 저 항 $R = a \cdot V^p$		절 삭 토 크 $T = b (n \cdot V)^q$	
재 질	경 도	a	p	b	q
SKD 11	HB 260	63.18	0.60	12.11	0.82
SKD 11	345	81.69	0.61	13.30	0.87
SNC 3	295	53.26	0.65	10.02	0.84
SK 7	210	53.88	0.66	11.10	0.81
SUJ 2	282	56.07	0.63	10.38	0.86
S 50 C	202	52.54	0.63	10.38	0.82
SS 41	118	46.14	0.58	9.40	0.81
FC 25	167	21.87	0.58	5.68	0.73
SUS 27	149	61.01	0.61	11.20	0.83
AI (압연)		23.93	0.53	5.47	0.74
AI (주물)		16.21	0.52	4.26	0.66
놋쇠		36.67	0.43	7.38	0.71
동		26.93	0.51	7.29	0.67

R:kgf T:kgf·cm V:mm³/rev/tooth n : 날수

이 실험식은 엔드 밀 지름 $\phi 5 \sim \phi 50$ mm까지의 범위에서 실험값과 잘 맞아 떨어진다. 그 한 예를 **그림 1**에 나타냈다.

이와 같이 피삭재별로 a, b, p, q를 구해 놓으면 절삭 저항이 일정한 허용값 이내로 되도록 V를 결정할 수 있다.

그리고 그 3성분인 A_d, R_d, f의 곱이 일정한 값이 되도록 그들 성분 중의 하나를 절삭 조건으로 구할 수 있다.

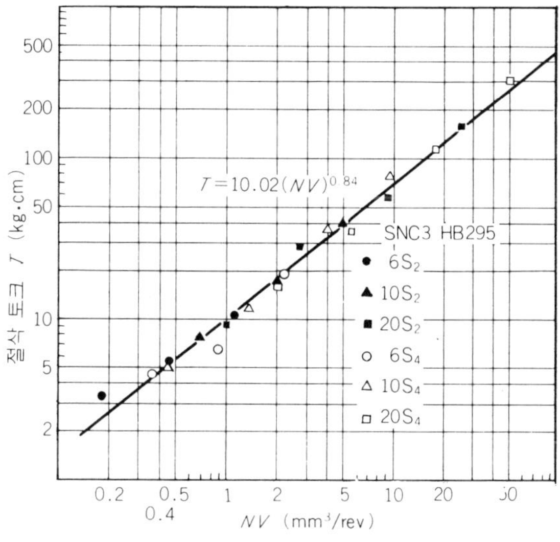

그림 1 실험 데이터와 실험식과의 대응

또 엔드 밀은 일정한 절삭 조건하에서 절삭 저항에 충분히 견딜 수 있는 강도를 갖고 있다 할지라도 가공물의 설치, 고정의 강도, 콜릿 척의 유지 강도 등이 부족하면 그 절삭 조건으로는 가공할 수 없게 된다.

한편 식 (2)로 구하는 절삭 토크 T 는 다음 식에 의해서 정미 절삭 동력 P_m 으로 환산할 수 있다.

$$P_m = \frac{N \cdot T}{97442} \ (\text{kW}) \qquad\qquad\qquad\qquad\qquad\qquad (3)$$

단, T : 절삭 토크(kgf · cm)

N : 회전수(rpm)

만약 사용 기계의 정격 출력에 대한 엔드 밀 절삭에 필요한 전동력 P_t를 구하려면

$$P_t = P_0 + P_m \ (\text{kW}) \qquad\qquad\qquad\qquad\qquad\qquad (4)$$

로 나타낼 수 있다. 여기서 문제가 되는 것은 무부하 운전 동력 P_0를 어떻게 취하면 되는가 하는 것이다.

무부하 운전 동력은 밀링 머신의 종류나 구조, 신구(新旧) 등에 따라서도 다르나, 조사한 한 예를 **그림 2**에 나타낸다.

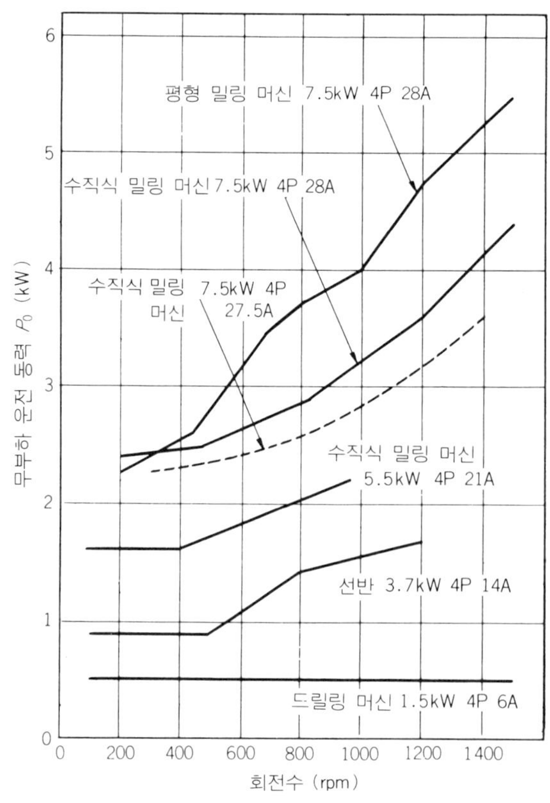

그림 2 각종 공작 기계의 회전수와 무부하 운전 동력

● 소요 동력의 계산

S 50 C(HB 200)를 A_d : 30 mm, R_d : 20 mm 사용 엔드 밀은 ϕ 25 mm, 표준날 길이, $n=4$개날로 절삭 속도 30 m/min로 절삭하고 싶은 경우에 ① 회전수, ② 이송 속도, ③ 정미 절삭 동력, ④ 소요 동력을 각각 구해보자.

① 회전수 N

$$N \fallingdotseq \frac{320 \cdot v}{D} = \frac{320 \times 30}{25} = 384 \,(\text{rpm})$$

② 이송 속도 C

$$C = \frac{V \cdot D \cdot F \cdot E}{A_d \cdot R_d} = \frac{30 \times 25 \times 22.9 \times 1.5}{30 \times 20} = 43 \,(\text{mm}/\text{min})$$

③ 정미 절삭 동력 P_m

a. 한 날당의 이송량 f

$$f = \frac{43}{384 \times 4} = 0.028 (\text{mm/rev/tooth})$$

b. 절삭 체적 V

$$V = A_d \cdot R_d \cdot f = 30 \times 20 \times 0.028 \fallingdotseq 17 (\text{mm}^3/\text{rev/tooth})$$

c. 절삭 토크 T

$$T = b \cdot (n \cdot V)^q = 10.38(4 \times 17)^{0.82} = 330 \,(\text{kgf} \cdot \text{cm})$$

d. 정미 절삭 동력 P_m

$$P_m = \frac{n \cdot T}{97442} = \frac{384 \times 330}{97442} \fallingdotseq 1.3 \,(\text{kW})$$

④ 소요 동력 P_t

$$P_t = P_o + P_m = 1.6 + 1.3 \fallingdotseq 3 \,(\text{kW}) \quad (P_0 = 1.6 \,\text{kW로 간주하였음})$$

⑤ 엔드 밀에 작용하는 굽힘 저항 R

$$R = a \cdot V^p = 52.54 \times 17^{0.63}$$

5 엔드 밀의 피로 파괴

① 피로 파괴(疲勞破壞)란

콜릿 척에서 외팔로 지지된 엔드 밀은 절삭중에 이송 분력 W_2 와 배분력 W_3 를 받아서 그 합력 R 에 의해 굽힘의 힘을 받으면서 회전한다. 1회전 사이에서는 굽힘의 힘을 반복해서 받는다.

이 굽힘의 힘은 엔드 밀 1회전을 주기로 해서 인장, 압축의 양흔들림 응력으로 홈의 깎아올린 부분에 집중해서 작용한다.

이와 같은 재료(부품)에 일정 크기의 응력을 반복해서 작용시키면 결국 파괴되어 버리는 경우가 생긴다.

이와 같은 현상을 재료의 피로라고 한다. 엔드 밀에 작용하는 반복 굽힘 응력은 1회전을 주기로 정현 곡선 모양으로 변화한다.

이 응력의 반복 속도(엔드 밀의 회전수 rpm)는 부식 작용을 동반하는 경우 및 고온의 경우 말고는 실제 사용하는 데는 전혀 영향이 없다고 말하고 있다. 따라서 엔드 밀의 경우는 그 반복 부하 횟수(총회전수)만이 중요한 의미를 갖게 된다.

반복 작용하는 응력 σ 와 부서질 때까지의 반복수 N 의 관계를 표시하는 곡선을 S−N 곡선이라고 하는데 엔드 밀도 피로 파괴 수명을 갖는 공구이므로, S−N 곡선을 만들 수 있다.

우리들은 응력 σ 대신에 굽힘 모멘트 M 을 갖고, 절손까지의 반복수의 관계를 조사하였다.

일반적으로 엔드 밀의 절손 위치는 **그림 1**에 표시한 것 같이 반드시 날 홈의 깎아올린 부분이다. 이 부분에 작용하는 굽힘 모멘트 M 은 평균적으로 $M = R \cdot \ell \,(\mathrm{kgf \cdot cm})$ 로 표시된다.

이 엔드 밀의 날 홈의 절상부에 반복해서 가해지는 굽힘 모멘트는 정적 굽힘 강도(차츰차츰 힘을 증가시켜 꺾는 강도)보다 훨씬 작은 모멘트(약 20% 이하)로도 엔드 밀이 절손된다.

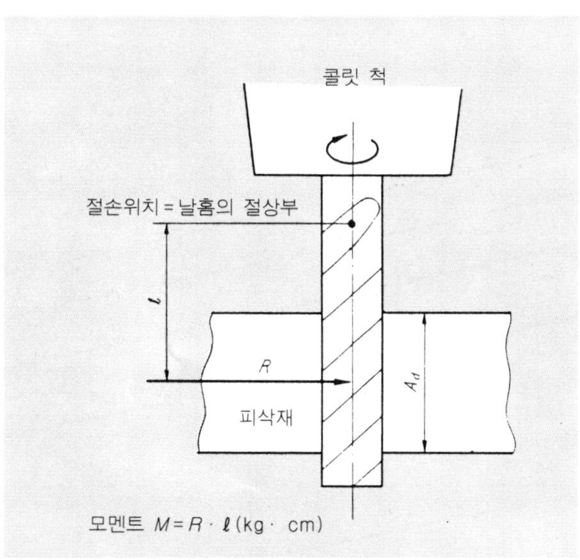

그림 1 엔드 밀에 작용하는 모멘트

② 반복 굽힘에 의한 피로 파괴 테스트

실제의 엔드 밀은 어떻게 피로 파괴를 일으키고 있는가를 실험하기 위하여 **그림 2**와 같은 장치를 만들었다.

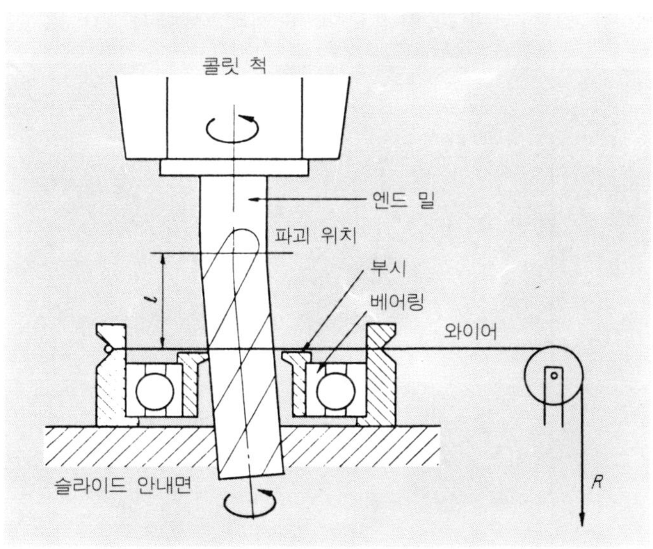

그림 2 피로 파괴 시험 방법

이것은 **그림 1**에 나타낸 절삭 상태를 모형으로 재현한 것으로서, 굽힘 저항 R 를 가해서 엔드 밀의 날 홈 절상부에 작용하는 반복 굽힘 모멘트 M 과 절손까지의 총반복수 N 과의 관계를 구하였다.

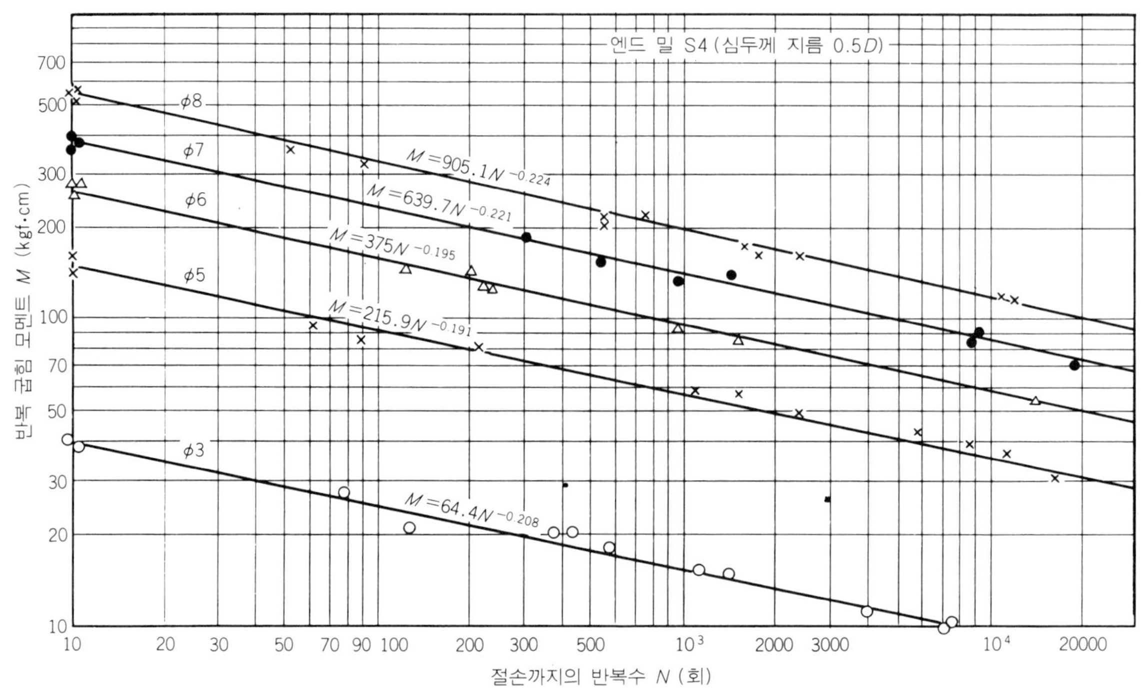

그림 3 엔드 밀의 반복 굽힘 모멘트와 피로 파괴의 관계

그림 3은 엔드 밀의 반복 굽힘 모멘트와 피로 파괴와의 관계를 구한 결과이다.

사용한 엔드 밀은 4개날이고, 현재 시중에 나와 있는 것보다 중심 두께의 지름이 약간 작기(현행 $0.6D$) 때문에 **그림 3**의 실험값보다 현재의 제품은 20% 정도 강도면에서 향상되었다.

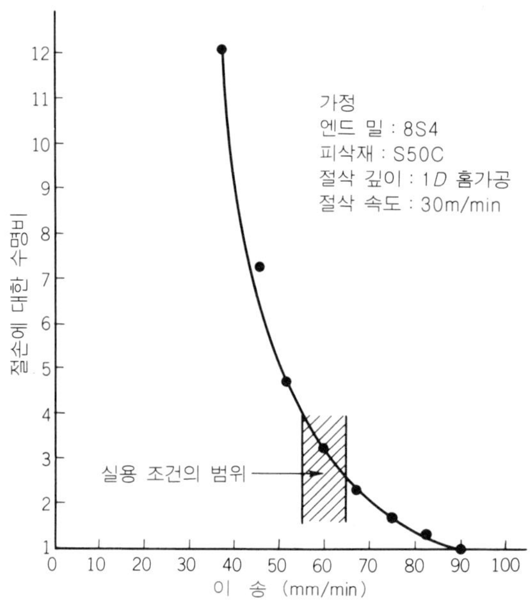

그림 4 이송 속도와 절손에 대한 수명비의 예

그러나 경향으로는 거의 같다고 봐도 될 것이다.

그림 3에서 만약 $\phi\,8\,\text{mm}$의 엔드 밀이 10회전하는 사이에 부러지려면 약 $550\,\text{kgf}\cdot\text{cm}$의 굽힘 모멘트를 필요로 하지만 만약 이 모멘트를 1/5인 $110\,\text{kgf}\cdot\text{cm}$로 힘을 받은 경우에 약 20000회전에서 부러지고 만다는 것을 알 수 있다.

그러나 이 예에서도 알 수 있듯이 모멘트를 20%로 함으로써 절손 수명은 약 2000배가 된다는 것을 나타내고 있다.

절삭 저항에 의한 굽힘 모멘트를 어떻게 하면 작게 하느냐가 절손 대책의 가장 중요한 수단이다. 지름이 작은 엔드 밀은 쉽게 부러지는 것이 당연하지만 일반적으로 엔드 밀은 지름이 작을수록 L/D(엔드 밀 홈길이/엔드 밀 지름)가 커진다. 이는 굽힘 모멘트가 큰 비율로 작용하기 때문이다.

③ 엔드 밀의 절손 대책

엔드 밀의 절손 대책으로 중요한 것은 다음과 같이 집약할 수 있다.

① **과도한 이송을 하지 않는다** : **그림 4**는 절삭 조건을 가정해서 그 때 작용하는 굽힘 모멘트와 피로 파괴에 이르기까지의 절삭 시간(수명)을 각 이송 속도마다 추정하고, 계산 범위내에서 최대 이송 속도의 절삭 시간(수명)을 1로 하고 각 이송 속도마다 절손할 때까지의 수명비(절삭 시간비)를 비교한 것이다.

가공 능률을 올린다는 것은 절손을 피하는 엔드 밀 사용 방법이다. 상반되는 양방의 기대에 대해서 어느 정도의 이송 속도(실질적으로는 한 날 1회전마다의 이송 f)로 할 것인가에 대해서는 작업 내용에 따라 공구 비용을 좀더 줄이는 이송 속도가 존재한다고 생각할 수 있다.

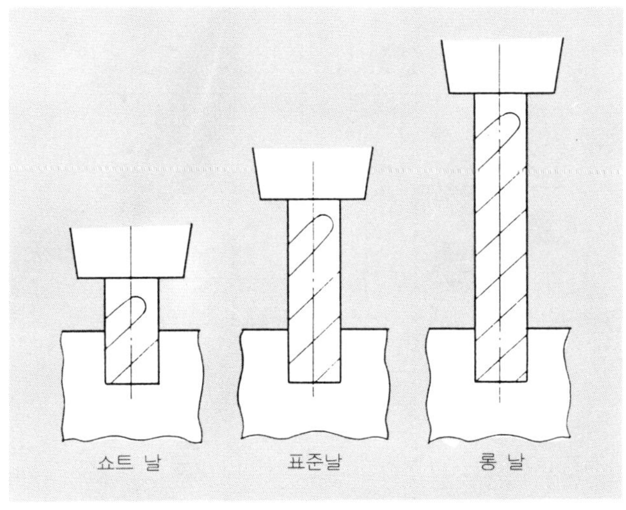

그림 5 날길이에 의한 절손 수명비

② **필요로 하는 최소 홈 길이의 엔드 밀을 사용한다** : 그림 5는 $\phi 8\,mm$ 엔드 밀에서 쇼트 날(날 길이 $L=14\,mm$), 표준날($L=20\,mm$), 롱 날($L=35\,mm$)의 3종류 엔드 밀을 사용해서 동일 절삭 조건으로 홈 절삭을 한다고 가정했을 때의 절손 수명비를 설명하기 위한 것이다.

가령 S 50 C를 A_d (축방향 절삭 깊이량)$=8\,mm$, R_d (지름 방향 절삭 깊이량)$=8\,mm$의 홈절삭으로 해서 회전수(N)$=1200\,rpm$, 이송(f)$=38\,mm/min$라는 일반적인 절삭 조건으로 가공하는 것으로 하고, 롱 날의 수명을 1로 하면 표준날은 19, 쇼트 날은 155라는 놀라운 절손 수명비가 나온다. 중절삭일수록 날 길이가 짧은 엔드 밀을 사용하는 것이 수명(마모에 의한 것, 절손에 의한 것을 포함) 혹은 가공 정밀도에서 중요한 요인이 된다.

③ **적정한 절삭 조건의 선정** : 이것으로 공구 마모를 억제하고 절삭 저항의 증가를 방지할 수 있다.

④ **조금 일찍 재연삭을 한다** : 공구 마모의 촉진과 동시에 절삭 저항이 증대한다. 이것을 피하기 위해서 조금 일찍 재연삭을 한다. 그러나 날끝의 마모는 재연삭에 의해서 제거되고, 절삭날을 얻어서 절삭 작업을 재개할 수 있으나 반복 굽힘에 의한 피로는 차츰차츰 축적되고 있기 때문에 재연삭 직후에 마모가 그다지 진행되지 않았는데도 절손해 버리는 일도 있을 것이다.

⑤ **유효 날 길이 끝까지 사용하는 것이 유리하다** : 그림 6은 같은 모양의 엔드 밀로, 절삭 깊이 단면적($A_d \times R_d$)이 일정하고 다른 절삭 조건은 모두 동일하다고 가정했을 때의 절손 수명비를 본 것이다. (a) : (b)의 절손 수명비는 약 6 : 1로 된다.

이것은 굽힘 저항이 작용하는 위치가 축방향 절삭 깊이 A_d 의 중앙에 집중해서 작용한다고 가정함으로써, 가상 부하 중심에서 절손 예상부까지의 거리 ℓ 에 차질이 생겨서 굽힘 저항 R는 같아도 굽힘 모멘트 $M = R \cdot \ell$ 이 다르게 되기 때문이다.

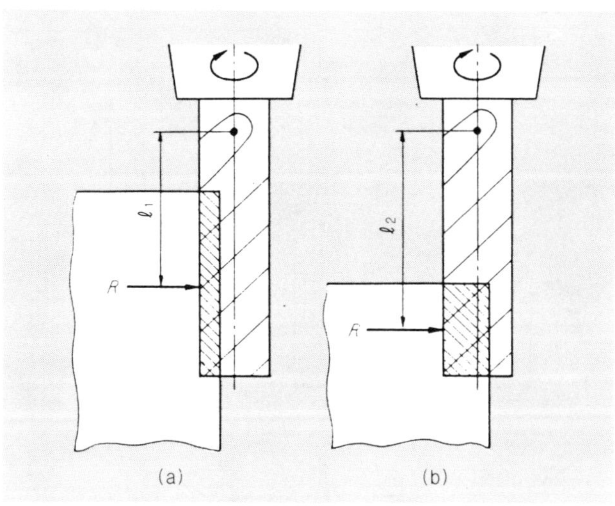

그림 6 절삭 깊이 단면적이 일정할 때의 절손 수명비

실제의 절삭에서도 이것과 닮은 결과가 나타나고 있다.

이상은 어느 것이나 반복 굽힘에 의한 피로 파괴 현상을 기준으로 추정하기 때문에 실제 절삭에 의해서 생기는 절손과는 약간 다른 점도 있다. 그러나 절손의 경향, 효능 등은 참고하여도 된다고 생각한다.

절삭 시험에 의한 절손 수명을 피로 파괴 수명의 실험식에서 추정하면 계산값에서 대략 1/2~1/5의 값이 나온다.

이것은 마모의 진행에 의한 굽힘 모멘트 증가, 채터링 진동, 칩의 작용 등에 의한 순간적인 굽힘 저항의 증대 등이 원인으로 생각된다.

4 스트레이트 콜릿(straight collet)의 손상

절삭 가공이라고 하면 언뜻 공구만 마모, 손상되는 것처럼 생각하기 쉬우나 홀더의 각 부도 손상과 변형이 진행되고 머지않아 절삭 그 자체에도 영향을 미치기 시작한다.

그림 7은 절삭에 의한 반복 굽힘 저항을 받음으로써 홀더의 각부가 차츰 변형되는 상태를 보여주고 있다.

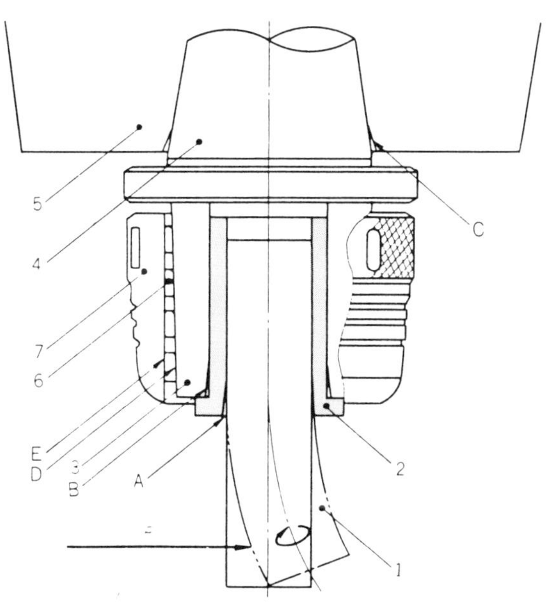

그림 7 반복 굽힘에 의한 홀더 각부의 변형

우선 엔드 밀 (1)이 반복 굽힘 저항 (R)을 받아 스트레이트 콜릿 (2)의 안쪽 지점인 입구부 (A)를 변형시킨다.

똑같이 스트레이트 콜릿 (2)과 콜릿 본체 (3)와의 지점 부근 (B), 내셔널 테이퍼 섕크 (4)와 스핀들 (5)의 지점 부근 (C), 그리고 아우터링 (7)과 니들 롤리 (6) 및 테이퍼 콜릿 바깥쪽 지점 (E), (D) 등도 집중 하중을 받아 일부 변형을 일으키는 것으로 보인다.

그것은 **그림 8**에 표시한 것 같이 마치 전화번호부를 상하로 구부렸을 때, 각 페이지 사이에 생기는 미끄럼과 상당히 닮아 있다. 페이지 사이의 미끄럼은 끝면이 경사짐으로써 쉽게 알 수 있다. 엔드 밀 섕크, 스핀들 구멍 등 서로 겹친 이들의 부재는 전화번호부의 각 페이지에 해당한다.

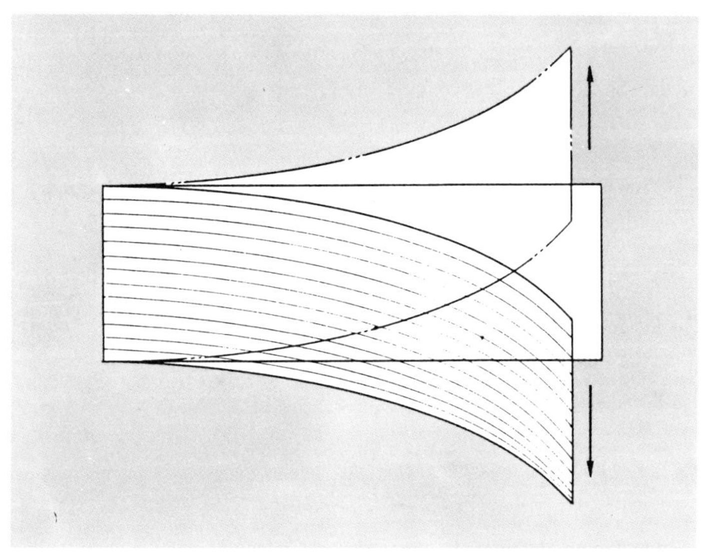

그림 8　전화번호부를 상하로 구부렸을 때의 페이지 사이의 미끄럼

전화번호부를 상하로 구부리는 운동을 반복하면 차츰차츰 각 페이지는 닳아서 문자는 읽을 수 없게 되고, 종이 가루가 발생해서 각 페이지의 마모를 촉진한다.

홀더도 특히 스트레이트 부시(bush)의 (A)부의 손상이 심하여 입구부가 빠르게 나팔 형상으로 변형된다.

이와 같이 두 재질이 접촉하는 지점 (A), (B), (C), (D), (E)의 각부는 소성 변형과 동시에 축방향으로 높은 압력과 비윤활 상태에서의 미끄럼이 발생해서 마모하게 된다.

그것을 확인하는 데는 지점 부근에 심한 녹이 발생하고 있지 않는가를 조사하면 알 수 있다. 가장 영향을 많이 받는 스트레이트 콜릿의 (A)부가 손상을 받으면 엔드 밀 섕크의 이 부분에 녹이 슬어 있을 것이다.

이와 같이 입구가 나팔 형상으로 변형된 것은 엔드 밀 섕크의 굽힘 지점이 구멍 속으로 후퇴하기 때문에 겉으로 보이는 돌출 길이보다도 실제는 상당히 길게 되고, 한편 스트레이트 콜릿의 잡아 쥐기 길이는 전자와는 반대로 짧게 된다.

그 때문에 엔드 밀에 의한 가공 정밀도의 저하, 수명의 저하, 엔드 밀에 작용하는 모멘트의 증대에 따른 피로 파괴 등의 문제가 발생한다.

6 날부 형상과 절삭 특성

1 날수, 날 길이

1 날수

엔드 밀의 성능을 좌우하는 큰 요인의 하나로 날수가 있다. 일반적으로 날수가 적은 것은 칩 포켓이 크고 칩의 배출은 좋으나, 공구 단면적은 작고, 강성은 떨어지기 때문에 절삭할 때 휨을 일으키기 쉽다.

반대로 날수가 많게 되면 공구 단면적이 커지므로 강성은 커지지만 칩 포켓은 작아져 칩의 수용 능력은 작아지고 칩 막힘 상태가 되기 쉽다(**그림 1**).

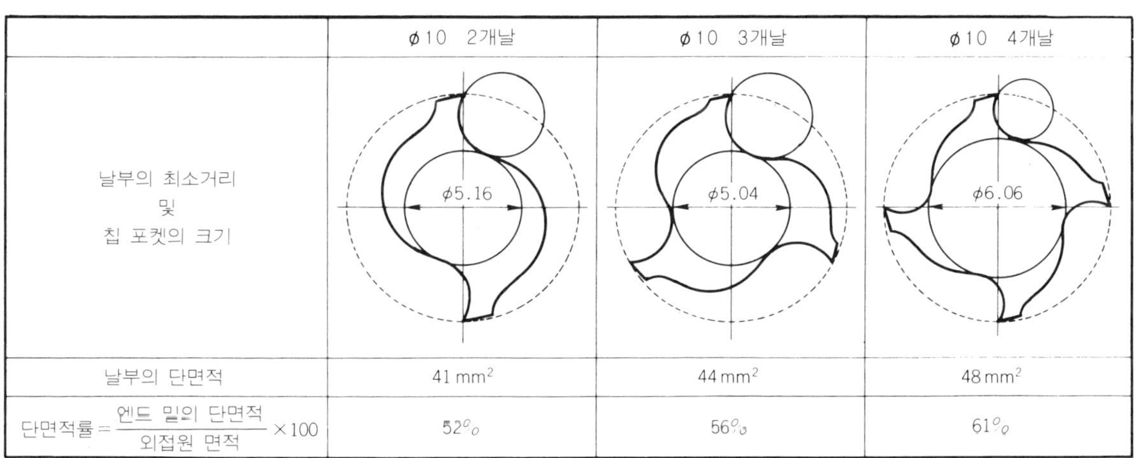

	∅10 2개날	∅10 3개날	∅10 4개날
날부의 단면적	41 mm²	44 mm²	48 mm²
단면적률 = (엔드 밀의 단면적 / 외접원 면적) × 100	52%	56%	61%

그림 1 날수와 칩 포켓 및 공구 단면적

비교적 깊은 홈절삭(홈길이 $1D$ 이상)에서는 칩 룸이 작으면 칩이 막혀서 절삭 토크가 크게 되고, 경우에 따라서는 엔드 밀의 절손을 초래하게 된다. 그리고 절삭유의 날끝에서의 순환도 나빠져서 충분한 냉각 효과, 윤활 효과를 얻기 어려우며, 칩의 날로부터의 이탈이 나빠져서 외주날에 이상 마찰을 일으키기도 한다.

더구나 절삭에 관여하는 절삭날 길이가 길어지기 때문에 절삭 저항이 크게 되어 채터링 진동도 생기기 쉽다.

　　이에 비해서 칩 막힘이나 채터링 진동의 염려가 적은 얕은 홈절삭(홈 깊이 $0.5D$ 이하)에서는 날수가 많은 것이 한 날당 부하가 적어지고, 그 몫만큼 테이블 이송 속도를 올릴 수 있기 때문에 능률이 높아진다.

　　따라서 홈절삭에서는 절삭 깊이에 따라서 날수를 선정하는 것이 좋다.

　　측면 절삭에서는 칩 막힘의 염려가 적기 때문에 팁 룸의 크기보다도 공구 강성이 중시된다. 따라서 날수가 많은 것이 절삭 저항에 의한 변동이 적게 되고, 공구 강성도 크기 때문에 엔드 밀의 휨도 적고 양호한 가공면을 얻게 된다.

2 날 길이

　　날 길이는 짧을수록 공구 강성이 증가하고, 절삭 성능도 좋게 된다. 엔드 밀의 날길이(돌출 길이)와 강성 사이에는 다음과 같은 관계가 있다.

$$\delta = \frac{P \cdot L^3}{3 \cdot E \cdot I} \quad\cdots\cdots\cdots\cdots\cdots\cdots\cdots\cdots\cdots\cdots\cdots\cdots\cdots\cdots\cdots\cdots\cdots\cdots(1)$$

여기서, δ : 엔드 밀의 휨량

　　　　P : 절삭 저항

　　　　L : 엔드 밀의 날 길이(돌출 길이)

　　　　E : 엔드 밀의 종탄성 계수

　　　　I : 단면 2차 모멘트$(=\pi \cdot D^4/64)$

　　　　D : 엔드 밀의 상당 환봉 지름(날부 지름 D_o)를 환봉 지름 D로 환산한 값.

　　　　　　$D = (0.7 \sim 0.8)D_o$

따라서, 엔드 밀의 강성은 날 길이(돌출 길이)의 3제곱에 반비례한다.

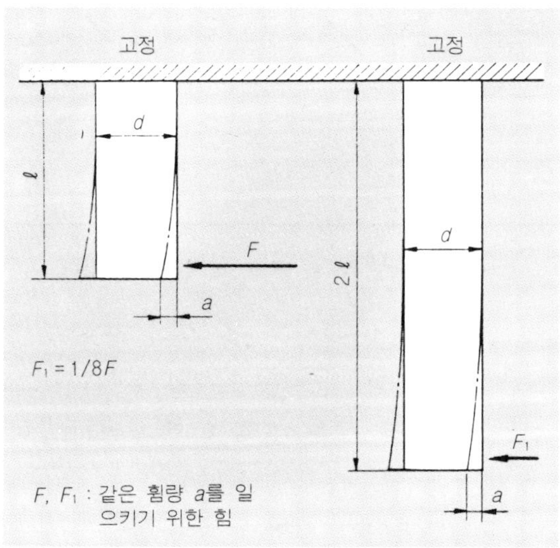

그림 2　솔리드 환봉의 굽힘 강도

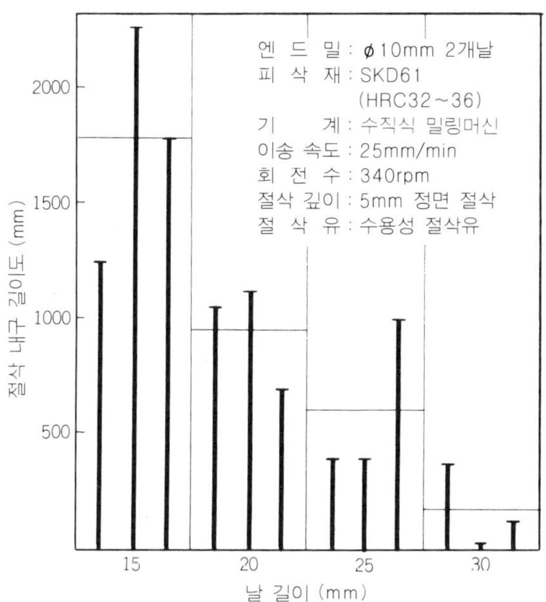

그림 3 엔드 밀의 날 길이와 절삭 성능

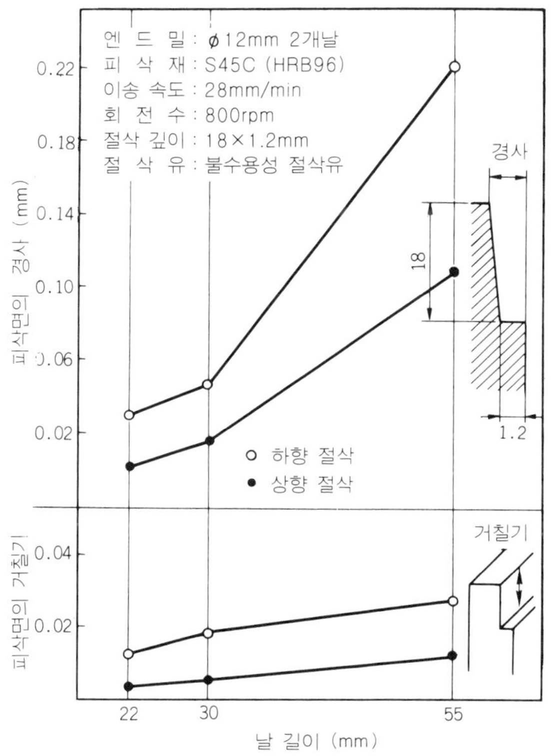

그림 4 엔드 밀의 날 길이와 피삭 가공면 정밀도

이것을 좀더 알기 쉽게 설명한 것이 **그림 2**이다. 길이가 l 과 2배인 $2l$ 의 솔리드 환봉 상단을 고정하고, 이것을 같은 양의 a만큼 휘게 하기 위해서 옆에서 F, F_1의 힘을 가

한다. 이 때

$$F_1 = \frac{1}{2^3} F = \frac{1}{8} F \qquad \cdots\cdots\cdots\cdots\cdots\cdots\cdots\cdots\cdots\cdots\cdots\cdots\cdots\cdots\cdots\cdots (2)$$

이고 길이가 2배인 2ℓ 의 환봉은, 길이 ℓ 인 환봉의 겨우 1/8의 힘으로 a만큼 휘게 된다.

예컨대, 엔드 밀의 날 길이가 2배로 되면 강성은 1/8이 된다는 것이다.

여기서 **그림 3**의 절삭 시험 결과에 의하면 날 길이가 2배가 되면 강성은 1/8이 되지만 실제 공구 수명은 그 이하인 1/10로 떨어짐을 알 수 있다.

다음 **그림 4**에 절삭 조건이 일정한 경우의 날 길이와 피삭 가공면 정밀도의 관계를 나타낸 절삭 시험 결과를 표시한다. 이와 같이 날 길이가 길게 되면 공구 강성이 떨어지기 때문에, 피삭면의 경사가 크게 되어 피삭면 거칠기도 나빠지므로 실제 가공에서는 절삭 조건을 내려서 사용할 수 밖에 없다.

따라서 엔드 밀을 선정할 때는 그 가공물에 알맞는 가급적 짧은 날 길이의 것을 선정하는 것이 중요하다.

7 날부 형상과 절삭 특성

2 홈 비틀림각, 절삭날각

① 홈 비틀림각

엔드 밀에는 절삭날의 방향에 따라 오른날과 왼날이 있으며 홈의 비틀림 방향에 의해서 오른 비틀림 홈과 왼 비틀림 홈이 있다. 이것을 조합해서 4가지의 것이 있게 되나 여기서는 일반적인 오른날 오른 비틀림 홈에 대해서 설명한다.

그림 1에 홈이 비틀어지지 않은 곧은 날 엔드 밀과 비틀림 홈 엔드 밀의 절삭력의 차이를 간단하게 표시했다. 비틀림이 없는 곧은 날 엔드 밀은 극단적인 단속 절삭이 되고, 절삭력의 변동이 크다. 비틀림 홈의 경우는 이 변동이 작고, 원활하게 되는 것을 알 수 있을 것이다.

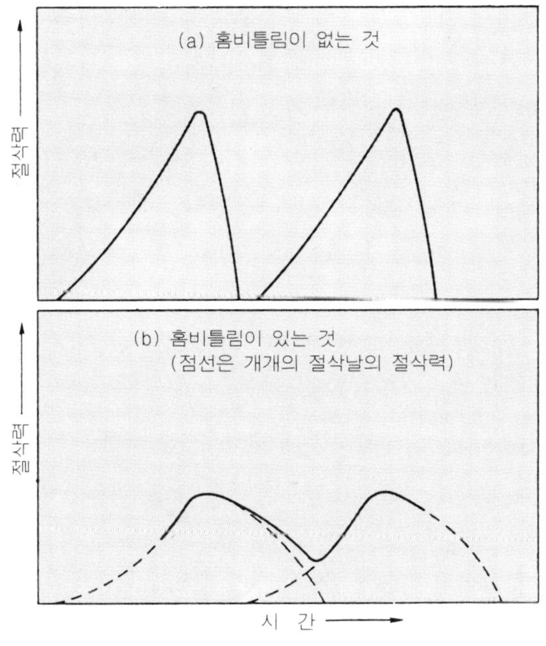

그림 1 엔드 밀의 절삭력 곡선

그리고 **그림 2**에 표시한 것 같이 비틀림 홈 엔드 밀의 경우는 절삭 저항이 엔드 밀의 축방향과 이송 방향의 분력으로 나누어지고 곧은 날에 비해서 이송 방향 분력이 작다.

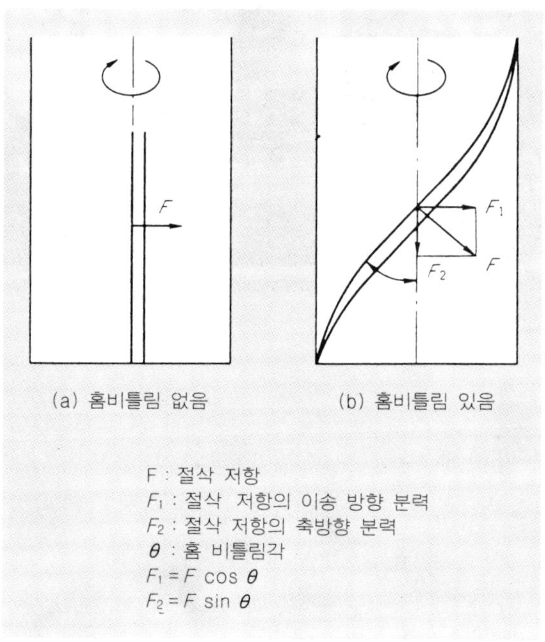

그림 2 절삭날에 작용하는 절삭 저항과 방향

그 결과, 비틀림날 엔드 밀은 이 이송 방향 분력이 작게 된 몫만큼 이송 속도를 올릴 수 있고, 절삭 깊이를 크게 할 수 있는 이점이 생기게 된다. 그 반면 비틀림각이 강하게 되면 될수록 축방향 분력은 크게 되고, 엔드 밀이 홀더에서 빠지기 쉽다는 것뿐만 아니라 박판 가공물 절삭에서는 가공물을 윗쪽으로 들어 올리는 힘이 작용하기 때문에 채터링 진동을 유발하는 원인이 된다.

그리고 강비틀림 홈 엔드 밀의 경우는 날끝 코너가 예리하기 때문에 코너가 치핑 (chipping)되거나 파손되기 쉬운 등의 문제가 있다. 이 때문에 일반적으로 강비틀림 홈 엔드 밀에서는 날끝 코너에 챔퍼(chamfer)나 코너날끝 가공을 함으로써 치핑을 방지하는 대책이 요망된다.

그러면 실제의 절삭 시험 결과를 보면서 홈 비틀림각의 차이에 의한 특성을 생각해 본다.

그림 3은 기계 진흥협회 기술연구소의 데이터로 홈절삭시의 엔드 밀의 홈 비틀림각과 가공 홈의 경사 관계를 표시하고 있다. 홈비틀림각이 강하게 되면 홈의 경사가 커지는 것을 알 수 있다.

비틀림 홈 엔드 밀로 홈절삭을 하는 경우에는 절삭 개시시는 업 컷측에서 날끝 절삭날이 제멋대로 파고들어 가고, 시간이 경과하는데 따라 절삭 위치가 날 끝에서 생크 측으로 옮겨간다. 그래서 절삭 위치가 생크쪽으로 옮겨짐에 따라 휨량도 감소한다.

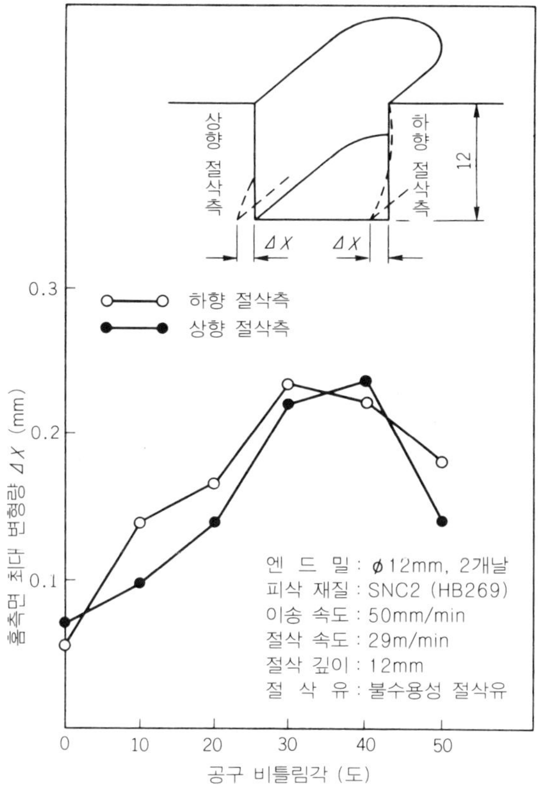

그림 3 홈 비틀림각의 차이에 의한 홈의 경사

이 상향 절삭측에서의 날끝 코너의 파고들기 형상은 **그림 4**에 표시한 것 같은 상황에서 가장 두드러지게 나타난다. 결국, 상향 절삭측의 날끝 코너가 절삭을 개시할 때, 홈 전체에 걸쳐서 하향 절삭이 진행되고 엔드 밀을 크게 상향 절삭측으로 휘게 한다.

따라서 일정한 비틀림각까지는 비틀림각이 커질수록 홈의 경사가 커지고, 그것을 넘으면 홈의 경사가 감소되는 결과가 나타난다. 홈의 경사에 대해서는 홈비틀림각에 의한 절삭 특성만이 원인은 아니지만 대체로 이와 같이 이해하면 된다고 생각한다.

그림 5는 측면 절삭에 있어서 엔드 밀의 홈비틀림각의 차이로 인한 피삭면의 가공 정밀도의 차이를 표시한 것이다. 절삭 깊이가 적은 경우에는 강비틀림 홈쪽이 가공면 정밀도가 좋은 것을 알 수 있다.

이것은 강비틀림 홈쪽이 이송 방향 분력이 적고, 절삭성이 좋다는 것과 피삭면에 절삭날이 접촉하는 점이 많아져서 절삭 동력의 변동이 적기 때문에, 엔드 밀의 휨이 생기기 어렵다는 등의 상승 효과에 의한 것이라고 볼 수 있다.

다음으로 **사진 1**에 얇은 두께의 가공물을 절삭한 경우의 결과를 표시한다. 이것은 φ4 mm의 2개날 엔드 밀로 엄격한 조건(회전수 : 3600 rpm, 이송 : 52 mm)을 적용하여 두께 2 mm의 황동판을 절삭한 것이다. 건식 절삭이기 때문에 어느 것이나 칩이 파들어간 흔적은 남아 있으나 비틀림각이 큰 만큼 가공면에 심한 채터링이 일어남을 알 수 있다.

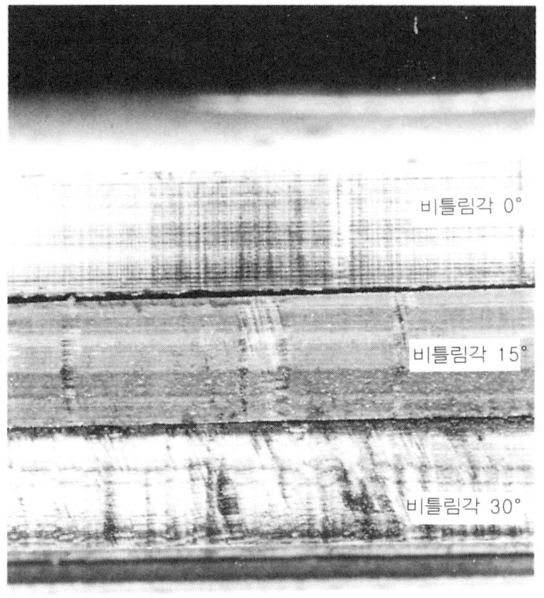

사진 1 박판 가공물의 홈 비틀림각에 의한 영향

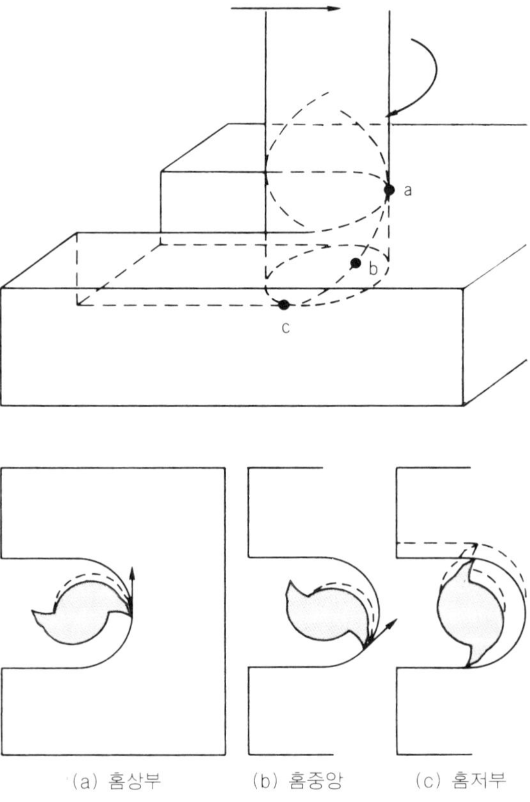

그림 4 홈의 경사

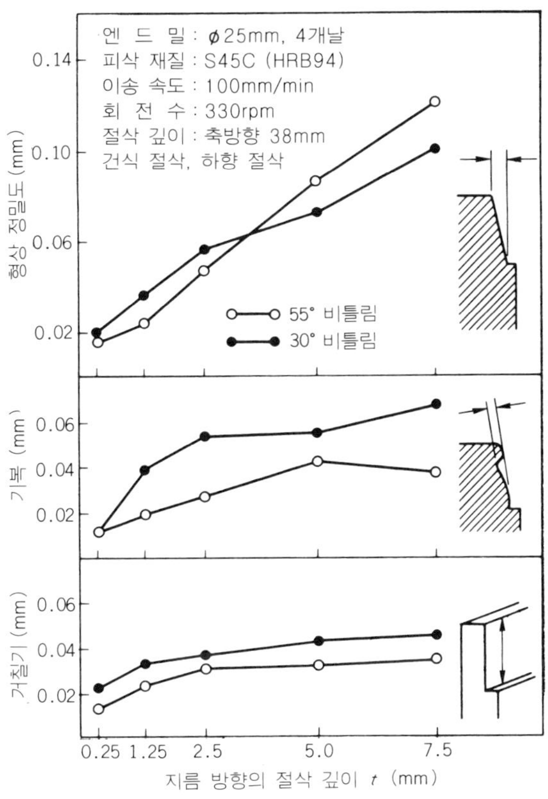

그림 5　측면 절삭에 의한 홈 비틀림각과 가공면 정밀도

이것은 첫째 비틀림각이 클수록 절삭 저항의 축방향 분력이 커지기 때문이며, 둘째 가공물을 위로 들어 올리는 힘이 강하게 작용하기 때문이다. 이로 인해 가공물의 상하 진동이 일어나고, 가공면에 심한 채터링이 일어나는 것이다.

일반적으로 키 홈 가공과 같이 정밀도가 엄격한 홈절삭에서는 홈비틀림각이 약한 것(0°~20°)을 사용하는 것이 홈의 경사를 방지할 수 있고, 가공 여유가 적은 측면 다듬질 절삭에서는 홈비틀림각이 큰 것(45° 이상)을 사용함으로써 피삭면 정밀도를 높이는 효과를 얻을 수 있다.

그리고 박판 가공물과 같이 가공물이 진동하기 쉬운 경우나, 가공물을 유지하기가 용이하지 않은 경우, 홈비틀림각이 강한 것은 피하는 것이 좋다.

② 절삭날각

엔드 밀의 절식날각은 외주 경사가과 외주 2번각에 의해서 정해진다(**그림 6**).

외주 경사각을 크게 하면 절삭성은 뛰어나지만 날끝 강도는 작아지고, 채터링을 일으키거나 치핑을 일으키기 쉽다. 그러나 너무 작아지면 절삭성이 나빠지고 절삭 저항이 증가할 뿐만 아니라 칩의 흐름을 나쁘게 하고 엔드 밀의 경사면의 마모를 촉진하게 된다.

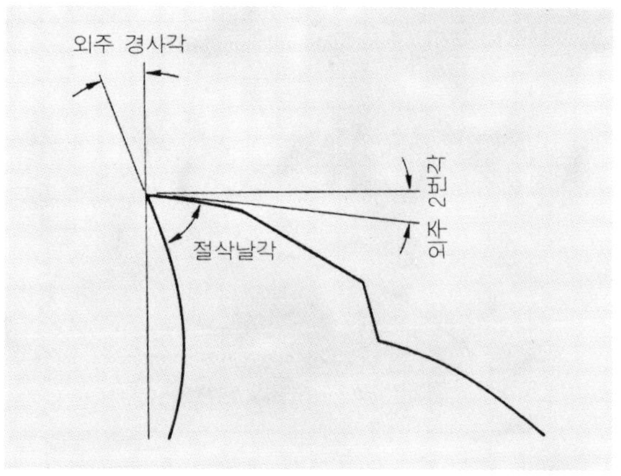

그림 6　외주 경사각과 외주 2번각

　　외주 2번각에 대해서도 외주 경사각과 같게 말할 수 있으나 외주 2번각과 여유량에는 다음 식에서 표시한 것과 같은 관계가 있기 때문에 엔드 밀의 지름이 작으면 작을수록 외주 2번각을 크게 할 필요가 있다(**그림 7**).

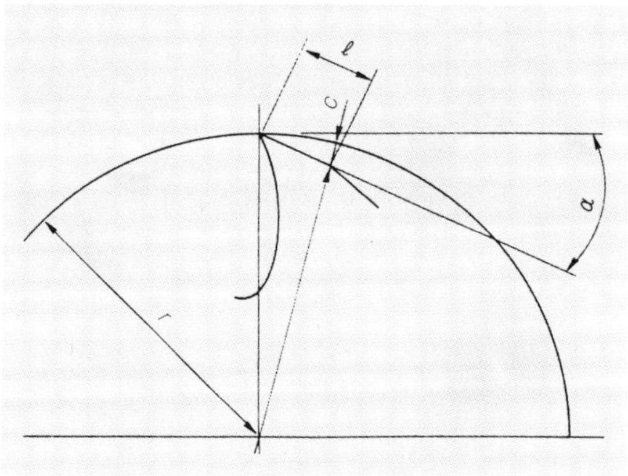

그림 7　외주 2번각과 여유량

$$C = \sqrt{\ell^2 + r^2 - 2\ell r \sin\alpha}$$

여기서　C : 외주 2번각에 의한 여유량

　　　　r : 엔드 밀 반지름

　　　　ℓ : 외주 2번폭

　　　　α : 외주 2번각

　　따라서 최소한 $C>0$이 되도록 엔드 밀 지름에 맞는 외주 2번각을 선정하는 것이지만 너무 외주 2번각을 작게 하면 등이 닿기 쉬울 뿐만 아니라 외주날 마모의 진행을 촉진하고 공구 수명을 짧게 한다.

　　반대로 너무 외주 2번각을 크게 하면 외주 경사각과 같이 채터링이나 치핑이 발생하기 쉽다.

일반적으로 날 길이가 긴 엔드 밀은 공구 강성이 저하되기 때문에 가공시에 채터링을 일으키기 쉽고, 치핑도 발생하기 쉽다. 그 때문에 절삭날의 강도를 높일 필요가 있으므로 절삭날각을 크게 하지 않으면 안되지만, 날 길이가 길면 휨도 생기기 쉽고 외주날의 등닿기가 일어나기 쉬우므로 외주 2번각은 너무 작게 할 수 없다. 그래서 외주 경사각을 작게 함으로써 절삭날의 강도를 높이는 것이 바람직하다.

피삭재질에 대해서 기술하면, 비교적 경도가 높은 것을 절삭할 때는 절삭날각이 너무 작으면 치핑이나 결손이 일어나기 쉽기 때문에 절삭날각을 크게 하는 것이 좋다. 반대로 연강이나 가공 경화성의 피삭재질 및 용착성이 큰 점성 피삭재질을 절삭하는 경우, 잘 들게 하고 절삭성을 높이기 위해서 절삭날각을 작게 하는 것이 좋은 결과를 얻을 수 있다.

그림 8에 SS 41, SUS 304 절삭에서 엔드 밀 절삭날각과 성능의 관계를 표시한다.

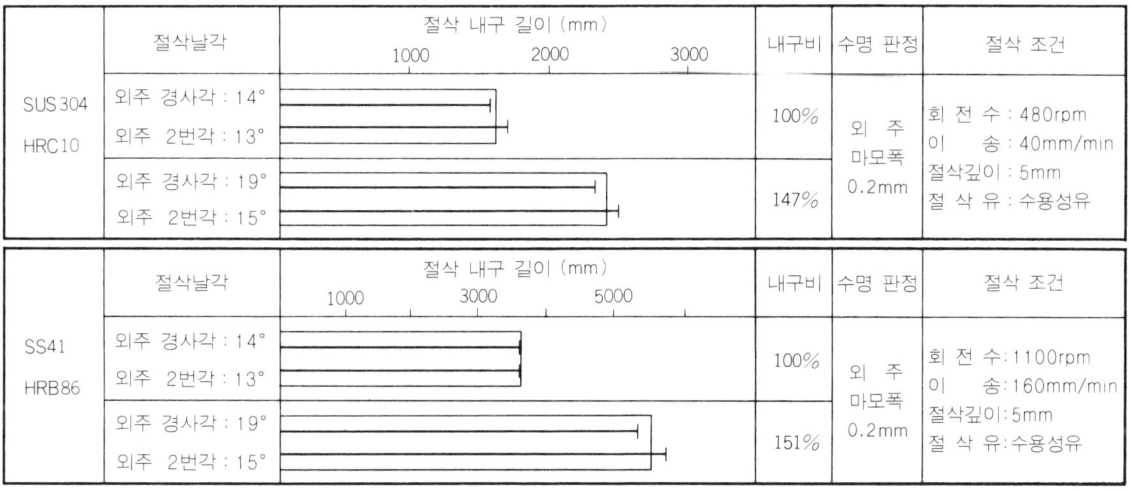
절삭날각
절삭 내구 길이 (mm)
1000
2000
3000
내구비
수명 판정
절삭 조건
SUS304
HRC10
외주 경사각 : 14°
외주 2번각 : 13°
100%
외 주
마모폭
0.2mm
회 전 수 : 480rpm
이 송 : 40mm/min
절삭깊이 : 5mm
절 삭 유 : 수용성유
외주 경사각 : 19°
외주 2번각 : 15°
147%
절삭날각
절삭 내구 길이 (mm)
1000
3000
5000
내구비
수명 판정
절삭 조건
SS41
HRB86
외주 경사각 : 14°
외주 2번각 : 13°
100%
외 주
마모폭
0.2mm
회 전 수:1100rpm
이 송:160mm/min
절삭깊이:5mm
절 삭 유:수용성유
외주 경사각 : 19°
외주 2번각 : 15°
151%

그림 8 절삭날각과 절삭 성능

이상으로 날수, 날 길이, 홈비틀림각, 절삭날각 등의 엔드 밀 형상에서 보는 절삭 특성의 차이에 대해서 기본적인 것을 기술하였다. 그러나 중요한 것은 이들이 독립된 특성이 아니고 모든 것이 관련되어 있고 그 상승 작용으로 엔드 밀의 성능이 결정된다는 것이다.

나아가 실제 가공 현장에서는 사용 기계나 홀더의 강성, 절삭 조건 및 절삭 유제 등에 따라 엔드 밀의 특성은 달라지지만 이것들에 대해서 잘 검토하는 것은 중요한 일이다.

밀링 작업에서 엔드 밀 가공이 증가함에 따라 엔드 밀의 적절한 선정이 점점 중요해지고 있다.

파상 외주 절삭날과 절삭 특성

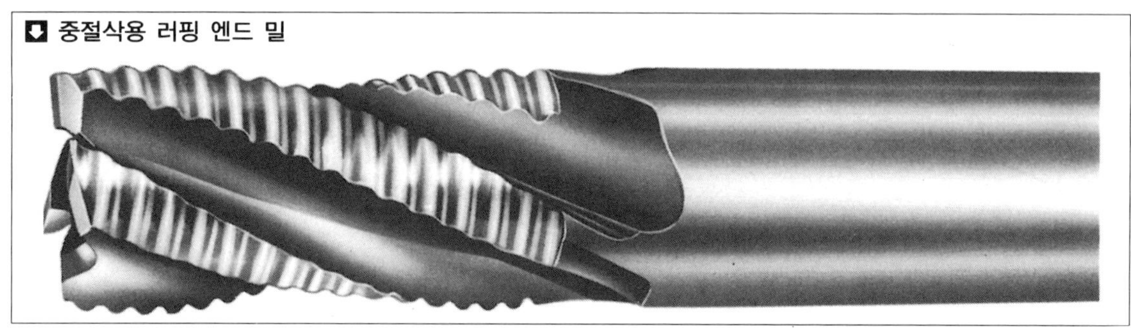

　엔드 밀은 외주 절삭날의 형상에 의해서도 절삭 특성이 달라지게 된다. 그 전형적인 예가 중절삭용의 러핑 엔드 밀이다. 이것은 사진과 같이 외주날의 형상을 물결 모양으로 한 것으로, 다음에 이 물결 모양 절삭날의 특성을 요약한다.

① 물결 모양 절삭날의 정상 부분이 피삭재를 절삭하기 위해서 칩은 작게 분쇄되는 동시에 상당히 치밀하기 때문에 칩의 배출이 좋다.

② 날끝의 모양으로 보아서 보통 엔드 밀에 비해서 챔퍼가 좋고 날끝의 비빔 현상이 적다.

③ 피삭재에 접촉하는 날 길이가 짧고 채터링 진동이 일어나기 어렵다.

④ 외주 모양이 물결모양이기 때문에 공구 표면적이 크고 절삭열의 발산, 절삭유의 침투성이 우수하고 냉각 효과 및 윤활 효과가 크다.

　이상의 특성이 러핑 엔드 밀의 절삭 저항을 작게 하는데 큰 역할을 하고 있다.

　그림 1은 보통 엔드 밀과 러핑 엔드 밀의 절삭 저항의 차이를 조사하기 위해서 주축 모터의 절삭 동력을 비교 측정한 것이다. 러핑 엔드 밀의 절삭 동력은 보통 엔드 밀보다 약 15~30% 감소되고 절삭 저항이 현저하게 낮아짐을 보여주고 있다. 따라서 거친 가공일 때는 러핑 엔드 밀의 사용에 따라 가공 능률을 대폭 향상시킬 수 있다.

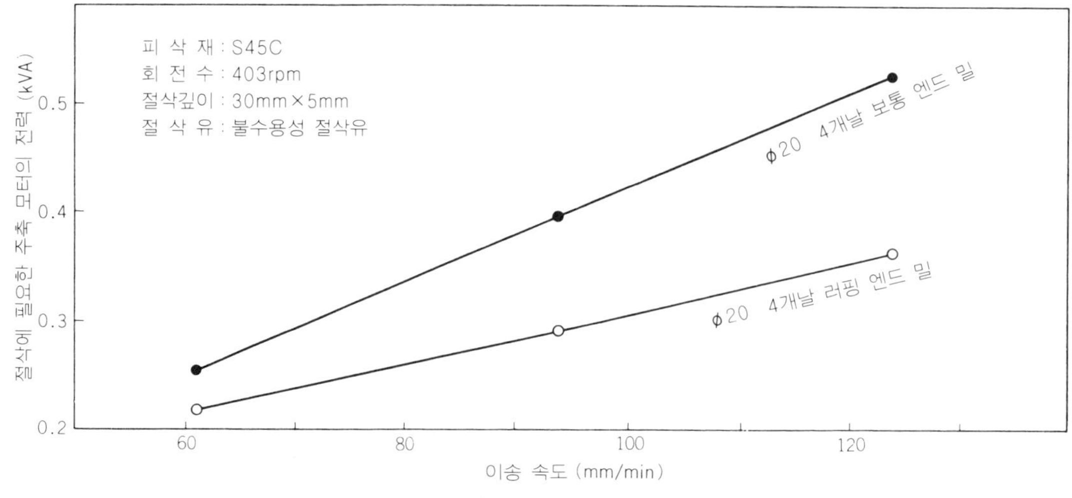

그림 1　러핑 엔드 밀의 절삭 동력

PART 3

엔드 밀 활용의 노하우

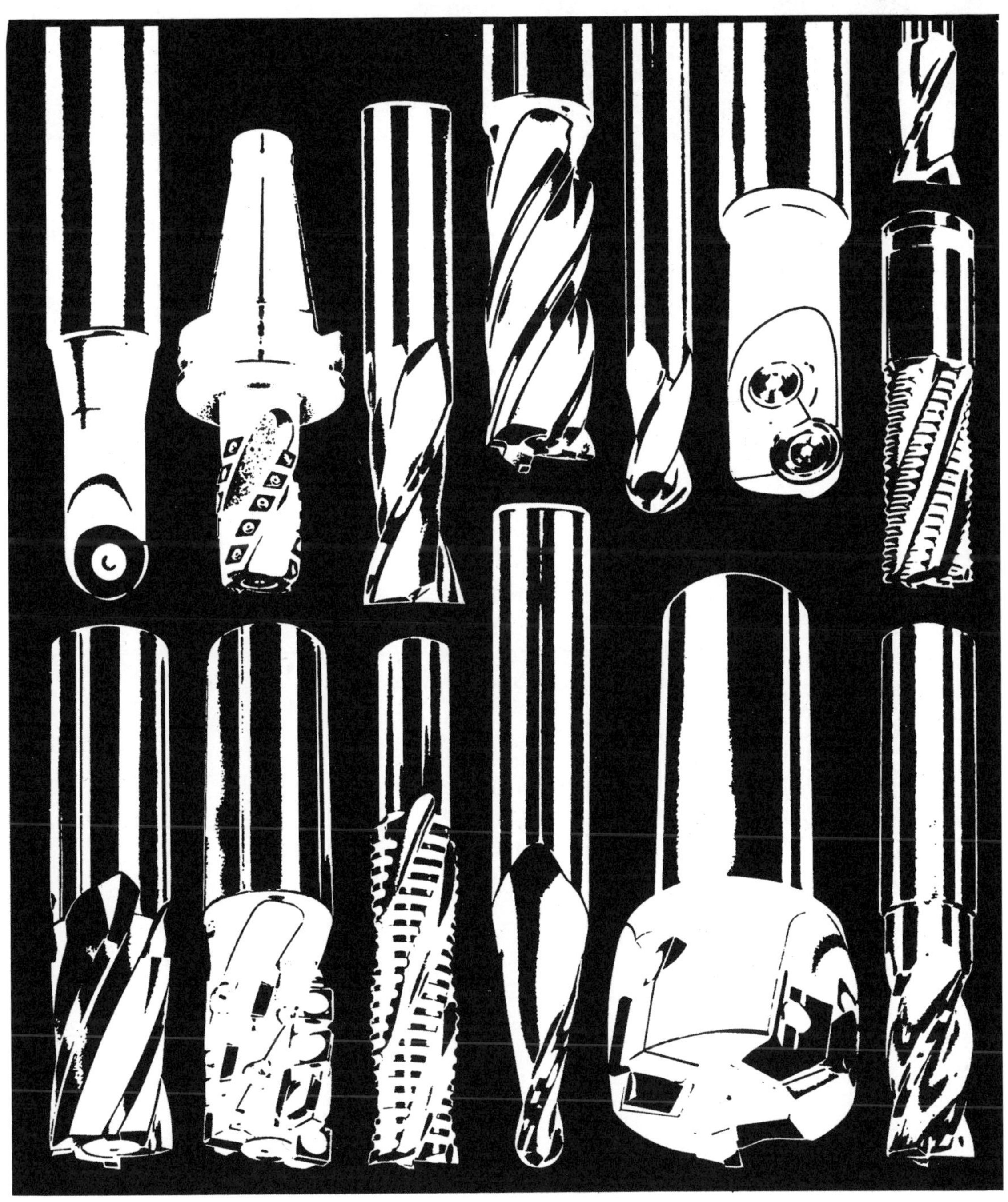

작업 내용이 결정되고 절삭 조건을 결정하기 전에 어떤 공구로 가공하는가를 결정하여야 한다. 지름, 날수, 날길이, 비틀림각, 재질 등을 우선 정할 필요가 있다.

엔드 밀 선택에는 「꼭 이것이 아니면 안된다」라는 기준이 없기 때문에 오히려 선택을 어렵게 하고 있다.

그러나 뭔가를 기준으로 선택의 기준을 설정하지 않으면 안된다.

수많은 실험을 통해 **표 1**에 표시한 것 같은 선택 기준을 작성하였다. 이들의 선택 기준은 그 대부분은 차례로 나와 있는 실험 데이터에 의거하고 있으나 그 중에는 관례적 기준에 의한 것도 있다.

표 1 엔드 밀 날수 선택의 기준

조건 구분	특성 항목		2개날	4개날	조건 구분	특성 항목	2개날	4개날
공구의 강도	비 틀 림 강 성		○	◎	칩 처 리	칩 막 힘	◎	○
	굽 힘 강 성		○	◎		칩 배 출 성	◎	○
가공면 정밀도	거 칠 기		○	◎	구 멍 뚫 기	스 폿 페 이 싱	◎	○
	기 복		○	◎		가 공 면 거 칠 기	◎	○
	가 공 면 의 경 사		○	◎		구 멍 의 확 대	◎	○
수 명 S50C(HB200) ～ SKD11(HB320)	1개날 이송 일정 (mm/tooth)	마모 수명	○	◎	홈 절 삭	칩 배 출	◎	○
		절손 수명	○	◎		홈 의 확 대·편 심	◎	○
	능률 일정 (mm/min)	마모 수명	○	◎		키 홈 절 삭	◎	○
		절손 수명	○	◎	단 면 절 삭	가 공 면 정 밀 도	○	◎
절 삭 량	다 듬 질 절 삭		○	◎		채 터 링 진 동	◎	○
	경 절 삭		○	◎	피 삭 재 재 질	합 금 강	○	◎
	중 절 삭		○	◎		주 철	○	◎
재 연 삭	플 랭 크 연 삭		◎	○		비 철	◎	○
	앞 날 연 삭		◎	○		난삭재(고경도재 포함)	○	◎
모 양 수 정	볼 모양, 테이퍼 모양		◎	○				

◎ : 優   ○ : 良

그리고 ◎, ○ 등의 기호는 일정한 비율이나 차이를 나타내는 것이 아니라 「선택한다면 어느 쪽을 선택하는 것이 좋은가」라고 하는 상대적인 기준이다. 따라서 ◎과 ○표의 차이는 실제로는 거의 알아보기 어려운 정도로 작은 것도 있고, 수 배에서 수십 배까지 차이가 나는 것도 있다.

● 형상 선택의 기준

(1) 날수 선택의 기준

표 1은 2개날, 4개날 엔드 밀에 대해서 비교하고 있으나 3개날 엔드 밀은 양자의 중간적인 존재로 봐도 될 것이다.

이 표에서 단순히 날수가 많으면 유리하다든가 또는 이 반대로 판단하는 것은 잘못이다. 예를 들면 날수가 많은 경우, 일반적으로 공구의 강도는 높아지나 칩에 대한 포켓 용량은 작아진다.

칩의 막힘이 문제가 되는 공정에 대해서는 트러블의 원인이 될 수도 있다.

그림 1은 피삭재, 절삭 속도, 이송, 날수가 절삭 깊이(외주 플랭크 마모가 0.3 mm에 달할 때까지의 절삭 길이)와 어떤 관계가 있는가에 대해 조사한 것이다. 그림에서는 저속, 고이송일 때 수명(절삭 길이)이 길어지는 경향을 볼 수 있고, 엔드 밀 날수로 보면 압도적으로 4개날이 유리하다는 것을 보여주고 있다.

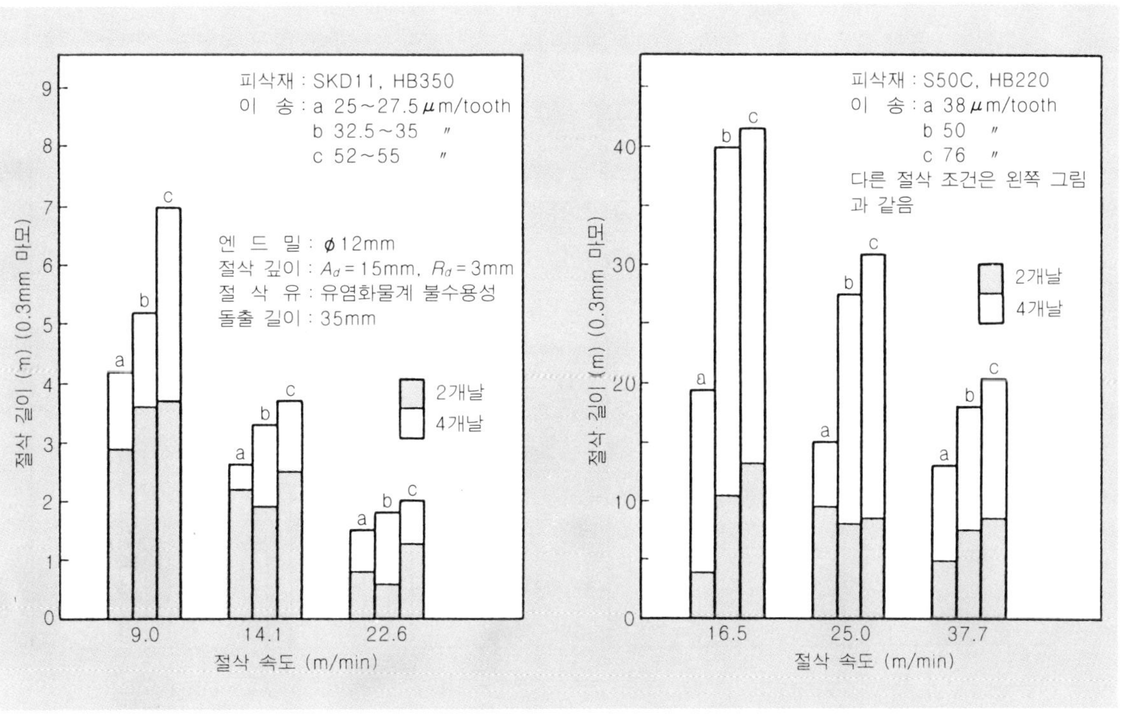

그림 1 피삭재질, 절삭 속도, 이송, 날수와 절삭 길이와의 관계

그리고 4개날은 한 날 1회전당 이송량 f(mm/rev/tooth)가 2개날과 같다고 해서 테이블의 이송 속도 C(mm/min)는 2배라는 것을 잊어서는 안된다.

그림 1에서는 날 1개당 이송량을 크게 할수록 그리고 절삭 속도를 늦출수록 공구 수명이 길어지는 경향을 보이고 있으나 그것을 넘으면 오히려 수명이 짧아진다.

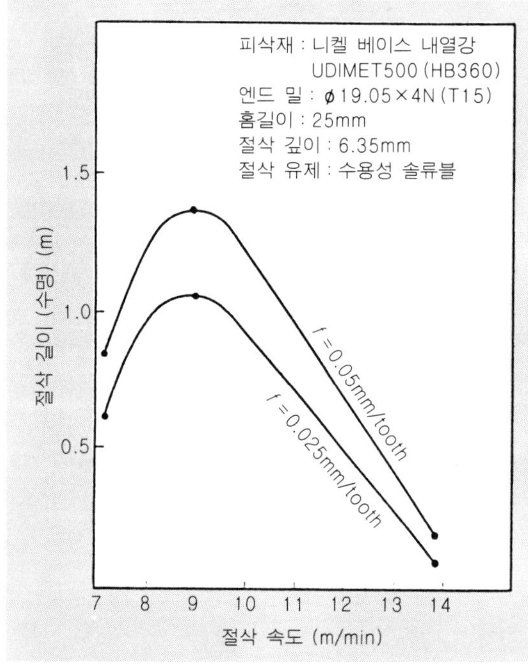

그림 2 절삭 속도, 이송과 수명

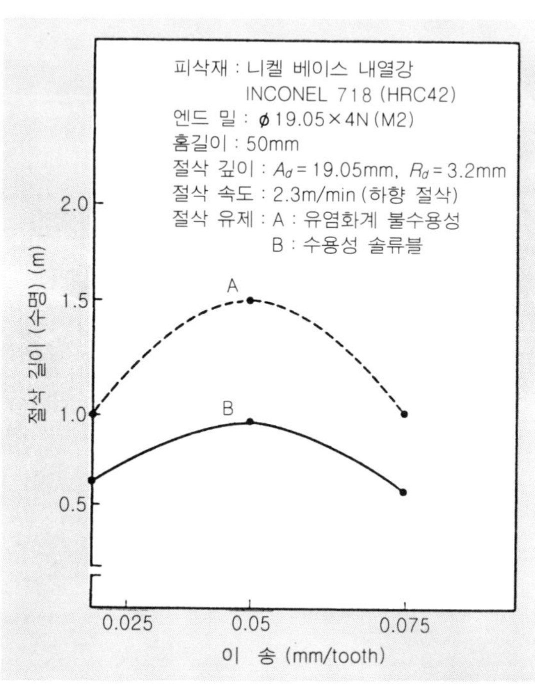

그림 3 이송, 절삭 유제와 수명

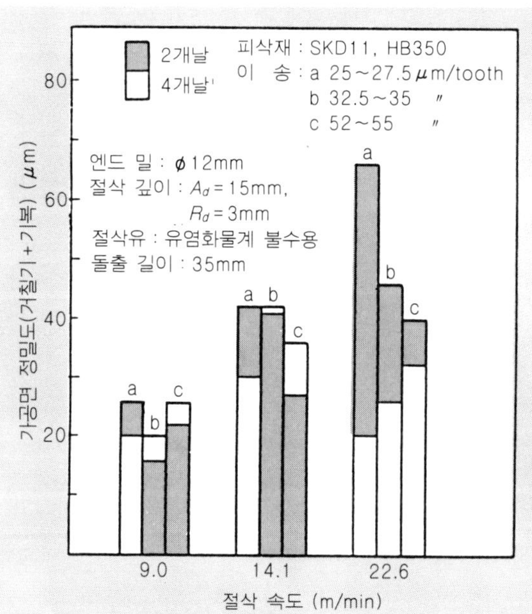

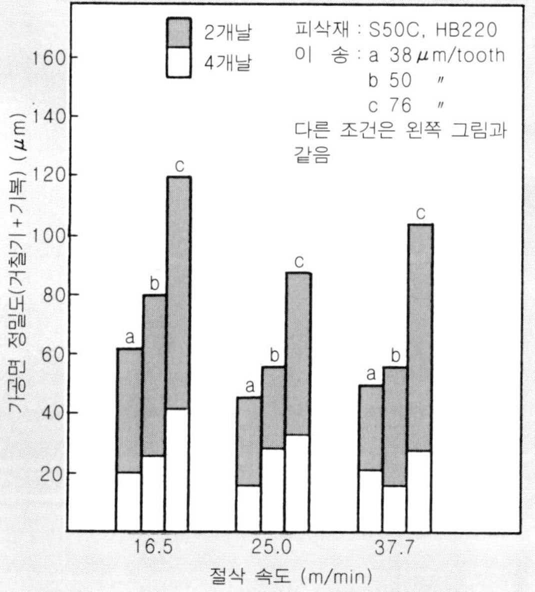

그림 4 피삭재질, 절삭 속도, 이송, 날수와 가공면 정밀도의 관계

이와 같이 절삭 속도, 이송과 관련하여 공구 수명이 가장 길어지는 조건을 나타내는 것이 있다. 그 예를 피삭재는 다르지만 **그림 2, 3**에 표시한다.

즉, 수명이 가장 긴 절삭 조건을 찾아내는 것이 중요하다.

엔드 밀 작업에서, 수명이 짧다고 해서 날 1개당 이송량 f(mm/rev/tooth)를 곧바로 줄이는 것은 오히려 수명을 저하시킬 때가 있다. 이와 같은 경우, 테이블의 이송 속도 C(mm/min)는 그대로 두고 스핀들의 회전수를 1~2단 내리면 좋은 결과를 얻는 경우가 자주 있다.

한편 엔드 밀의 마모 수명에 대한 날수 선택과는 별도로 가공면 정밀도와 날수도 절삭 조건과 같이 중요하다.

그림 4는 **그림 1**과 같은 절삭 조건에서 가공면 정밀도(거칠기＋기복)를 비교한 결과이다.

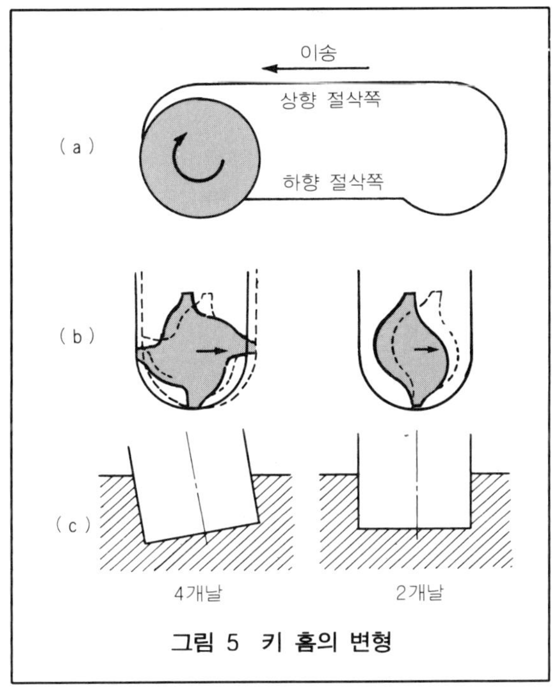

그림 5 키 홈의 변형

다이스강 SKD 11에서는 절삭 속도가 빠르면 가공면 정밀도는 나빠지지만 S 50 C에서는 실험 범위의 절삭 속도로는 거의 영향이 없다. 특히 S 50 C의 절삭에서는 날 1개당 이송량을 크게 하는데 따라서 가공면 정밀도는 나빠진다.

그림 1에서는 이송량 a, b, c의 순으로 수명이 늘었으나 가공면 정밀도는 반대로 나빠지고 있다. 공구의 마모 수명을 주체로 하는가, 가공의 정밀도에 중점을 두는가에 따라서 질식 조건도 달라지게 된다.

날수의 영향에 대해서 보면 분명히 4개날이 유리하고 2개날과 비교해서·수명, 가공 능률, 가공면 정밀도 모두 좋은 결과를 얻을 수 있었다.

그림 5 (a)는 키 홈절삭에서 자주 볼 수 있는 가공 모양이고, 드릴링 후에 이송을 걸면

엔드 밀의 회전 중심이 상향 절삭쪽으로 치우쳐서 소위 전화의 수화기와 같은 모양의 홈으로 되는 일이 있다. 이것은 앞의 제2장의 60페이지의 **그림** 2에서 설명한 배분력의 2개의 성분(W_3'와 W_3'')의 균형에 의해서 생기는 현상이다.

그림 5 (b)의 4개날 엔드 밀에 의한 절삭에서는 60페이지의 **그림** 2에 기술한 것 같이 $|W_3''|>|W_3'|$의 관계에서 선행하는 절삭날 W_3''에 의해서 엔드 밀 중심은 화살표 방향의 힘을 받아 엔드 밀이 변형하고 상향 절삭쪽으로 오버 컷하게 된다.

2개날 엔드 밀에서도 같은 변형이 일어나지만 상향 절삭쪽으로 절삭날이 가지 않기 때문에 오버 컷이 생기기 어렵다. 그러나 2개날 엔드 밀도 비틀림각이 커지면 동일날에 의한 절삭날 위치의 지연에 의해서 4개날 엔드 밀과 비슷한 현상이 발생한다. 그리고 **그림** 5 (c)와 같은 기울어진 홈이 생긴다.

홈절삭에서 엔드 밀 회전 중심이 한쪽으로 치우치는 현상은 전술한 것만으로는 반드시 적당한 설명이라고 말할 수 없지만 대략 그와 같이 이해하면 좋겠다.

키 홈 또는 정밀한 홈을 절삭하는 엔드 밀은 일반적으로 2개날, 저비틀림각의 것이 사용되는 것도 이상과 같은 이유 때문이다.

(2) 비틀림각 선택의 기준

비틀림각의 선택에 대해서도 어떤 특성을 대상으로 하는가에 따라서 달라지게 된다.

표 2는 비틀림각을 저비틀림각(15°), 표준 비틀림각(30°), 고비틀림각(50°)의 셋으로 크게 분류해서 각각의 특성을 비교한 것이다.

표 2 엔드 밀의 비틀림각 특성

비틀림각 구분	절삭 저항			가공면 정밀도			수 명			재 연 삭	
	절삭 토크	굽힘 저항	수직 분력	거칠기	기 복	축선의 경사	플랭크 마모	외경 감모량	절 손	플랭크 연삭	앞날 연삭
저 비틀림각 (예 15°)	△	△	○	△	○	○	△	×	△	○	○
표준 비틀림각 (30°)	○	○	△	○	△	△	○	△	○	○	○
고 비틀림각 (50°)	○	○	×	○	×	△	△	○	△	△	△
엔드 밀 사용시 판단으로　○：優　△：良　×：可											

이와 같은 비틀림각인 것은 어느 것이나 시장에 나와 있고 비틀림각 15° 부근의 것은 키 홈용 엔드 밀로 30° 부근의 것은 표준형으로 가장 널리 사용되며 50° 부근의 것은 특수 용도에 대한 하이 헬릭스(high helix, 강비틀림) 엔드 밀로 알려지고 있다.

표 2에서 알 수 있는 것같이 비틀림각에 대해서도 만능을 기대할 수는 없고 목적에 맞는 선택을 하지 않으면 안된다는 것을 알 수 있다. 이 **표** 2의 작성 기준이 된 비틀림각에 대한 실험 데이터를 **그림** 6~9에 표시한다.

그림 6은 홈절삭을 했을 때의 상향 절삭쪽과 하향 절삭쪽의 거칠기를 비교한 것이다. 양측면 함께 비틀림각이 클수록 가공면 거칠기는 좋아지는 경향을 보이고 있다.

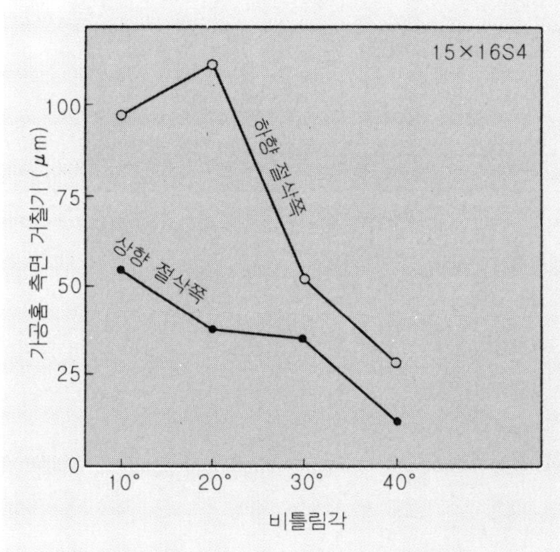

그림 6 비틀림각과 가공홈 측면 거칠기 비교

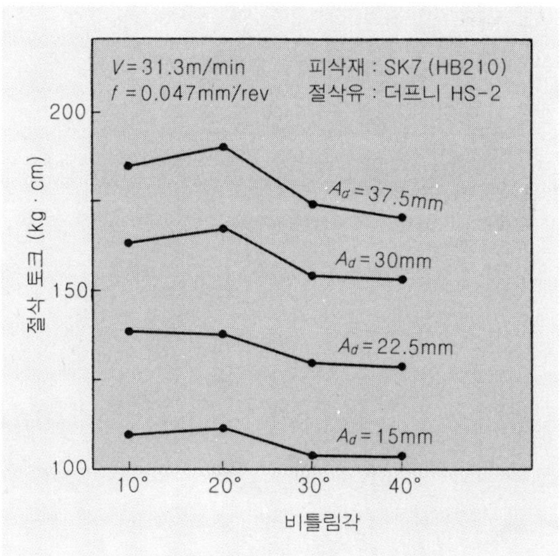

그림 7 비틀림각과 절삭 토크 비교

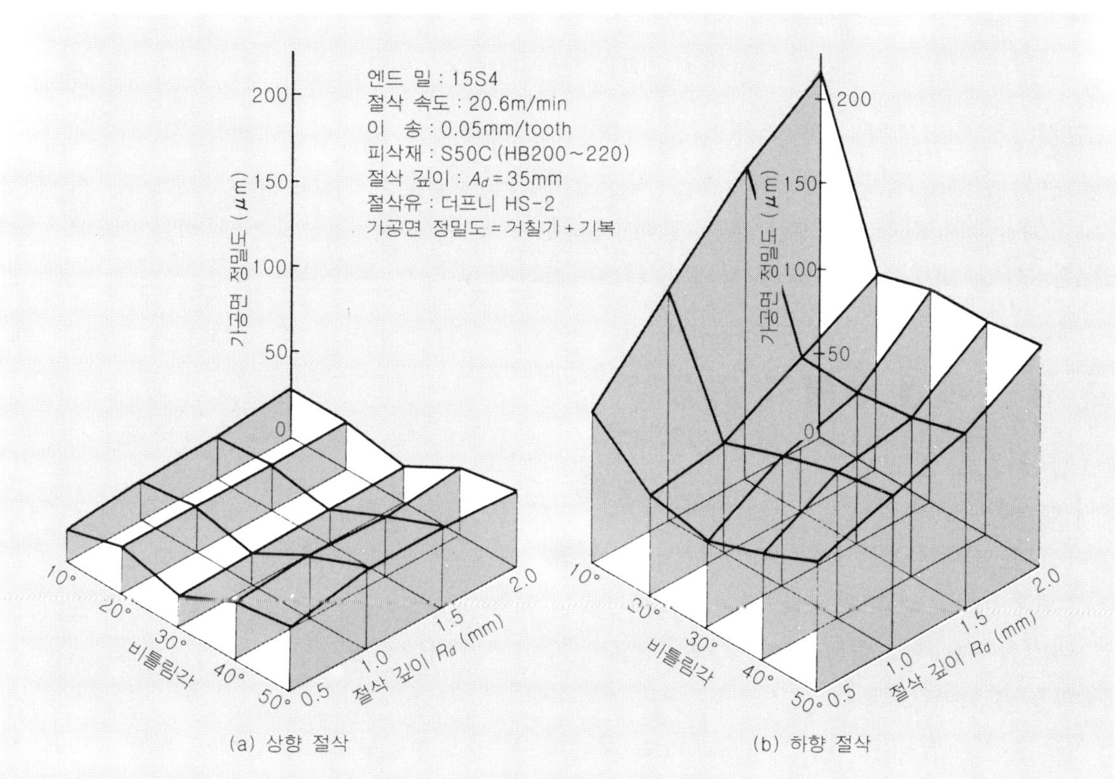

그림 8 비틀림각과 가공면 정밀도

그러나 **그림 8**에 표시한 것 같이 가공면 정밀도(거칠기＋기복)로서 비틀림각의 효과를 보면 비틀림각 30° 부근이 가장 좋은 결과를 얻고 있다. 이것은 비틀림각이 커짐에 따라서 기복이나 경사가 커짐을 의미한다.

그리고 비틀림각이 크면 절삭 저항이 현저히 떨어질 것으로 생각하기 쉬우나 **그림 7(그림 6과 같은 조건)**에 표시한 것 같이 절삭 토크는 전혀 변하지 않는다.

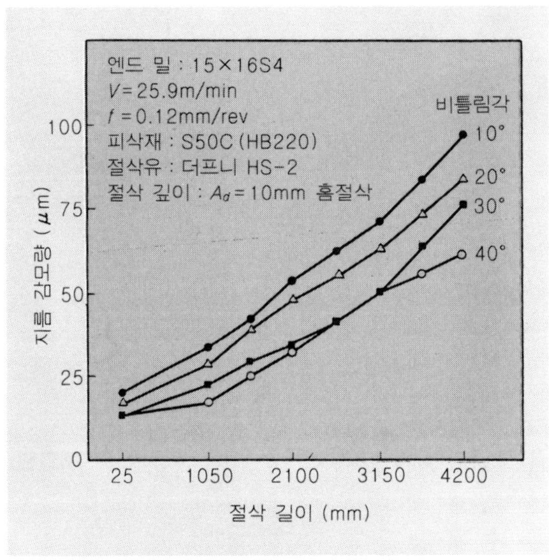

그림 9　비틀림각과 지름 감모량 비교

그림 10은 절삭 길이에 대한 엔드 밀의 지름 마모량이 비틀림각에 의해서 어떻게 달라지는가를 실험한 결과이다. 그림에서 알 수 있는 것 같이 비틀림각이 커짐에 따라서 지름 마모량은 작아 진다. 이것은 엔드 밀의 축방향의 단위 폭을 절삭하는데 비틀림각이 커지면 절삭에 관여하는 절삭날의 길이가 길어지기 때문이라고 생각하면 된다.

● 공구 재질 선택의 기준

(1) 하이스 엔드 밀

수년 전까지는 일본 각 메이커의 엔드 밀 재질은 W－Mo계 하이스(고속도 공구강)의 것이 많았으나 현재는 대부분 고 Co계 또는 고 V, 고 Co계의 하이스가 사용되고 있다.

표 3은 현재 일본내 엔드 밀 메이커의 하이스 재질을 조사한 것이다. 재질이 다른 것도 있으나 적절한 열처리와 엔드 밀의 모양이 주어지면 실질적인 성능 차이는 거의 인지할 수 없을 정도이다.

이들 하이스는 범용의 공구 재종으로 대단히 뛰어난 성질을 갖고 있어서 비철 금속에서부터 주철, 합금강에 이르는 넓은 범위의 재료 절삭에 적합하다.

(2) 분말 하이스 엔드 밀

이들 하이스 중에서 내마모성을 한층 향상시키기 위해서 고 C, 고 V계의 것이 되면 엔드 밀의 피연삭성이 갑자기 나빠지게 된다.

표 3 엔드 밀 메이커의 하이스 재질

항 목		메이커 해당 강종					
		A사 M42	B사		C사 M41	D사 M41	E사 M36 (SKH56)
			M41	M42			
주 성 분 (%)	C	1.1	1.0	1.1	1.07	1.06	1.0
	Cr	4	4.1	4.2	4.1	4.1	4.1
	Mo	9.5	6.1	9	3.6	3.7	5.7
	W	1.5	5.4	2.5	7	7	5.3
	V	1.2	1.5	1.9	1.9	1.9	1.5
	Co	8	8	8	4.9	4.9	7.9
특 성	인 성	△	△	△	○	○	△
	내 열 성	◎	◎	○	△	△	◎
	내마모성	△	○	◎	◎	◎	○

◎ : 優   ○ : 優下   △ : 良(추정)

내마모성을 향상시키기 위해서 첨가된 원소이기 때문에 피연삭성이 나빠지고 그 결과 연삭 번(grinding burn)을 일으키기 쉽고 내마모, 내피칭성이 저하해 버리는 엉뚱한 결과를 초래할 수 있다.

이와 같이 종래의 용해 제강법에서는 해결하기 어려웠던 문제도 분말 제강법에 의해서 어느 정도까지 해결되었다.

분말 제강법에 의한 소위 분말 하이스는 동일 조직이라도 용해 제강법에 비해서 피연삭성이 우수하다.

그 때문에 내마모성이 높은 성분을 포함한 하이스 공구라도 연삭 번을 일으키지 않게 능률적으로 연삭하여 그 재질 본래의 절삭 성능을 끌어낼 수 있게 되었다.

(3) 티탄 코팅한 하이스 엔드 밀

한편 근래 TiN, TiC 등의 티탄 화합물을 공구 재료 표면에 덧씌움으로써 절삭 공구의 성능이 획기적으로 향상되었다.

현재 엔드 밀에 적용되고 있는 것은 물리적 증착(PVD)법이라고 불리는 방법이다. 그것은 Ti, C, N 등의 코팅 물질의 구성 원소들이 감압기 속의 플라스마에 의해서 이온화되고 그 반응 생성 물질을 공구의 표면에 코팅하는, 소위 반응성 이온 플레이팅법이다.

특징으로는 대단히 딱딱하고 마찰 계수가 작은 티탄의 탄화물, 질화물을 비교적 저온(약 500℃ 부근)에서 균일하게 모재 공구 표면에 굳게 밀착시킬 수 있고, 내마모성을 현저하게 개선시키는데 있다.

(4) 초경 엔드 밀

초경 공구의 사용 방법에 대해서는 2가지로 생각할 수 있다. 하나는 보통 가공되고 있는 각종의 피삭재(특히 난삭재로 부르지 않는 것)를 고절삭 속도로 가공 능률을 올리거나 특별히 절삭 조건을 올리지 않아도 긴 수명을 보증하고 싶은 경우이다.

또 하나는 하이스 엔드 밀로는 극히 능률이 낮거나 수명이 짧은 고경도재, 혹은 난삭재라고 하는 피삭재를 비교적 저속도로 가공하는 경우이다.

하이스와 초경 합금의 절삭 속도는 선삭용 바이트나 정면 밀링 커터 등으로는 일반적으로 말해서 5배～10여배의 차이가 있다.

그러나 초경 엔드 밀(개략 ϕ30 mm 이하에서 초미립자 합금이라고 불리는 것)에서는 절삭 속도는 그렇게 높지 않다.

초경 엔드 밀을 만드는 어떠한 회사도 하이스에 대해서는 절삭 속도를 약 1.5배 정도로 잡고 있다. 이것도 많은 절삭 실험을 통해 그 결과를 기초로 해서 나온 것이다.

초경 엔드 밀에서 중요한 것은 절대로 중절삭을 지향한 것은 아니고 긴 수명 또는 고경도재의 가공에 적합하다는 것이다.

그림 10은 이제까지 발표된 데이터를 간략하게 정리해서 피삭재 경도와 그에 대한 각종 엔드 밀 재료 및 절삭 속도의 관계를 표시한 것이다.

어느 것이나 상한값만을 표시하고 있으나 부분적으로는 채산 수명을 생각하면 상한값이 너무 높은 것도 있는 것 같다. 그리고 피삭재 경도가 낮은 영역에서는 저탄소강 혹은 비철 금속으로, 경도가 높은 영역에는 주물 표면이나 용단(溶斷) 표면의 절삭 가공이 포함되고 있다.

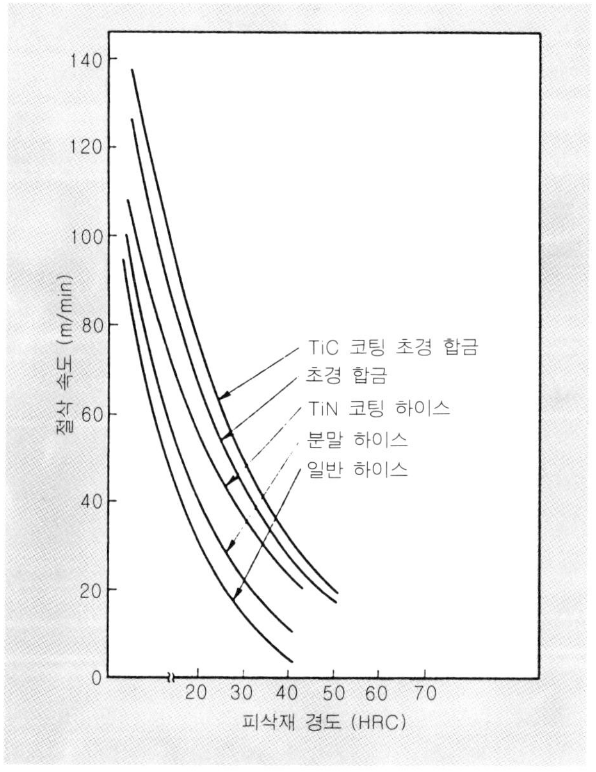

그림 10 피삭재 경도와 각종 엔드 밀 재료의 적용 영역

(5) 각 재종별 엔드 밀의 절삭 데이터

티탄 코팅을 포함하는 각 재종별 엔드 밀의 위치를 **그림 10**에 표시하였으나 피삭재 재질, 절삭 조건, 가공 능률, 요구 정밀도, 공구 비용, 가공 내용(가공 수량이나 부가 가치) 등이 변화함으로써 「어떤 가공에는 어떤 재종의 엔드 밀은 사용한다」라고 구체적으로 지적하는 것은 불가능하다.

따라서 사용자쪽에서 엔드 밀 재종을 선택할 필요가 있다. 그를 위해서는 될 수 있는 대로 많은 실시 예 혹은 실험 데이터의 내용을 충분히 이해해 둘 필요가 있다.

다음으로 각종 실험 데이터에 대해서 설명한다.

그림 11은 종래의 하이스와 분말 하이스 엔드 밀의 수명 비교 데이터이다. T 15는 고 C, 고 V의 대표적인 하이스이고 뛰어난 내마모성을 갖고 있으나 피연삭성은 극히 나쁘고 연삭번을 일으키기 쉬운 재료이다.

그림 12, 13은 ϕ 16 mm 중절삭용 4개날 하이스 엔드 밀의 코팅 부위와 수명 및 가공면 거칠기의 변화를 표시한 것이다.

TiN 코팅을

① 외주 플랭크와 경사면의 전면에 실시한 전면 코트품

② 경사면의 코팅층을 제거한 플랭크 코트품

③ 외주 플랭크의 코팅층을 제거한 경사면 코트품

의 3종으로 하고 이들의 코팅품에 대해서 무처리품, 호모 처리품을 더해 비교 테스트를 하고 있다.

이 결과, 외주 플랭크의 TiN 코팅층이 제거된 것(경사면 코트품)은 대부분 무처리품과 같은 수준이 되어 버림을 알 수 있다.

TiN 코팅한 엔드 밀은 외주 플랭크에서 재연삭을 하면 비록 경사면에 코팅층이 남아 있다 할지라도 그 효과가 거의 없어짐을 보여주고 있다. 그 효과는 **그림 12**의 마모량으로 비교하여도 **그림 13**의 가공면 거칠기로 보아도 결과는 같다.

그림 14, 15는 전면에 TiC 코팅을 한 초경 엔드 밀의 절삭 성능을 표시한다. 모재가 초경 합금인 경우에는 여러 가지 특성을 고려해서 TiC 코팅을 하고 있다. 초경 엔드 밀에 대해서도 코팅에 의한 효과를 인정할 수 있다.

그림 15는 불수용성 절삭제를 사용한 것이지만 이 경우, 무처리품과의 성능차가 약간 좁혀졌다고 생각할 수 있다. 코팅 엔드 밀에 대한 절삭유제의 영향이 무엇인가 있을 것 같다.

이상 엔드 밀 재질 선택의 기준에 대해서 기술하였다.

피삭재 성노가 HRC 40 이하의 가공에서는 하이스 및 디탄 코팅 하이스, 초경 합금 등 각각의 엔드 밀 재료에 맞는 절삭 조건에서 사용할 수 있다.

그리고 각각 부품의 단위 가공당 공구 비용을 될 수 있는 대로 작게 하는 방향에서 엔드 밀의 재질을 선택해야 한다.

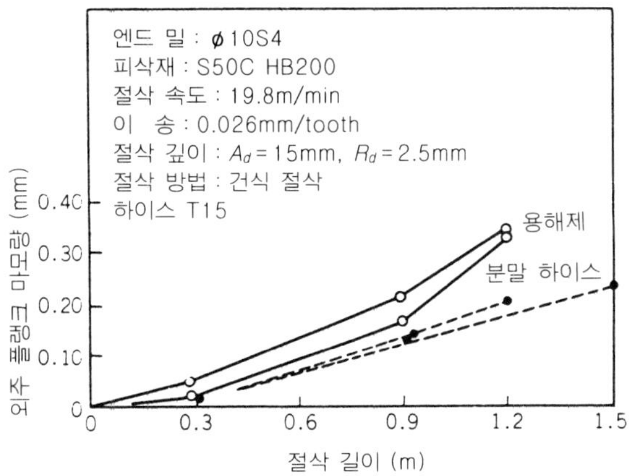

그림 11 분말 하이스와 보통의 고속도강 엔드 밀의 수명 비교

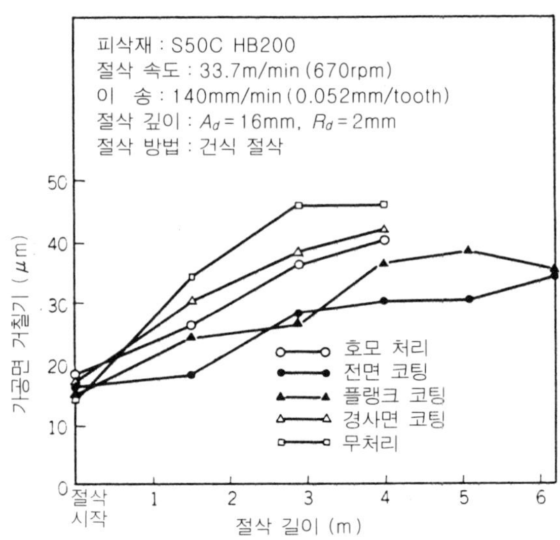

그림 13 코팅 하이스의 코팅 부위와 가공면 거칠기

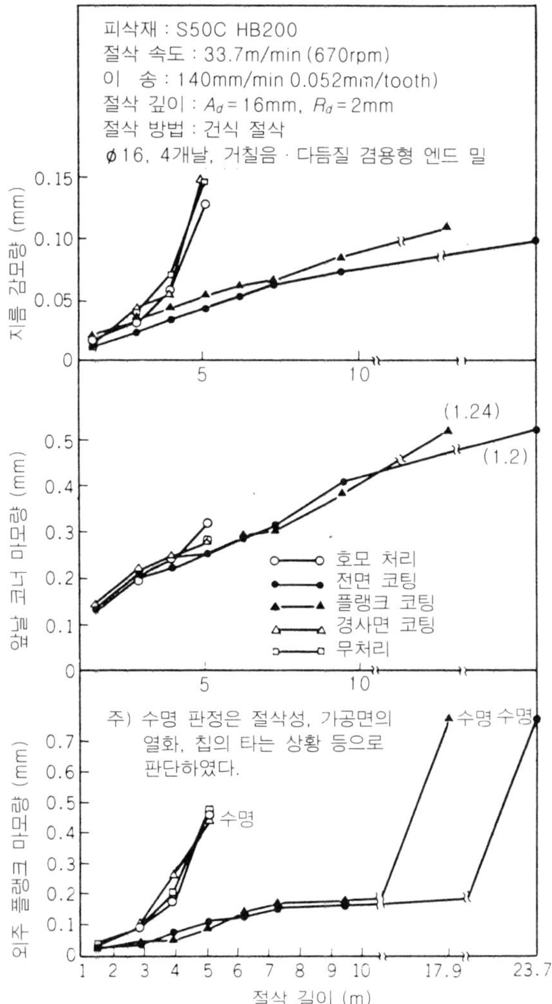

그림 12 코팅 하이스의 코팅 부위와 마모

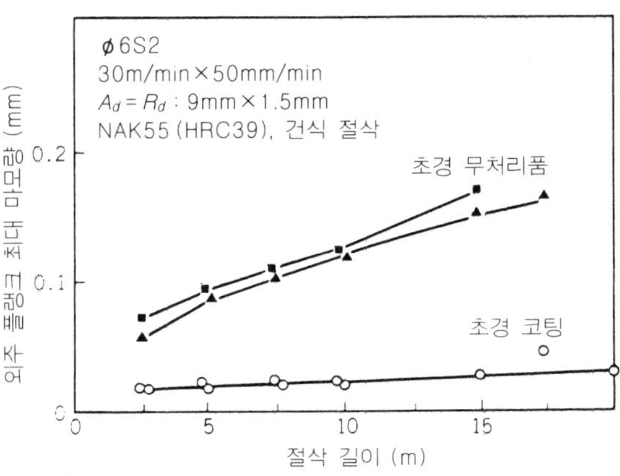

그림 14 코팅 초경의 건식 절삭 성능

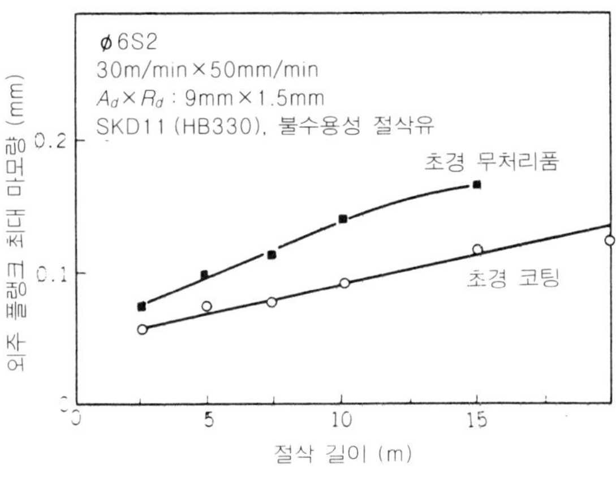

그림 15 코팅 초경의 습식 절삭 성능

그러나 피삭재 경도가 HRC 45를 넘으면 하이스(TiN 코팅을 포함)에서는 채산이 맞는 절삭 작업이 매우 곤란하게 된다. 단지 끊긴다, 칩을 낼 수 있다는 것만으로 공구 재질을 크게 높이려고 계획하는 것이 좋은 일은 아니다. HRC 45를 넘는 피삭재의 가공에는 초경 엔드 밀을 선택해야 할 것이다.

엔드 밀의 내마모성 향상을 공구 재질의 품질 개량에만 의존할 것이 아니라 절삭 조건의 적정화를 도모함으로써 의외로 긴 수명, 고능률의 결과를 얻은 예가 많다.

● 공정·정밀도와 선택의 기준

엔드 밀에 의한 가공면 정밀도는 절삭 조건의 선택을 통해서도 많은 것을 개선할 수 있다. 그러나 가공 능률과 합쳐서 생각하면 엔드 밀의 종류(날수, 비틀림각, 엔드 밀 타입 등)에 따라 현저하게 작업 내용을 개선할 수 있다.

표 4는 요구되는 가공 정밀도에서 엔드 밀을 선택한 경우의 일반적 구분이다.

가공면 정밀도나 모양의 정밀도에 관해서는 이 외에도 날 길이의 문제나 계의 강성, 혹은 절삭 조건, 특히 절삭 깊이나 상향 절삭, 하향 절삭 등에 의해서도 가공 정밀도가 크게 좌우된다는 것을 알아야 한다.

표 4 가공 공정, 가공 정밀도에서 본 엔드 밀의 선택

공정 구분	요 구 항 목	엔드 밀		엔드 밀 타입
		날 수	비틀림각	
다듬질 가공	• 1회 절삭으로 비교적 얕은 홈의 다듬질 절삭 • 홈의 꺾임, 경사 등이 없는 모양의 정밀도가 요구되는 경우	2	15°	키 홈용 비틀림
중다듬질 가공, 다듬질 가공	• 각종 홈을 고능률로 정밀도를 높인다. • 칩의 재연삭에 대한 가공면의 악화를 피한다.	2	30°	표준 엔드 밀
중다듬질 가공, 다듬질 가공	• 측면 절삭에서 높은 가공면 정밀도를 얻고 싶다. • 가공면의 기복을 작게 하고 싶다. • 측면의 고능률 다듬질 절삭	4	30°	표준 엔드 밀
중다듬질 가공, 다듬질 가공	• 캠 등의 윤곽 다듬질 가공 • 가공면 거칠기를 가급적 작게 하고 싶은 가공 • 엔드 밀의 외경 감모를 가급적 작게 하고 싶다. • 공구 마모에 의한 가공면 거칠기의 급격한 악화를 피하고 싶다.	2, 4 3, 4	30° 50°	표준 엔드 밀 고비틀림각 엔드 밀
중다듬질 가공, 다듬질 가공	• 건식 절삭에 의한 고속 다듬질 가공	2, 4	30°	티탄 코팅 엔드 밀
중다듬질 가공, 다듬질 가공	• 고경도재, 난삭재의 저속 절삭 • 건식 절삭에 의한 고속, 긴 수명 절삭 가공	2, 4	30°	초경 엔드 밀
거친 가공, 중다듬질 가공	• 축방향 절삭 깊이 A_d가 크고 가공면의 경사, 기복을 작게 하고 싶다 • 보통의 엔드 밀로는 채터링을 일으킨다 • 고능률의 중다듬질 가공	4, 6	30°	거칠음 · 다듬질 겸용형 엔드 밀
거친 가공	• 가공면의 정밀도는 상관없으나 제거 능률을 올리고 싶은 거친 가공	3, 4, 6	30°	러핑 엔드 밀

데이터를 남기자

　공구 메이커나 연구 기관에서는 가공 조건과 피삭재를 바꿔 가면서 여러 가지 절삭 시험을 함으로써 어느 정도 절삭 조건에 대한 기준을 제시할 수 있다.

　그러나 개개의 사용자가 사용하는 기계나 가공물의 모양은 각각 전혀 다른 것이다. 따라서 그것들 하나하나에 대해서 정확한 추천 조건을 제시하는 것은 불가능하다. 그래서 각 조작자가 자기의 작업 내용을 기록해 두기 위해서 **표 1**과 같은 항목으로 기록 용지를 만들어 보면 어떨까?

　내용을 너무 세분화하고 정확성을 따지면 오히려 기입하기 어렵게 된다.

　각 사용자의 실정에 맞는 기록과 소견이 수백 장, 수천 장이 쌓이면 스스로 분류, 선별해도 좋을 것이다. 혹은 전문가의 해석을 받으면 반드시 훌륭한 추천 절삭 사례집이 완성될 것이다.

　그들의 데이터는 후배들에게 구체적인 지도를 하기 위한 자료가 될 것이다.

　그리고 가공물이나 가공중의 사진을 첨부해 두면 더욱 좋을 것이다. 기계나 공구의 강성만이 아니라 가공물의 강성이나 모양도 가공상 중요한 요소가 되기 때문이다.

표 1 절삭 조건 기록 용지의 한 예

항　　목	대책			
	1	2	3	4
조 작 자 이 름				
년　　월　　일				
가 공 부 품 명				
가 공 물 재 질·경 도				
사 용 기 계				
사 용 공 구 치 수				
절 삭 속 도				
이　　송				
절 삭 깊 이 (Ad×Rd)				
절 삭 유 제				
절 삭 방 향				
기　　타				
소견 — 엔드 밀 수명에 대해서				
소견 — 가공면 정밀도에 대해서				
소견 — 절 삭 상 태 에 대 해 서				
소견 — 기　　타				

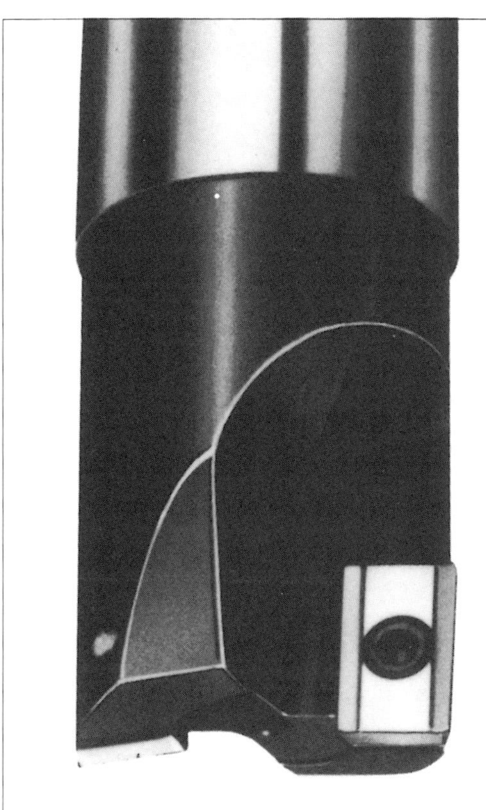

초경 엔드 밀의 절삭 성능과 활용의 포인트

초경 엔드 밀은 공구 수명이 길고 게다가 가공 능률, 가공 정밀도도 좋다는 것이 인정되어 널리 사용하게 되었다. 그러나 초경 엔드 밀 중에서도 솔리드 엔드 밀, 초경 합금 절삭날을 납땜한 엔드 밀은 그 절삭 성능을 발휘할 수 있는 적용 영역이 비교적 좁고 영역 외에서는 성능이 현저하게 떨어진다.

따라서 그 사용에 있어서는 작업 조건에 적합한 공구의 선택과 적절한 절삭 조건의 설정이 필요하다.

여기서는 대표적인 초경 엔드 밀의 절삭 성능과 사용상 주의하여야 할 사항에 대해서 기술하도록 한다.

****

▶ 초경 솔리드 엔드 밀의 절삭 성능

초경 솔리드 엔드 밀은 초경 엔드 밀의 특징이 가장 잘 나타나는 공구로서 긴 수명과 가공 정밀도가 좋다는 점이 특징이다.

가공 정밀도가 좋다는 것은 초경 합금이 갖는 내마모성의 탁월함과 높은 탄성 계수(약 $5{\sim}6{\times}10^4\,\mathrm{kg/mm^2}$로 하이스의 2.5배 정도)에 의한 것으로 엔드 밀 가공과 같이 공구의 휨이 그대로 공작물에 전사되는 가공법에서는 특히 유효하게 작용한다.

그리고 초경 솔리드 엔드 밀은 초경 납땜 엔드 밀이나 초경 스로어웨이 엔드 밀에 비해서 제조상의 제약도 없기 때문에 초경 합금 자체의 약점인, 범용성이 떨어진다는 점을 용도에 맞춘 모양을 채택함으로써 보완할 수 있는 이점이 있다.

그러나 비용이 많아지기 때문에 일반적인 용도로는 날 지름 ϕ 20 mm 정도까지의 것이 사용되고 이것을 넘는 치수의 용도에서는 납땜 엔드 밀, 스로어웨이 엔드 밀이 사용된다.

(1) 초경 솔리드 스퀘어 엔드 밀

초경 엔드 밀은 범용성에서는 하이스 엔드 밀에 비해서 떨어진다. 그래서 여러 가지 용도에 맞추어서 초경 합금 재종과 엔드 밀 모양을 짜맞추고 있다. 실제 사용에 있어서는 공구 모양만이 아니라 공구 재종의 특성도 충분히 알아 둘 필요가 있다.

① **표준형 스퀘어 엔드 밀**……초경 솔리드 엔드 밀 중에서도 범용성이 가장 높아 널리 사용되고 있는 것이다. 모양상의 특징은 30° 정도의 비틀림을 갖는 것으로 외주 절삭날의 릴리프는 편심(偏心, eccentric) 날형이라 불리는 R 모양의 단면을 갖는 것이 일반적이다.

엔드 밀에 사용되고 있는 초경 합금은 초미립자계 초경 합금이 태반이지만 해외 메이커 품에는 K 10 상당의 재종도 있다. 초미립자계 초경 합금을 사용한 엔드 밀의 경우, 적용되는 피삭재는 폭이 넓고 비철금속, 주철, 탄소강 및 합금강의 절삭이 가능하다.

그러나 HRC 45를 넘는 경도의 강절삭이나 스테인리스강 및 내열 합금과 같은 난삭재의 절삭에는 적용할 수 없다.

초미립자계 초경 합금을 사용한 엔드 밀은 절삭날의 예리함과 강도가 우수하고 그리고 저온에 있어서는 내마모성도 좋으나 열변화나 고온에서는 그 특성이 떨어진다.

따라서 절삭 조건으로는 절삭 온도가 상승하지 않도록 설정하는 것이 좋고 강절삭의 경우를 예로 들면 절삭 속도가 비교적 저속이고 습식 절삭 조건하에서는 우수한 성능을 나타낸다.

날 지름으로는 ϕ 0.2 ~ ϕ 20 mm 정도까지 시판되고 있으나 치수에 따라 사용 적성이 약간 나뉘는 것 같다. ϕ 3 mm 이하의 소직경 엔드 밀은 가공 정밀도나 수명만이 아니라 사용하기 편리한 점도 하이스 엔드 밀보다 우수하고 이 용도는 초경 엔드 밀의 분야라고 할 수 있다. **그림** 1은 실제의 사용 예이다.

소직경 엔드 밀의 경우는 작은 날끝의 치핑이나 눈으로는 확인하기 어려울 정도의 날끝 마모라도 그 절삭 부하가 증대하고 엔드 밀 절손의 원인이 된다.

따라서 공구 설치시의 편향 정밀도나 공구에 진동을 발생시키지 않는 조건 설정이 중요하다.

절삭 조건으로 저합금강 정도의 강절삭의 경우나 이송량은 날 지름 ϕD에 있어서 5/1000D mm/tooth 정도가 기준이다.

절삭 속도는 기계측의 제약이 있으나 절삭한 경우에 15 m/min 이하로 하는 것이 공구 수명에는 좋을 것이다.

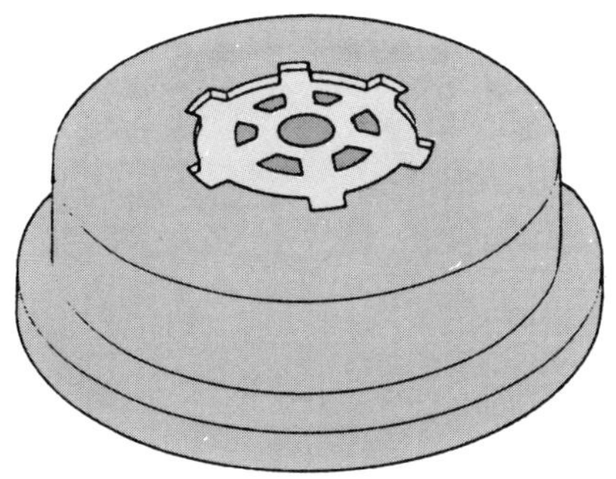

가공물 : 금형 SKD11(HB290)
절삭 속도 : 6.8m/min
이송 : 0.002mm/tooth
절삭 깊이 : 0.04mm
유성 절삭제 사용
수명 : 14시간

그림 1 초경 소직경 솔리드 엔드 밀(ϕ0.4)의 절삭 예

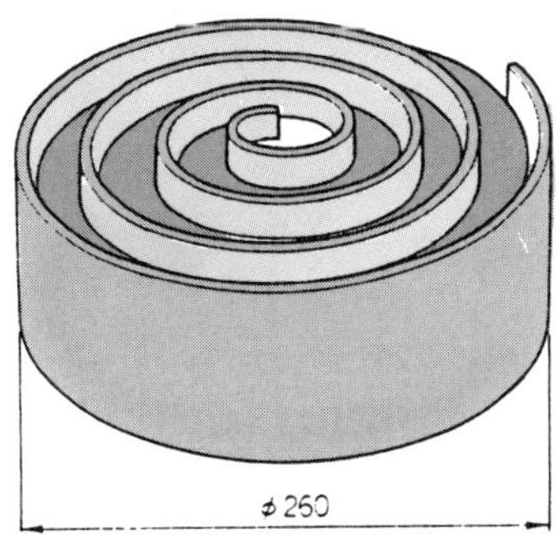

가공물 : 기계 부품 SKD61(HRC22)
절삭 속도 : 15m/min
이송 : 0.017mm/tooth
절삭 깊이 : 폭 4mm×깊이 2.6mm
유성 절삭제 사용
수명 : 8시간

그림 2 초경 표준형 솔리드 엔드 밀(ϕ4)의 절삭 예

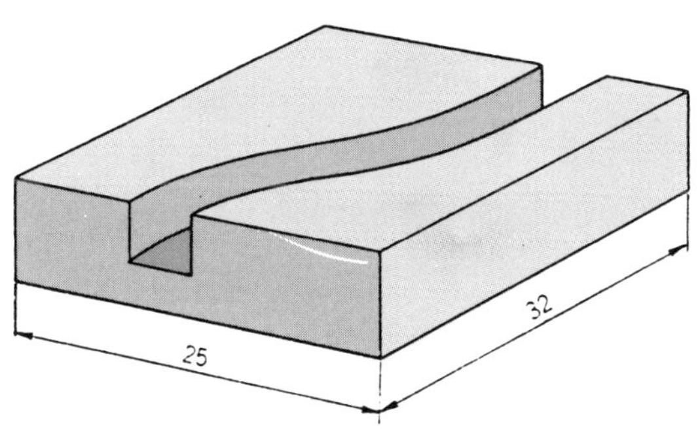

가공물 : 가이드 플레이트 SKD11(HB220)
절삭 속도 : 22m/min
이송 : 0.013mm/tooth
절삭 깊이 : 0.1×3mm
유성 절삭제 사용
수명 : 3,000개

그림 3 초경 표준형 솔리드 엔드 밀(ϕ4)의 절삭 예

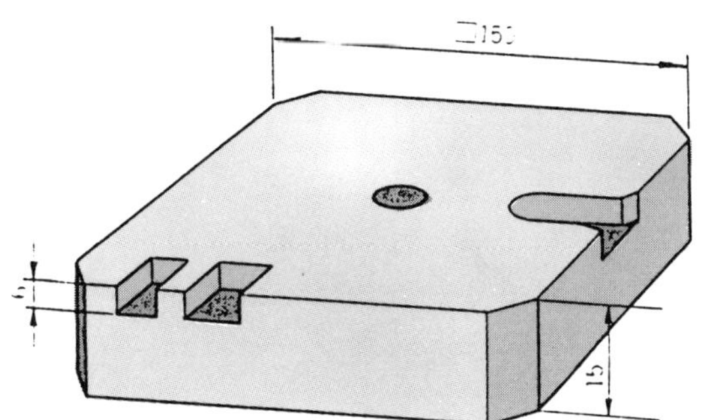

가공물 : 펀치 SKH9
절삭 속도 : 28m/min
이송 : 0.017mm/tooth
절삭 깊이 : 5mm max
유성 절삭제 사용
수명 : 8시간

그림 4 강비틀림 초경 솔리드 엔드 밀(ϕ10)의 절삭 예

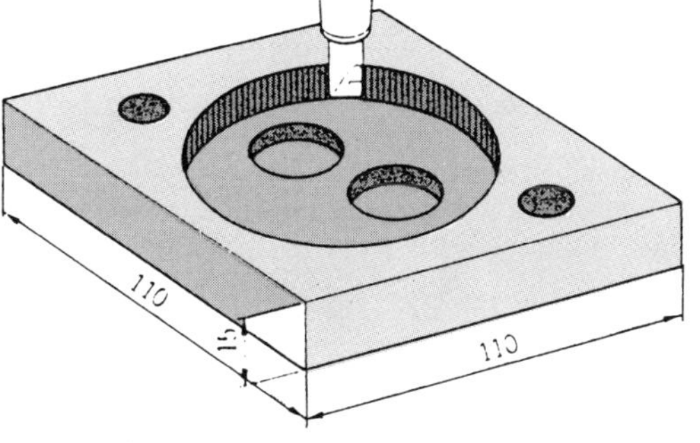

가공물 : 기계 부품 알루미늄 합금
절삭 속도 : 42m/min
이송 : 0.023mm/tooth
절삭 깊이 : 홈 가공후 다듬질
수용성 절삭제 사용
다듬질면 거칠기 : Rmax 6μm

그림 5 알루미늄용 솔리드 엔드 밀(ϕ4)의 절삭 예

가공물 : 금형 SKD11(HRC56)
절삭 속도 : 118m/min
이송 : 0.05mm/tooth
절삭 깊이 : 0.1mm×3mm(다듬질 가공)
건식 절삭
다듬질면 거칠기 : Rmax 0.2μm

그림 6 BN 컴펙스 엔드 밀(ϕ8)의 절삭 예

날 지름 $\phi 4 \sim \phi 12\,mm$의 것은 가공 정밀도, 수명 및 가공 조건 향상을 목적으로 사용된다. **그림 2, 3**은 절삭 예이지만 비교적 안정된 사용 조건하에서 절삭 면적이 넓은 경우나 로트 수가 많은 경우에 사용하면 효과를 얻을 수 있다.

② **강비틀림 스퀘어 엔드 밀**……외주날이 $50° \sim 60°$의 강한 비틀림을 갖는 엔드 밀에서 사용되는 초경 합금은 초미립자계 초경 합금이므로 절삭 조건으로는 앞의 표준 타입의 엔드 밀과 같은 조건하에서 사용된다. 따라서 절삭유를 사용하는 것이 좋고 절삭 속도도 30 m/min 전후에서 사용한다.

피삭재는 스테인리스강이나 내열강 이외에 내식성 금형재, 열경화성 금형재 및 패딩재와 같은 난삭재 가공에 적합하다.

이와 같은 난삭재 절삭에서는 엔드 밀 절삭날의 예리함이 상실되면 절삭 온도가 급속히 상승하고 그에 따라 공구 손상이 진행되어 수명점에 도달한다.

따라서 강하게 비틀어진 절삭날을 갖는 엔드 밀은, 절삭열을 긴 절삭날에 분산시키거나 절삭 부하를 축방향이나 회축 원통 위에 분산시킴으로써 절삭 진동도 저하되고 초미립자계 초경 합금의 초기 마모성의 좋은 점까지 곁들여져 모양 변경에 의한 효과가 현저하게 나타난다.

그림 4에 강비틀림각의 엔드 밀에 의한 금형 부품의 절삭 예를 표시한다.

그리고 강비틀림 스퀘어 엔드 밀은 범용성이 있어서 사용하기 편리하다. 특히 난삭재 가공을 할 때 주의할 점은, 칩의 배제와 공구의 진동 방지를 도모하는 것, 절삭날의 미소한 치핑이 공구 수명에 큰 영향을 주는 것, 절삭 유제의 양 및 토출 위치에도 충분히 주의하는 동시에 절삭 조건 설정시에는 절삭음을 확인하는 것 등도 필요하다.

예컨대 패딩재를 절삭하는 경우에는 엔드 밀 지름을 가급적 굵게 잡는 것이 일반적인데 이것은 공구의 진동을 억제하기 위한 것이다.

③ **비철금속 절삭용 엔드 밀**……알루미늄 합금이나 동과 같은 용융점이 낮은 재료를 절삭할 경우에는 특히 예리한 절삭날과 넓은 포켓을 같이 갖는 모양을 한 엔드 밀이 적합하다. 이와 같은 피삭재는 절삭 온도를 올리지 않는 것과 칩을 자유롭게 배출하는 것이 중요하고 절삭유도 냉각을 목적으로 사용하는 것이 좋은 결과를 얻을 수 있다.

최근에 출현하기 시작한 고속 회전의 전용 밀링 머신의 용도에는 칩의 배출성에서 한 개 날의 엔드 밀쪽이 더욱 적합하다. 절삭 예를 **그림 5**에 표시한다.

④ **기타의 엔드 밀**……그 외에 스퀘어 엔드 밀에는 모양 및 초경 재질이 다른 것을 포함해서 여러 가지가 시판되고 있다. 그 중에서 주된 것은 고경도재 절삭용 엔드 밀 종류와 코팅 엔드 밀일 것이다.

고경도재 절삭용 엔드 밀로는 초경 합금 K 10을 사용한 것이나 서멧(cermet)을 사용한 것, 또 초경 솔리드 엔드 밀의 분야는 아니지만 BN 컴펙스를 초경 섕크에 납땜한 엔드 밀 등이 있다.

각각 특성이 있으나 용도로 구분하면 피삭재의 경도가 HRC $45 \sim 55$의 경우는 K 10 또는 서멧 엔드 밀이 적합하고 특히 다듬질 절삭에서 절삭 여유가 적은 경우는 서멧 엔드 밀쪽이 절삭 능률, 다듬질면 거칠기 모두 좋은 결과를 얻을 수 있다.

절삭 여유가 1 mm를 넘는 경우는 K 10의 엔드 밀, 그 이하에서는 서멧 엔드 밀을 사용 하는 것이 좋을 것이다.

절삭 조건적으로는 K 10은 절삭 속도 20 m/min 정도로 절삭유는 있으나 없으나 사용할 수 있다. 서멧 엔드 밀의 경우는 건식 절삭이 필요 조건이 되고, 절삭 속도는 50 m/min 정도로 사용할 수 있다. 피삭재의 경도가 HRC 55를 넘는 경우에는 앞의 엔드 밀로도 절삭은 가능하지만 절삭 능률이나 공구 수명, 다듬질면 거칠기의 점에서도 BN 컴팩스를 사용한 엔드 밀이 우수하다.

그림 6은 그 절삭 예인데 절삭 속도도 100 m/min 정도는 충분히 가능하고 사용 영역도 넓으며 사용하기 쉬운 엔드 밀이다. 그러나 문제는 가격이 높은 데 있다. 재연삭을 조건에 넣어 비용을 계산해서 검토해 볼 일이다.

코팅한 초경 엔드 밀은 최근에 와서 시판되기 시작하였으나 피삭재가 난삭재일수록 코팅하지 않은 엔드 밀과의 성능 차이가 크게 난다. 하이스가 모두 TiN계인데 대해서 초경 엔드 밀의 경우는 메이커마다 코팅하는 경질 피막 재료 및 코팅 방법이 다르기 때문에 한마디로 말할 수 없으나 경향으로는 이와 같은 상황에 있다.

엔드 밀 모재에는 보통 초미립자계 초경 합금이 사용되고 있다. 따라서 절삭 조건으로는 표준적인 초경 솔리드 엔드 밀에 준해서 절삭 속도도 너무 높게 잡지 않고 60 m/min 정도에서 그치는 것이 무난하다. 절삭 방식은 건식으로도 사용할 수 있으나 절삭유제를 사용하는 것이 좋을 것이다.

(2) 초경 솔리드 볼 엔드 밀

곡면을 갖는 금형 가공에서는 요철(凹凸) 상태에 따라서 절삭 가공이나 방전 가공에 의해서 성형하게 되나 절삭 가공의 경우는 연마 공정 전의 가공용 공구로서 볼 엔드 밀을 사용한다. 이 분야에서 초경 볼 엔드 밀의 사용이 근래에 와서 급속도로 퍼지고 있다.

요인의 하나로서 금형 품질이나 제작 공수 단축 등에 대한 대응으로 열처리된 금형재 가공이 증가한 것에도 있으나 최근에는 연마 공정의 공수 단축 때문에 초경 엔드 밀이 채택되기 시작하였다.

요컨대 절삭 가공 마무리 단계에서는 어떻게 연마 여유를 적게 하느냐가 문제가 된다. 엔드 밀의 R 정밀도의 저하와 함께 공구의 절삭 잔류나 픽 피드(pick feed)량을 작게 취하는데서 생기는 가공 시간의 증대를 해소하기 위해서, 강성이 우수하고 또 고속 절삭 성능을 갖는 초경 솔리드 엔드 밀이 채택되기 시작한 것이다.

초경 솔리드 볼 엔드 밀을 사용할 때는 엔드 밀에 사용되고 있는 초경 재종에 따라 절삭 성능 특성이 다르다는 점에 주의해야 한다. 금형 재료의 종류나 경도 및 절삭 조건에 따른 적절한 사용이 필요하다.

시판되고 있는 것을 크게 나누면 P 25 내지 M 20 정도의 초경 재종을 사용한 것과 초미립자계 초경 합금을 사용한 것이 있다.

이들의 적절한 사용은, 피삭재판으로는 정할 수 없다는 것이 성가신 일이긴 하지만 가공하는 금형재 경도가 HRC 30을 넘는 경우, 혹은 공구 지름이 굵고 공구 강성이나 기계 능력에 여유가 있어서 절삭 속도를 높일 수 있는 경우는, P계 내지 M계의 초경 합금 재종을 사용한 엔드 밀이 적합하다. 이 경우에는 건식 절삭이 조건으로 된다.

절삭 조건은 절삭 여유와 금형 모양으로도 다르지만 HRC 40 정도의 프리하든강 가공의 경우는 절삭 속도 50~80 m/min 정도, 열처리하지 않는 금형재 절삭의 경우는 80~120 m/min의 절삭 속도가 기준이 된다. 이송은 공구의 진동에 주의하면서 크게 하는 것이 유리하다. 피삭재 경도가 낮은 경우, 또는 공구 지름이 가늘어서 절삭 속도를 높게 잡을 수 없는 경우에는 미립자계 초경 합금을 사용한 엔드 밀을 선택하는 것이 무난하다. 금형 모양이 요철이 큰 경우에도 절삭 조건을 비교적 저속쪽으로 설정하지 않을 수 없기 때문에 유효하게 된다.

절삭 조건으로는 절삭 속도 40 m/min 정도가 기준이 되고 절삭유를 사용하면 수명이 월등히 향상된다.

그림 7은 초경 솔리드 엔드 밀에 의한 절삭 예이다.

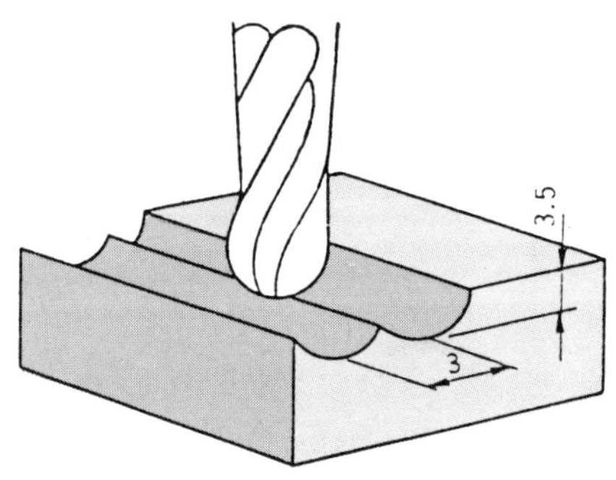

피삭재 : S50C 미열처리강(HB200)
절삭 속도 : 35.2m/min
이송 : 0.036mm/tooth
유성 절삭제 사용
수명까지의 절삭 길이 : 70m
(볼부 2번각 마모폭 0.4mm로 수명 판정)

그림 7　초경 솔리드 엔드 밀의 절삭 시험

이들 초경 볼 엔드 밀을 사용할 때 가장 주의를 요하는 사항은 공구의 진동이다. 이 공구의 수명은 중심부 절삭날의 치핑에 의해 좌우되는 일이 많지만 공구 진동시에 발생하는 것이 태반이다.

절삭중에 공구가 금형 오목부의 구석 부분이나 코너부에 다다르면 공구에 걸리는 절삭 단면적이 급증하는 것과 공구에 대한 절삭 부하의 방향이 변화하기 때문에 공구 진동을 일으키게 된다. 따라서 이 장소에서의 절삭 조건의 적합성에 따라 공구 수명을 크게 좌우하게 된다. NC 공작 기계로 가공하는 경우는 위와 같은 부분과 다른 부분에서는 절삭 조건을 바꿔서 하면 좋을 것이다.

모방 밀링 머신을 사용하는 경우는 조건 변경을 할 수 없기 때문에 공구 절삭날에 핸드 래퍼 등으로 호닝(honing) 처리를 하면 좋은 결과를 얻을 수 있다.

호닝 방법은 핸드 래퍼의 경우 경사면에 대해서 30° 정도의 각도를 유지하면서 날죽이기를 하고 그 폭 치수는 0.05 mm~0.1 mm 정도를 기준으로 한다.

이와 같이 초경 볼 엔드 밀의 절삭 조건의 선정은 공구의 진동을 적게 유지할 수 있도록 조정하는 것이 중요하지만 공구의 진동이 적은 경우에는 이송을 크게 증가시켜도 문제는 거의 없다.

공구의 진동을 완화하는 수단으로는 절삭 속도를 낮추는 것이 일반적이지만 절삭 속도를 낮추지 않고 이송을 올리는 쪽이 유효한 경우가 있다. 비교적 평평한 부분을 가공할 때는 공구의 진동이 나타나는 성우의 처리 방법이 이에 해딩한다. 이와 같은 부분에서는 엔드 밀의 중심부 부근에서 절삭하기 때문에 실질적인 절삭 단면적의 두께와 이송량보다 크게 좁아지는 결과가 나온다. 절삭날의 챔퍼가 악화되기 때문이다. 따라서 이송을 대폭 올리는 것이 절삭날의 미끄러짐이 없어지고 공구의 진동도 멈추게 된다.

▶ 스로어웨이(throw-away) 엔드 밀의 절삭 성능

스로어웨이 팁을 붙인 엔드 밀도 최근에는 다양한 용도에 맞쳐서 준비되어 있고 그 가공 능률도 양호하며 공구 비용이 싸서 활발하게 이용되고 있다.

(1) 스로어웨이 스퀘어 엔드 밀

스로어웨이 공구를 사용할 경우 그 부착하는 팁 재종은 자유롭게 선택할 수 있기 때문에 공구 선택에 있어서는 작업 조건부터 생각하는 것이 효과적이다.

스로어웨이 공구의 약점은 절삭 부하가 크다는 것이다. 그 때문에 절삭중 공구에 진동이 발생하기 쉬워 이 요인이 공구의 사용 한계로 지적되고 있다.

최근에는 컷 사진에 표시한 것 같은 절삭 부하를 경감한 엔드 밀이 있으며 절삭 영역이 대폭 넓혀짐에 따라 난삭재의 절삭에도 좋은 효과를 보이고 있다. 공구의 진동에 대한 배려는 공구 돌출량을 크게 하지 않으면 안되는 경우에는 특히 필요하고 공구 유지에 필요한 강성의 좋고 나쁨이 크게 영향을 준다.

(2) 거친 가공 전용 엔드 밀

최근 거친 가공 전용 공구로서 스로어웨이 러핑 엔드 밀이 나왔으며 그 선택은 위와 같이 작업 조건에 의한다. 금형과 같은 오목부의 거친 가공에는 둥근 팁을 붙인 것을 사용한다. 절삭 이송 방향을 자유롭게 취할 수 있고, 피삭재의 종류나 경도에 관계없이 사용할 수 있어서 편리하다.

외주 절삭날을 길게 사용하는 **사진 1**과 같은 엔드 밀도 최근에는 절삭 부하가 적은 것이 마련되어 있어 비교적 절삭하기 쉬운 가공물에 사용되고 있다.

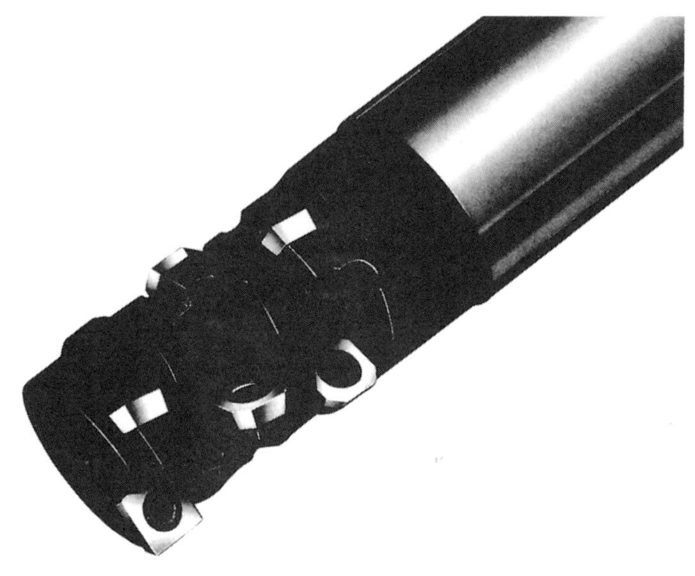

사진1　스로어웨이 러핑 엔드 밀

사진 2는 공구 회전축 방향에 절삭 이송을 취하는 엔드 밀이고 공구 돌출량이 큰 경우는 특히 유효하다.

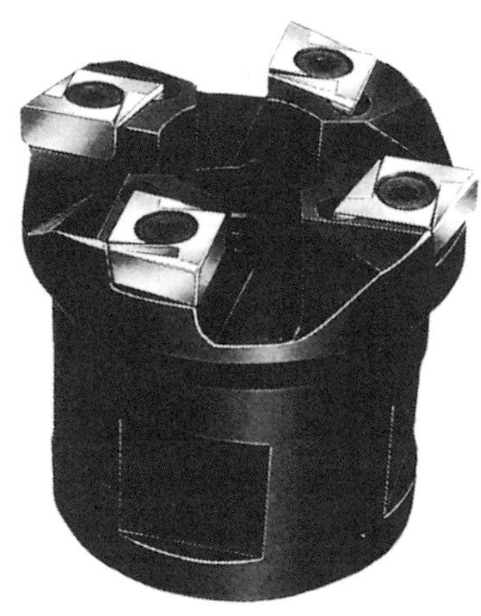

사진 2　세로 이송 엔드 밀

그림 8과 같이 공구 돌출량이 200 mm를 넘는 사용 상태에서도 절삭 조건을 내리지 않고 사용할 수 있으며 가공 능률이 좋은 엔드 밀이다.

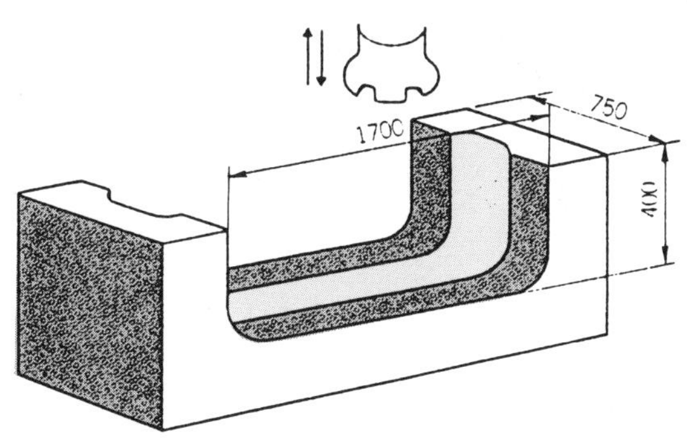

피삭재 : SCM440(HB300)
절삭 속도 : 120m/min
이송 속도 : 420mm/min
절삭 깊이 : 12mm(피치)
건식 절삭(에어)
수명 : 팁 코너당 2.5시간

그림 8   초경 세로 이송 엔드 밀(⌀ 35)의 절삭 예

*　　　　　*　　　　　*

이상, 스로어웨이 엔드 밀에 대해서는 간단하게 기술하였다. 공통된 주의점은 공구 진동을 억제하는 절삭 조건을 설정하는 것과 칩의 말려들기 방지이다. 이것에 사용하는 스로어웨이 팁 재질의 선정은 잘 알려져 있기 때문에 생략하고, 최근에는 서멧이나 코팅 팁에 고성능의 것이 나와 있다. 많이 받아들여서 제조 비용을 끌어내리는데 유용하게 사용해 주기 바란다.

초경 솔리드 엔드 밀의 피삭재별 공구 수명

일찍부터 엔드 밀의 주류는 하이스였으나 최근에는 초경 엔드 밀이 적극적으로 사용되고 있다. 특히 초경 솔리드 엔드 밀의 수요가 증대한 배경으로는 다음과 같은 것을 들 수 있다.

첫째로 최근의 기술 진보가 빠른 시대에서는 절삭 공구를 사용해서 제품을 만들어내는 메이커의 어느 곳이나 납기 단축, 고품질화, 저가격화의 방향으로 가고 있고 절삭 조건이 향상되고 공구 수명이 긴 공구가 요구되고 있다.

둘째로 금형용의 새로운 금속 재료나 초내열 합금, 새로운 소재 등 초경 엔드 밀이 아니면 절삭 가공을 할 수 없는 피삭재가 늘고 있다.

셋째로 초경 합금은 하이스에 비해서 고온 강도와 경도가 높고 고속 절삭이나 고경도재의 절삭에 적합하기 때문에 공구 수명이 길고 고능률의 가공이 가능하게 되었다.

넷째로 초경 합금의 영률은 하이스의 약 3배이고 공구의 경사가 생기기 어렵고 그리고 구성 날끝도 발생하기 어렵기 때문에 다듬질면이 개선되고 고정밀도의 가공을 할 수 있다.

그러나 초경 엔드 밀 중에서도 솔리드 엔드 밀은 스로어웨이 엔드 밀에 비해서 사용할 때의 적용 절삭 조건이 좁고 적용 영역 외에서 사용하면 절삭날의 치핑이나 절손 등이 생기는 경우가 있다. 따라서 초경 엔드 밀을 사용할 때는 작업 내용에 맞는 공구의 선택과 적절한 절삭 조건의 설정이 요망된다.

여기서는 초경 솔리드 엔드 밀에 대해서 절삭 성능과 사용상의 주의 사항을 피삭재별로 기술하기로 한다.

◖ 초경 솔리드 엔드 밀의 이점

초경 솔리드 엔드 밀은 종래의 하이스 엔드 밀과 같이 한개의 환봉으로 여러 가지 모양을 제작할 수 있는 이점이 있다.

그리고 하이스 엔드 밀에 비하면 본체도 초경 합금으로 제작되기 때문에 공구 강성이 높고 내채터링의 효과가 있어서 뛰어난 가공 정밀도를 얻을 수 있다.

절삭날 지름은 작은 것은 $\phi0.3\,mm$ 정도에서 큰 것은 $\phi50\,mm$ 이상의 것도 있다. 보통은 $\phi10\,mm$ 이하의 엔드 밀이 다수 사용되고 있다. 초경 합금은 고가이기 때문에, 지름이 커지면 비용이 높아지므로 스로어웨이식이나 납땜식의 엔드 밀이 사용된다.

초경 솔리드 엔드 밀에 사용되고 있는 초경 합금의 대부분은 **사진 1**에 표시한 것 같은 초미립자 초경 합금에 사용되고 있다.

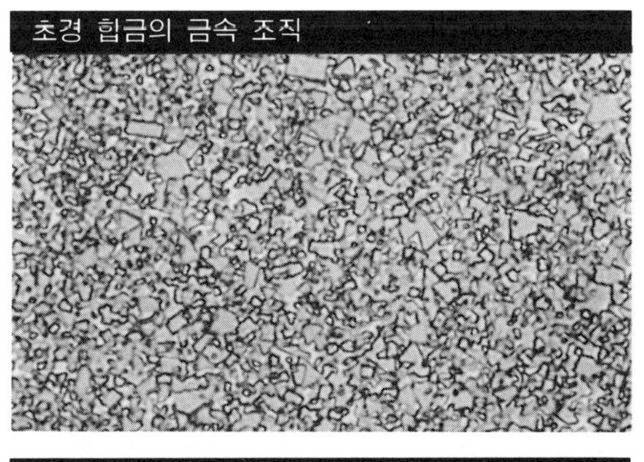

사진 1 종전의 초경 합금과 초미립자 초경 합금의 금속 조직

이 합금은 초미립자 텅스텐 카바이드(WC)와 고코발트(Co)로 이루어지고 보통의 초경 합금과 같은 경도를 갖으며, 또 훨씬 높은 인성을 갖고 있는 엔드 밀에 어울리는 공구 재료이다.

◖ 절삭의 실제

(1) 강의 절삭

그림 1은 탄소강 S 50 C 및 합금강 SCM 440의 측면 절삭에 있어서 초경 솔리드 엔드 밀의 공구 수명을 절삭 속도에 따라서 비교한 것이다.

그림 1과 같은 다듬질 절삭에서는 탄소강 S 50 C 및 합금강 SCM 440과 같이 절삭 속도 30 m/min보다 절삭 속도 60 m/min의 것이, 엔드 밀의 외주 플랭크 마모 폭이 적고 공구 수명이 길다는 것을 보여주고 있다.

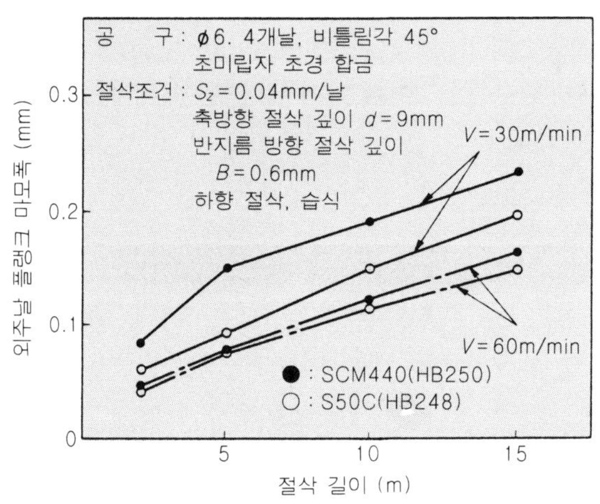

그림 1 강절삭에서의 공구 마모 진행

그리고 **사진** 2는 SCM 440을 15 m 절삭 후의 공구 마모 형태를 표시한 것이다.

절삭 속도 60 m/min의 것이 공구 마모 진행이 느린 이유로는 칩 등의 용착을 생각할 수 있다. 절삭 속도가 높을수록 용착하기 어렵고 공구 수명이 연장되는 경우가 있다.

특히 초경 솔리드 엔드 밀에 의한 강절삭의 경우, 너무 저속일 때는 오히려 공구 수명이 짧게 되는 경우가 있어서 하이스 엔드 밀과 다른 초경 엔드 밀 사용상의 주의할 점이라고도 할 수 있다.

그림 2는 프리하든강(NAK 55, HRC 40)의 측면 절삭에 있어서 초경 솔리드 엔드 밀과 Co 하이스 및 분말 하이스 엔드 밀의 공구 마모 진행을 표시한 것이다.

초경 솔리드 엔드 밀은 Co 하이스 및 분말 하이스 엔드 밀에 비해서 뛰어난 내마모성을 보여주고 있다.

초경 합금은 고온 경도가 하이스의 약 1.8배가 되기 때문에 프리하든강을 위시한 각종 금형 재료나 비교적 경도가 높은 재료의 절삭이나 고속 절삭에 효과적인 재종이다.

그림 3은 탄소강 S 50 C의 측면을 초경 솔리드 엔드 밀과 분말 하이스 엔드 밀로 각각 7 m 절삭했을 때의 벽면 경사량과 다듬질면 거칠기를 비교한 것이다.

초경 솔리드 엔드 밀의 벽면 경사량은 분말 하이스 엔드 밀에 비해서 1/10 정도 적고 초경 합금의 영률이 하이스보다 큰 효과가 있다.

그리고 초경 합금의 내용착성이 분말 하이스보다 우수한 것도 요인의 하나이다.

(2) 스테인리스강의 절삭

제품의 고성능화, 고품질화에 따라서 스테인리스의 사용이 증가하고 있다. 콤팩트 디스크의 금형이나 정밀 금형 등에는 SUS 420 J 2와 같은 고급 스테인리스가 많이 사용되게 되었다. 스테인리스 중에서도 제일 용착이 심하고 가공 경화되는 오스테나이트계 스테인리스에는 SUS 304가 대표적이다.

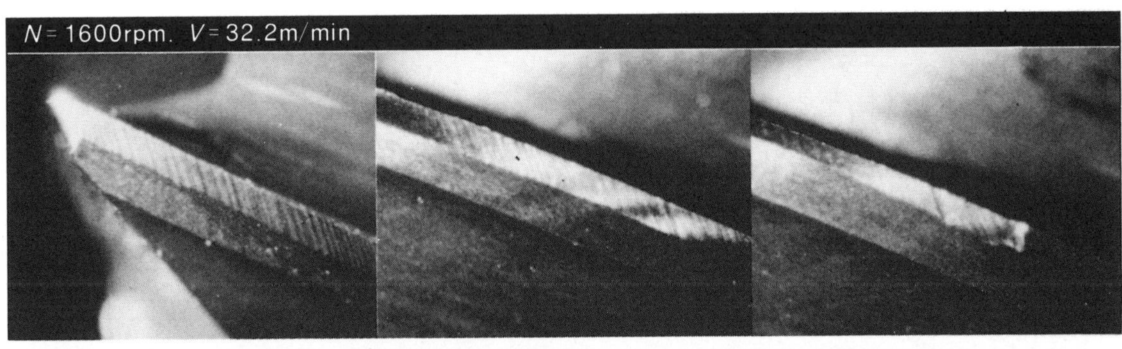

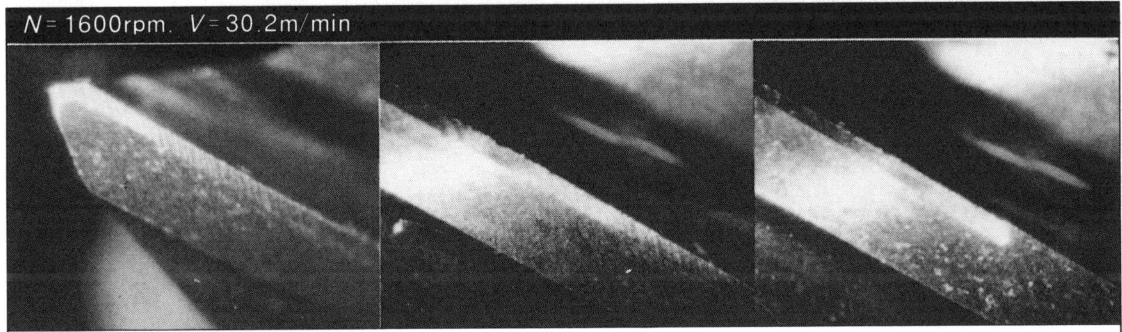

사진 2 SCM440(HB250)을 15m 절삭한 후의 공구 마모 형태

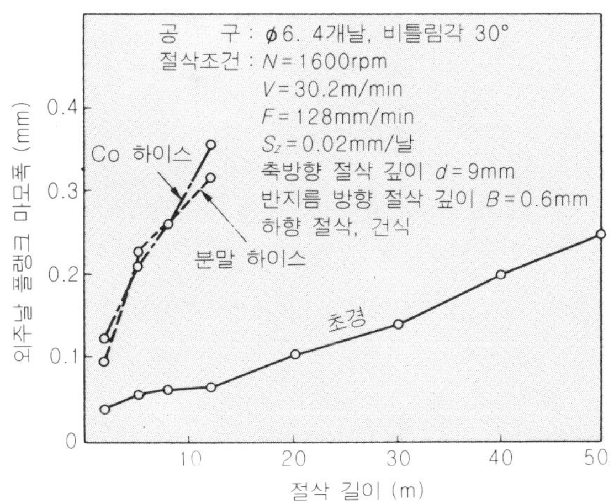

그림 2 프리하든강(HRC40) 절삭에서의 공구 마모 진행

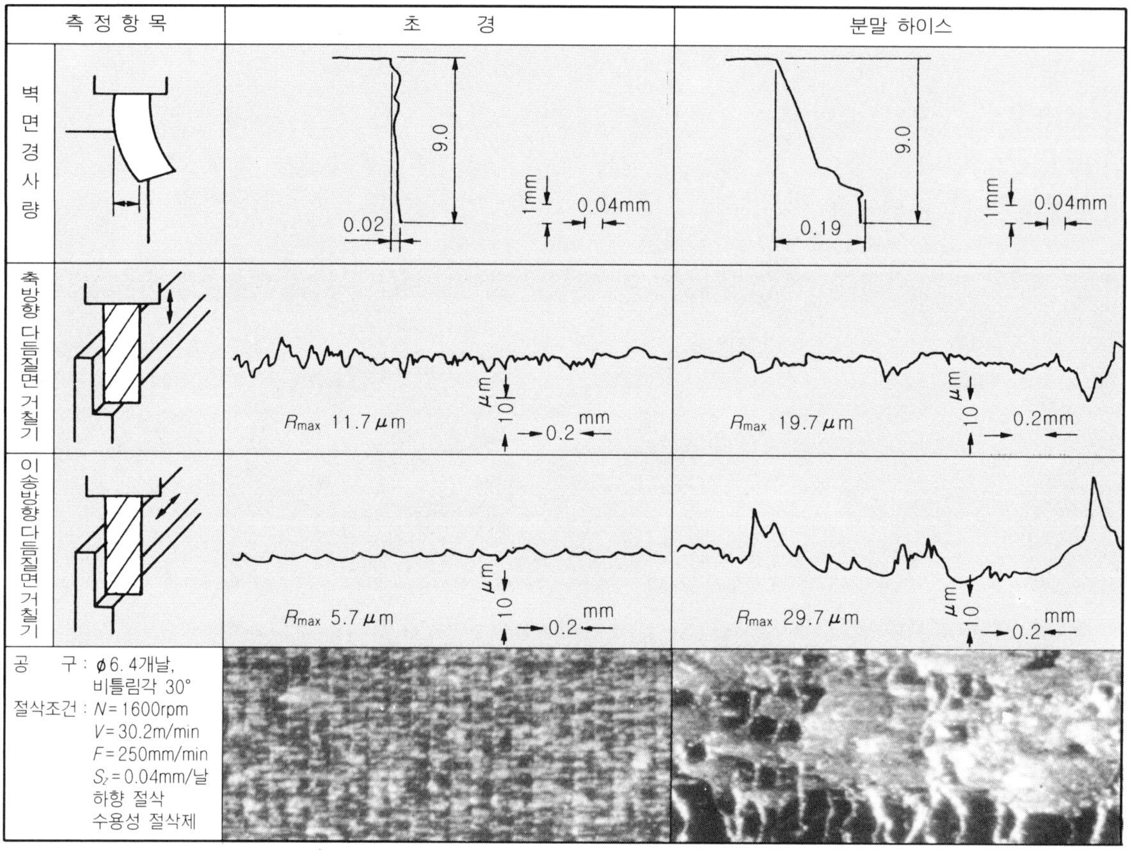

측 정 항 목	초 경	분 말 하이스
벽면경사량	9.0 / 0.02 / 1mm 0.04mm	9.0 / 0.19 / 1mm 0.04mm
축방향 다듬질면 거칠기	R_{max} 11.7 μm / 10μm 0.2mm	R_{max} 19.7 μm / 10μm 0.2mm
이송방향 다듬질면 거칠기	R_{max} 5.7 μm / 10μm 0.2mm	R_{max} 29.7 μm / 10μm 0.2mm
공 구 : ϕ6. 4개날, 비틀림각 30° 절삭조건 : N=1600rpm V=30.2m/min F=250mm/min S_z=0.04mm/날 하향 절삭 수용성 절삭제		

그림 3   S50C(HB248)를 7m 절삭한 후의 벽면 경사량과 다듬질면 거칠기

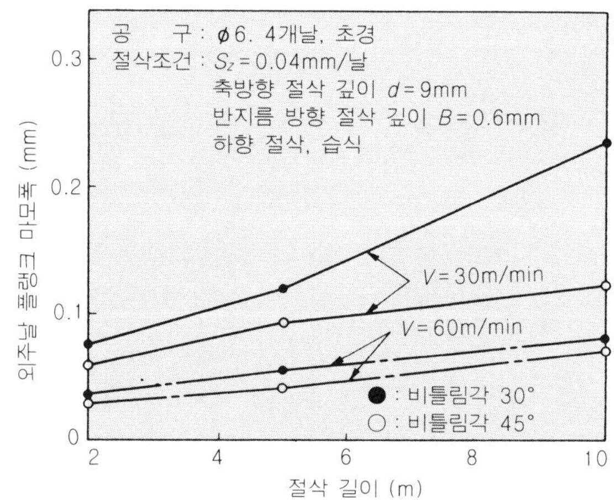

그림 4   SUS304(HB180) 절삭에서의 공구 마모 진행

그림 4에 SUS 304의 측면 절삭에 있어서 초경 솔리드 엔드 밀의 절삭 속도와 공구의 수명 관계를 표시한다. **그림 4**에서는 비틀림각이 다른 2종류의 엔드 밀의 성능차도 표시하고 있다. **사진 3**은 절삭 길이 10 m 절삭 후의 절삭날의 마모 사진이다.

스테인리스의 경우, 비틀림각이 큰 엔드 밀이 절삭날의 치핑이 적어서 적합하다.

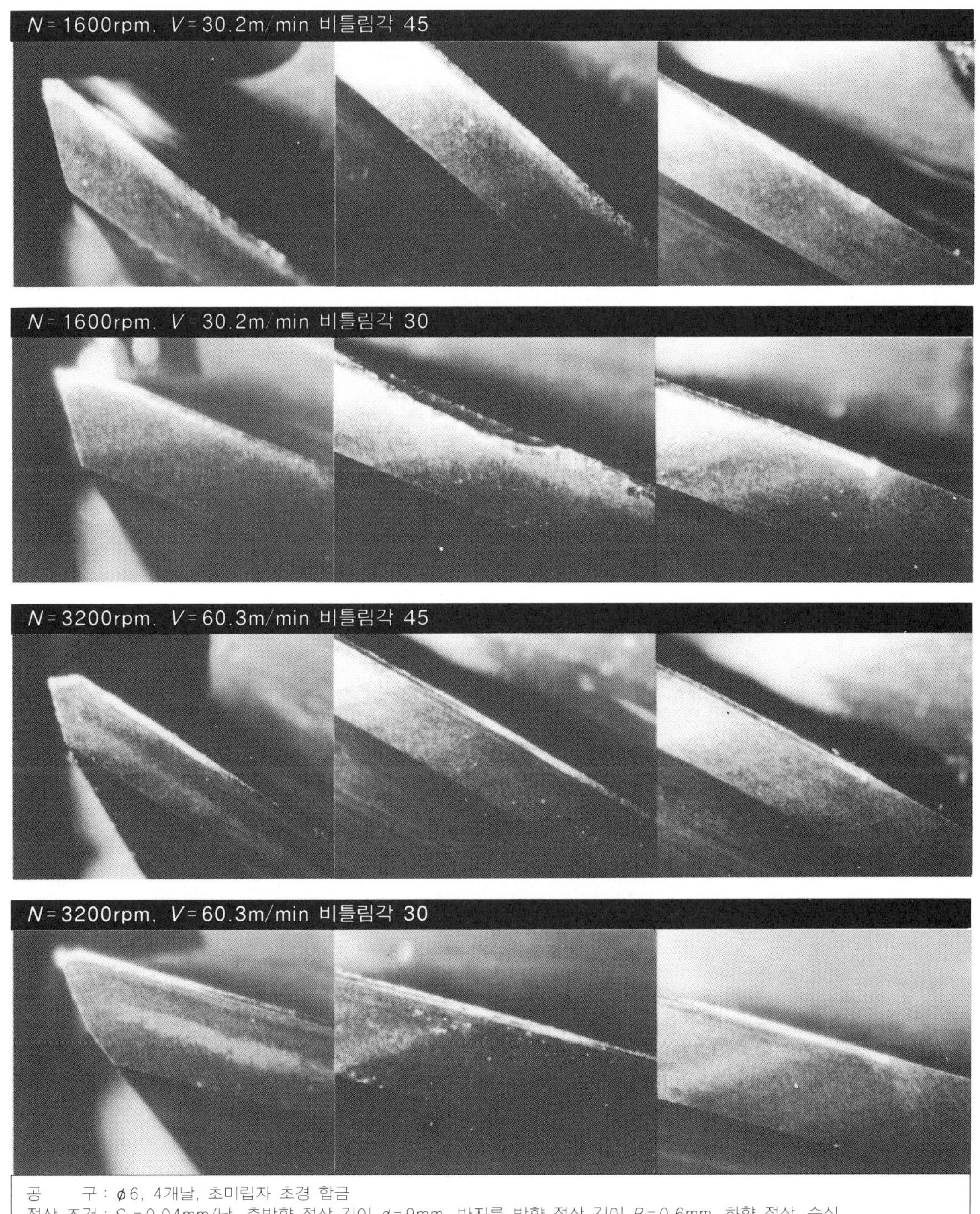

사진 3   SUS304(HB170)를 10m 절삭한 후의 공구 마모 형태

그리고 절삭 속도 60 m/min의 경우가 외주날의 플랭크 마모가 작게 되어 있으나 이것은 절삭 속도 30 m/min의 경우보다 용착하기 어려운 것이기 때문이라고 생각한다.

스테인리스 절삭에서는 피삭재의 표면이 가공 경화되기 때문에 하향 절삭이 적합하다. 그리고 칩의 이탈이 다른 피삭재에 비해서 대단히 나쁘고 에어 블러 또는 절삭유제가 반드시 필요하게 된다. 그리고 절삭날이 치핑하는 경우에는 핸드 래퍼 등으로 경사면의 20°~30° 정도에서 한 날당 이송 정도의 폭에 호닝을 함으로써 내치핑성을 향상시킬 수 있다.

(3) 주철의 절삭

그림 5는 주철 FC 25의 측면 절삭에 있어서 초경 솔리드 엔드 밀의 절삭 속도와 공구 마모 관계를 표시하고 있다. 절삭 길이 50 m까지 절삭한 경우, 다듬질 절삭 영역에서의 절삭 속도 30 m/min과 절삭 속도 60 m/min로는 칩의 공구 마모에는 큰 차이가 생기지 않는다.

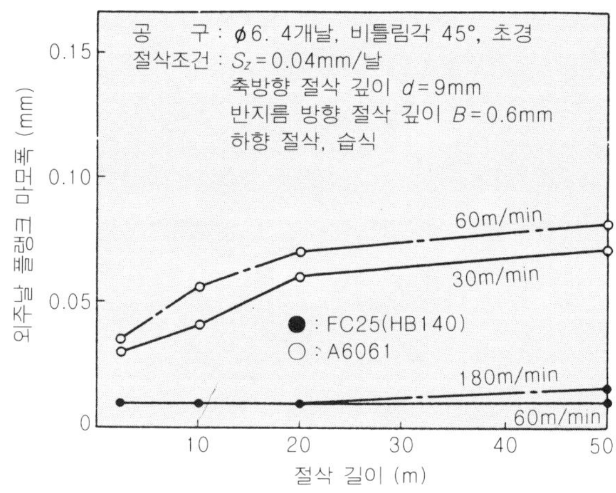

그림 5 주철 및 알루미늄 합금 절삭에 있어서 공구 마모 진행

주철의 경우에도 다듬질 절삭에서는 비틀림각 45° 정도의 것이 양호하나 홈가공이나 반지름 방향의 절삭 깊이가 큰 경우에는 버(burr)나 측면 결손 등의 문제를 일으킬 수 있으므로 비틀림각 30°의 것이 적합할 때가 있다.

사진 4에 FC 25를 50 m 절삭한 후의 공구 마모 형태를 표시한다.

(4) 알루미늄 절삭

그림 5는 알루미늄 합금 A 6061의 측면 절삭에 있어서 절삭 속도와 공구 수명의 관계를 표시하고 있다. 절삭 길이 50 m까지 절삭한 한도에서는 **그림 5, 사진 5**에 표시한 것 같이 절삭 속도 60 m/min든 절삭 속도 180 m/min든 전혀 외주날 플랭크 마모는 생기지 않는다.

그 때문에 초경 솔리드 엔드 밀에 의한 알루미늄 합금의 절삭은 비교적 고속으로 절삭을 안정적으로 실시할 수 있기 때문에 주철의 절삭과 같이 초경화가 제일 앞서고 있는 피삭재라고 할 수 있다.

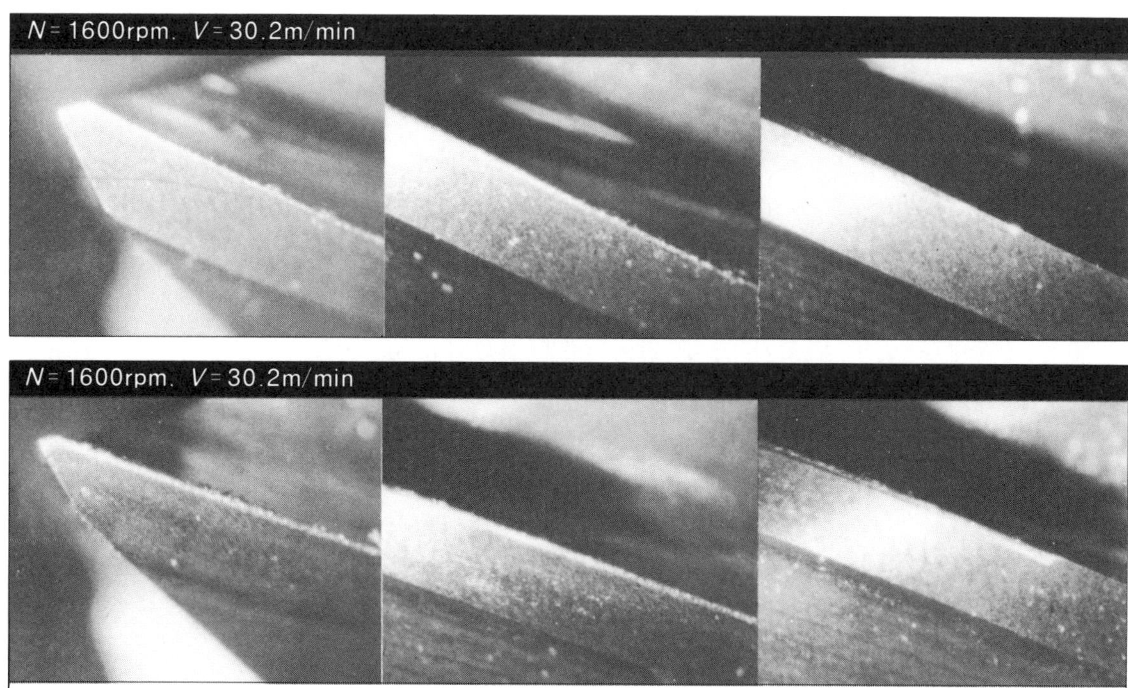

공   구 : ⌀6, 4개날, 비틀림각 45°, 초미립자 초경 합금
절삭 조건 : S_z = 0.04mm/날, 축방향 절삭 깊이 d = 9mm, 반지름 방향 절삭 깊이 B = 0.6mm, 하향 절삭, 습식

사진 4   주철 FC25(HB140)를 50m 절삭한 후의 공구 마모 형태

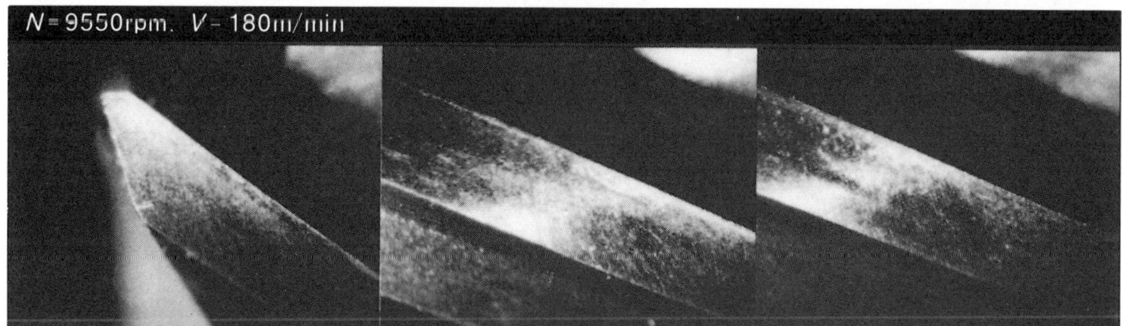

공   구 : ⌀6, 4개날, 비틀림각 45°, 초미립자 초경 합금
절삭 조건 : S_z = 0.04mm/날, 축방향 절삭 깊이 d = 9mm, 반지름 방향 절삭 깊이 B = 0.6mm, 하향 절삭, 습식

사진 5   알루미늄 합금 A6061을 50m 절삭한 후의 공구 마모 형태

알루미늄 합금이나 동합금과 같은 비철 합금은 용융점이 비교적 낮고 절삭날에 용착하기 쉬운 성질을 갖고 있다. 그 때문에 절삭 유제를 다량으로 공급함으로써 절삭 온도를 내리고 용착을 적게 하는 습식 절삭이 적합하다.

절삭 유제로는 불수용성의 절삭 유제보다 냉각 효과가 높은 수용성 절삭 유제의 것이 뛰어난 효과를 발휘한다. 특히 순알루미늄에 가까운 A 1070의 절삭과 같은 경우에는 절삭 유제는 반드시 필요하게 된다.

알루미늄 합금의 절삭에서는 마모되지 않은 새 절삭날은 절삭 유제의 효과를 그다지 볼 수 없는 경우에도 공구 마모가 크게 됨에 따라 절삭날에 용착이 생기기 때문에, 절삭 유제 유·무의 차이가 명확하게 다듬질면의 차이로 나타나게 된다.

비철 합금의 절삭에서는 피삭재 자체의 영률도 작기 때문에 탄성 변형도 하기 쉽고, 절삭날의 채터링 충격시에 피삭재가 아무데로나 움직여서 비빔 현상을 일으키기 쉽다. 따라서 상향 절삭보다 하향 절삭에 의한 절삭쪽이 긴 시간 동안 양호한 다듬질면을 유지할 수 있다.

상향 절삭과 하향 절삭

　상향 절삭과 하향 절삭의 장점, 단점에 대해서는 많은 얘기가 있어 왔고 정리되어 있지만 실제 작업을 시작하면 막상 어느 것이 좋은가 하고 고민하는 사람도 있을 것으로 생각한다. 그것은 좋다 나쁘다를 판단하는 요인이 한둘이 아니기 때문에 일어나는 일이다.

　예컨대 절삭 능률은 상향 절삭이 좋고, 가공면은 하향 절삭이 좋으며, 공구 수명은 상향 절삭쪽이 어떻다라는 식으로 조건에 따라 장점, 단점이 있기 때문이다. 더욱이 피삭재나 가공 방법(거친 절삭인가 다듬질 절삭인가)에 따라서도 선택이 다른 경우가 있을 것이다.

　이것들은 각각이 전혀 별개의 요소이기 때문에 이것들을 함께 해서 단순히 상향 절삭과 하향 절삭은 어느 것이 좋으냐고 생각할 수는 없는 것이다. 그래서 여기서는 각각의 요소별로 어느 것이 좋은가를 생각해 보기로 한다.

공구 수명

　공구 수명을 생각할 때, 보통 말하기로는 흑피 절삭에는 상향 절삭이 좋다고 한다. 상향 절삭이면 갑자기 딱딱한 흑피에 파고들지 않아도 되기 때문에 하향 절삭보다 수명의 면에서는 유리한 것이 분명하다.

　이 일로 보아서 상향 절삭쪽이 좋다고 결론지으면 일은 간단하지만 상향 절삭에서는 절삭시에 미끄럼이 생기기 때문에 수명이 짧아진다고 하는 역효과도 생각할 수 있다.

　이 생각은 우선 흑피 절삭 이외의 것에는 하향 절삭쪽이 좋다고 말하는 것이다. 이와 같이 공구 수명 하나를 들어도 어느 쪽이 좋다고 단언할 수 없으나 이 경우는 거친 절삭을 전제로 생각하는 것이 좋을 것이다. 거친 절삭과 다듬질 절삭 그리고 공구 수명 3가지를 함께 생각하게 되면 더욱더 어느 쪽이 좋은가 판단하지 못하게 된다.

　따라서 여기서는 "흑피는 상향 절삭으로 깎고, 흑피가 제거되면 날끝이 미끄럼이 생기지 않고 칩의 배출이 좋은 하향 절삭쪽이 공구 수명에는 유리하다"라고 말할 수 있다. 그리고 피삭재가 강이 아니고 물론 흑피도 없다고 하면 하향 절삭만으로도 좋을 것이다.

절삭 능률

　절삭 능률은 절삭 시간에 의해 결정된다. 이 점에서는 하향 절삭쪽이 유리하다. 그러나 현실적으로 상향 절삭과 비교한 플러스 α mm 절삭량의 문제라든가, 그 위에 실제 작업

중에 얼마만큼 작업 능률을 올릴 수 있겠는가 생각하면 하향 절삭쪽이 절삭 능률이 우수하다고는 말할 수 없다.

예컨대 하향 절삭만으로 가공하려고 하면 밀링 머신의 테이블을 한 방향으로 이송하면서 절삭을 했으면 테이블을 원래의 위치에 되돌려서 또 절삭 이송을 걸게 된다. 상향 절삭과 하향 절삭에 구애받지 않으면 테이블의 왕복 운동으로 2번 깎는 꼴이 되어 절삭 시간은 적게 걸릴 것이다.

그리고 작업성 면에서 하향 절삭이 유리할 때가 있다. 그것은 범용의 밀링 머신에서 가공물의 수가 적을 때에 수동 이송으로 가공하는 경우이다. 이 때 상향 절삭을 하면 핸들을 돌리기 위해서 힘이 필요하지만 하향 절삭에서는 제멋대로 파고들기 때문에 이송 핸들의 조작이 상당히 쉬워진다. 특히 거칠게 절삭할 때는 그 차이가 크고, 작업자의 피로도 상당히 다를 것으로 생각된다.

그러나 절삭 깊이가 얕은 하향 절삭이면 테이블이 잡아 당겨지는 상태가 되어서 백래시(back lash)가 있으면 커터가 파손되는 일이 있다. 이에 대해서는 거칠게 절삭할 때는 엔드 밀의 반지름보다 좀더 여분으로 파고들어서 가공하면 상향 절삭도 조금 하게 되기 때문에 백래시를 없애서 원활하게 깎을 수 있다. 상황에 따라 다르지만 엔드 밀 지름의 3/5 정도의 절삭 깊이를 유지하면 될 것이다.

그렇다고 이 방법이 만능은 아니고 절삭 깊이가 크기 때문에 칩의 제거가 문제가 된다. 냉각재나 에어를 사용해서 제거하면 되지만 그것이 안되는 경우는 이송을 늦게 하는 수밖에 방법이 없다.

상향 절삭, 하향 절삭을 선택하고 이송을 선정하는 것은 엔드 밀의 경우, 정면 밀링 커터와는 다른 감각이 있다. 이것은 엔드 밀 가공의 대부분이 날앞+옆날의 절삭으로 이루어져 있기 때문에 만일 옆날만의 절삭이라면 상향 절삭과 하향 절삭의 선택도 상당히 단순화될 것이다. 거기에 앞날의 절삭이 더해져 있기 때문에 절삭 기구의 복잡함이 있다.

특히 홈가공 상태를 생각하면 앞날로 깎으면서 옆날로 상향 절삭과 하향 절삭을 동시에 진행할 수 있다.

여기서 자주 문제가 되는 것은, 하향 절삭쪽에서 가공 홈에 누에고치 모양과 같은 부푸름이 나온다는 것이다. 홈 폭이 어느 정도 넓으면 다듬질에 홈 폭보다 지름이 작은 엔드 밀로 양측면을 절삭할 수도 있으나, 홈 폭이 좁으면 그것도 할 수 없고 만약 한다하여도 공구의 교환 등 상당히 귀찮아지는 것은 확실하다.

이것을 방지하는 수단으로 홈의 양끝에 사용 엔드 밀을 세로 방향으로 이송해서 홈을 만들어 놓는 방법이 있다. 절삭 깊이는, 물론 홈 깊이까지로 하고 그 다음에 이 양끝의 홈을 연결하도록 가공하면 문제없이 가공할 수 있으나 가공 능률면에서는 역시 손해이다.

따라서 보통은 신경 쓰지 않는 것이 현실이지만 가급적 홈의 부푸름을 작게 하는 방법을 취해야 할 것이다. 그것은 필요 이상으로 엔드 밀의 돌출 길이를 길게 하지 않는 것이 유일한 대책이고 또 효과적이기도 하다.

표준 엔드 밀의 날 길이는 2.5D(D : 날 지름)로 되어 있기 때문에 이것보다 더 짧게 1.5D 정도로 하면 될 것이다. 그러나 여기에서도 날 길이가 짧게 된 몫만큼 칩 배출이 어렵게 되기 때문에 주의할 필요가 있다.

고이송인가, 깊은 절삭인가

이 문제는 가공 능률면에서 어느 것이 좋은가를 말하는 것으로 이해할 수 있다. 그러나 가공 변형을 생각하는 가공에서는 가급적 느슨한 처킹으로 절삭 저항을 작게 해서 절삭하지 않으면 안되기 때문에 당연히 깊은 절삭 가공은 생각할 수 없다.

이와 같은 경우를 제외하고 그저 효율만을 생각했을 때는 이송 속도가 늦어져도 깊은 절삭쪽이 좋다고 생각한다.

그 이유의 첫째로 얕은 절삭 깊이에서는 이송을 빨리 할 수 있어도 한 번에 깎을 수 있는 곳을 2번, 3번 깎지 않으면 안되는 것을 들 수 있다. 한 번 깎고 또 되돌려서 깎는 것이다. 이 비능률을 해소하는 데는 왕복으로 절삭하지만 이 경우에는 전술한 바와 같이 상향 절삭과 하향 절삭이 교대로 실시된다.

둘째 이유는 절삭 깊이를 깊게 해서 이송을 늦추었을 때, 절삭 시간이 1분 이상 있는 경우에는 그 시간을 유효하게 사용할 수 있는 것이다. 이 사이에 다음 가공물의 준비를 하든가, 가공이 끝난 물건의 버(burr)를 떼거나 다른 일을 할 수 있는 시간이 생기게 된다.

이것은 본래의 절삭 효율이 좋거나 공구 수명이 길게 되었다는 것과는 다른 것이지만 기계를 움직이면서 다른 일이 가능한 여유가 생긴다는 것은 실작업에서 대단히 유효한 것이라고 생각한다. NC 기계에서는 다른 것도 고려하지 않으면 안되기 때문에 여기서는 생략하기로 한다.

그리고 절삭 속도에 대해서는 이것을 들어도 의미가 없다. 일의 빠르고 느린 것은 이송 속도로 정해진다. 이송 속도가 같으면 절삭 속도는 느린 것이 공구 수명을 길게 할 것이다.

이상과 같은 것으로 절삭 깊이를 깊게 설정하는 것이 가공 능률은 좋다는 결론이 되지만 여기에서도 여러 번 말한 것 같이 칩 처리를 할 수 있는 범위에서라는 규정이 붙는다.

그러나 절삭 여유가 많은 가공물은 부적절한 설계라고도 할 수 있고 현실에서 그렇게 깊은 절삭 깊이를 요구하는 일은 적을 것이다.

엔드 밀에는 옆날과 앞날이 있으며 절삭 효율면에서 보면 앞날 절삭이 양호하다. 정면 밀링 커터가 플레인 커터를 능가한 것은 가공면의 문제만이 아니라 이렇듯 효율이 좋다는 것이 받아들여진 결과일 것이다.

그래서 엔드 밀로도 앞날을 활용할 방법을 생각하게 된다. 예컨대 깎기 어려운 딱딱한 재료를 범용 수직식 밀링 머신으로 절삭할 때, Z축 방향의 이송만으로 찌르는 것 같이 가공하는 일도 있다(**그림** 1). 깎이지 않는 부분이 파형으로 남기 때문에 이것은 나중에 절삭하지 않으면 안되지만 옆날 절삭과 비교하면 효율이 좋고 수명도 좋다.

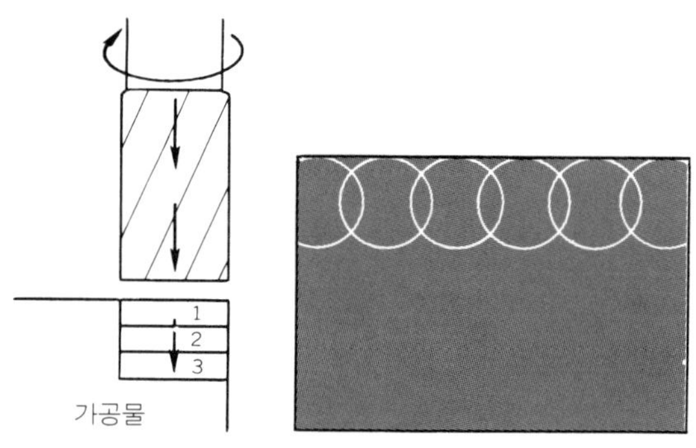

그림 1

절삭 방향을 생각한다

범용 수직형 밀링 머신에 있어서 X 방향으로 보내는가, Y 방향으로 보내는가를 생각하기로 한다. 단순한 평면만을 절삭하는 것이라면 X 방향으로 보내는 것이 보통이고, 정면 밀링 가공은 전부 이 방향이다. 엔드 밀을 사용하는 가공에서는 이런 단순한 것이 아니라 홈 속을 가공하든가, 구멍을 뚫어 낸다고 하는 어떤 제약이 있다. 극단적으로 말하면 찬합 속을 X축, Y축을 사용해서 휘젓고 있다고 해도 될 것이다. 그래서 4각인 자리를 가공하는 것을 가정해서 엔드 밀의 움직임 방법을 생각해 보자. 그 자리를 가공할 때의 공구의 자취로는 **그림 2**의 3종류를 생각할 수 있으며 이 중에서 어느 것이 좋은지 득실을 검토해 보자. 이 경우는 옆날에 의한 절삭은 문제되지 않고 앞날의 커터 마크가 중요하다. 겉보기에는 커터 마크가 한 방향으로 늘어선 것이 가장 좋아 보이지만, **그림 2** (c)는 기계 조작의 헛됨이 많아, 겉보기는 아무리 좋아도 권장할 수 없다.

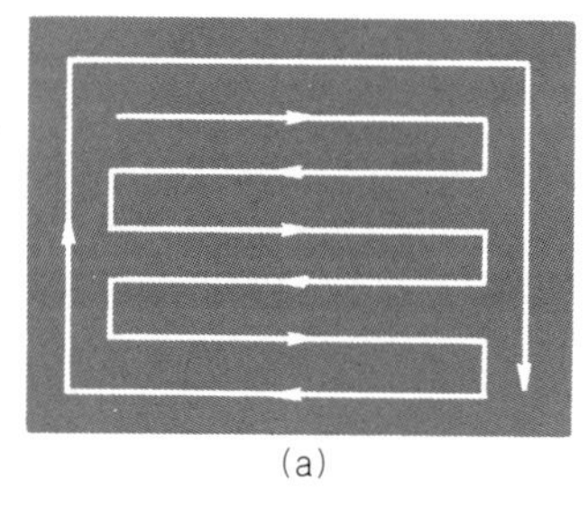

(a)

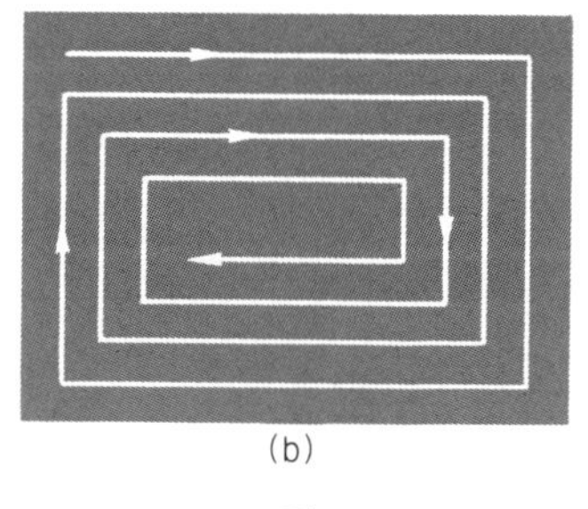

(b)

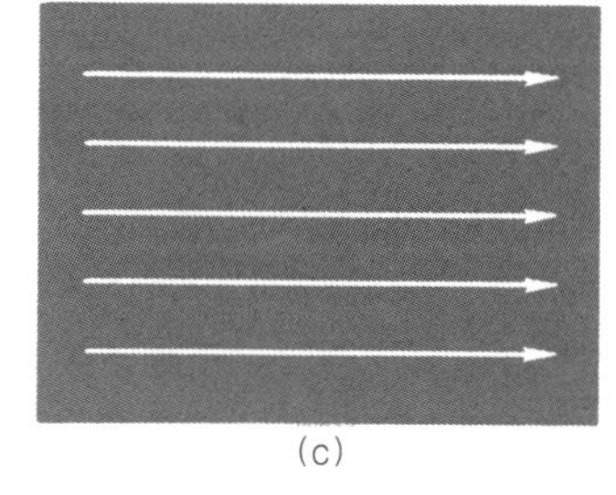

(c)

그림 2

그러면 이것보다 좀더 능률을 높인 (a)는 어떤가. 옆으로 한 번 보내고 좀 어긋나게 해서 반대 방향으로 보내는 식으로 연속해서 가공해 나간다. 더욱이 외주부의 다듬질이 마음에 들지 않으면 외주를 일주해서 마무리한다.

이렇게 되면 우선 헛된 움직임이 없고 커터 마크도 알맞은 것을 얻을 수 있다. 그러나 여기서 문제가 되는 것은 그림에서 옆 방향으로 이송해서 절삭한 부분의 이음매이다.

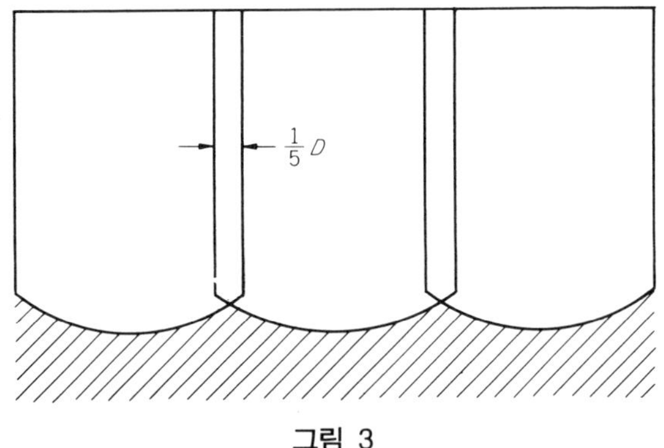

그림 3

　이 부분에 다소 버(burr)와 같은 것이 나타나기 때문에 이것을 어떻게 처리하는가를 생각하지 않으면 안된다.

　가장 쉬운 방법은 **그림 3**과 같이 엔드 밀의 자취가 약간 중복되도록 함으로써 지름의 1/5 정도 겹치게 하면 좋을 것이다.

　(b)의 방법은 (a)보다 가공면이 좋고 앞서 말한 버도 발생하지 않도록 가공할 수 있다. 그러나 이 가공은 시간이 걸리는 것이 결점이고 이송량이 항상 변화하기 때문에 신경을 쓰게 된다. 그래도 촉감은 이것이 제일 좋다. 이것은 느낌(시각, 촉각)의 문제이고, (a)와 (b)에서는 어느 것이 좋다고는 말할 수 없다. 헛됨이 없이 편안하게 가공할 수 있다는 점에서는 (a)가 좋을 것이다.

고정밀도 가공의 포인트

　가공 정밀도를 높게 유지하기 위해서는 될 수 있는 대로 강성이 있는 엔드 밀을 사용하는 것이 좋다고 생각한다.

　다시 말하면, 허용되는 한 생크, 날 지름이 굵은 것을 사용하라는 것이다. 더욱이 될 수 있는 대로 짧은 것이 좋다는 것은 말할 것도 없다.

　그리고 특히 좋은 평면을 얻으려고 할 때는 앞날로 절삭을 한다. 옆날로 절삭한 면은 아무리 해도 물결치듯 절삭되어 버리기 때문에 **그림 4**의 굵은 선 부분의 가공도 앞날로 가공해야 한다.

　따라서 직각이 필요한 경우는 수평면, 수직면 모두 앞날로 가공한다. 어딘가 먼저 다듬질할 면을 가공할 때는, 백 테이퍼가 붙은 엔드 밀을 사용해서 직각 코너부에 약간 칼집을 내도록 하면 코너부의 절삭 남김이라는 걱정도 없어진다.

　극단적인 예이지만 가공물을 전혀 고정하지 않고 무게만 지탱한 채 절삭한 예가 있다. 피삭재는 경합금, 절삭 깊이는 $10\,\mu\mathrm{m}$인 미세한 절삭이라고 하지만 상당히 좋은 면이 나와 있었다.

　이것도 물론 앞날 절삭이고 옆날 절삭으로는 아마 불가능할 것이다.

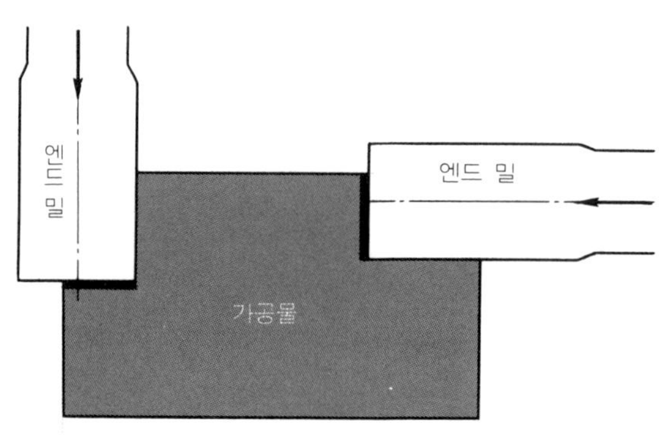

그림 4

피삭재가 철(鐵) 계통의 재료라면 이런 일은 할 수 없으나 엔드 밀의 초기 마모를 고려해서 핸드 래퍼로 날을 약간 줄이거나 재연마도 세심하게 실시하는 등 대책이 필요하다.

고정밀도 가공에서는 절삭 조건의 설정도 중요한 포인트이고 그것을 어떻게 하는가에 따라서 다듬질면의 상태도 달라지게 된다.

보통 엔드 밀이나 정면 밀링 커터에서는 한날당 이송으로 계산하는 것이 좋지만 실제 작업에서는 대단히 어려운 일이라 할 수 있다. 한날당 이송이 0.2 mm인 경우에 실제로 이대로 날이 닿아주면 문제는 없다. 그러나 실제로는 그렇게 생각대로 되지 않고 흔들림이나 진동 등으로 0.2 mm씩 닿지 않는 것이 대부분이다.

그 때문에 한날당 이송을 실행하려고 하면 절삭 속도를 약간 떨어지게 하지 않을 수 없고 그리고 커터 마크가 일정하게 되지 않는 문제도 나타나게 된다.

그래서 1회전당 이송을 채택해서 절삭 속도를 올려서 이송을 약간 내리도록 한다. 아름다운 다듬질면을 얻는데는 이것이 유효하다고 생각한다. 이송 속도에 대해서는 생각 방법으로 정면 밀링 커터가 기준으로 되어 있기 때문에 이것의 1/2을 기준으로 상황에 따라 대처해 나가면 될 것이다.

마지막으로 고정밀도로 가공하기 위해서는 당연한 일이지만 거친 가공, 중다듬질 가공, 다듬질의 3단계를 반드시 거치지 않으면 안된다. 엔드 밀은 대단히 구부러지기 쉬운 공구이기 때문에 거친 절삭 후의 면에는 그 구부림이 그대로 나타나고 있다. 이 상태에서 갑작스럽게 다듬질 가공을 하여도 구부림을 모조리 없앨 수 없다. 그래서 중다듬질을 한 다음에 다듬질을 하는 것이다.

그리고 마지막 다듬질 가공에서는 제로 컷으로 상향 절삭 → 하향 절삭으로 끝내는 것이 대단히 좋을 것 같고, 가공면의 면 정밀도도 높아진다. 제로 컷에는 의미가 없는 것처럼 생각할 수 있겠으나 기계의 강성이나 공구의 릴리프 등 여러 가지 요인에서 1/100 mm 정도는 절삭된다.

테이퍼의 맞춤면 가공 등에서 나머지 약간의 절삭이라고 할 때는 한 번 시험해 보는 것도 좋을 것이다.

스테인리스강의 엔드 밀 가공

난삭재에 있어서의 엔드 밀 가공 포인트 ❶

보통의 합금강과 비교해서 많은 뛰어난 특성을 갖는 스테인리스강은 모든 산업 분야에서 널리 이용되고 있으나 그 특성 때문에 절삭 가공되는 단계에서의 평판은 그다지 좋지 않다.

결국 절삭하기 어렵다, 피삭성이 나쁘다라는 말로 평가되고 있는 것 같다.

이와 같이 일반적으로 말하고 있는 피삭성이 나쁘다라고 하는 판단 기준을 분류하면 다음과 같이 생각할 수 있다.

① 공구가 마모되기 쉽다.
② 공구가 치핑하기 쉽다.
③ 공구, 혹은 가공면이 용착하기 쉽다.
④ 칩이 길게 늘어나서 공구에 휘감긴다.
⑤ 가공면이 깨끗이 되지 않는다.
⑥ 절삭 저항이 크다.
⑦ 절삭 소리가 크다.
⑧ 가공면에 가공 경화층이 남는다.

이 중에서 스테인리스강을 엔드 밀로 절삭 가공하는 경우, 어떤 점에 대해서 주의하여야 하는가, 스테인리스강의 성질과 같이 생각해 보도록 하자.

● 스테인리스강의 절삭상의 유의점

스테인리스강을 난삭재의 일부에 자리를 잡게 해서 페라이트계, 마텐자이트계, 오스테나이트계로 크게 나누어서 그들의 성질, 여러 특성을 상세히 소개한 문헌은 비교적 많이 있다.

표 1은 탄소강과 스테인리스강을 대략 비교한 것이다.

표 1 절삭 가공에 영향을 미친다고 생각되는 주된 성질 비교

재 질 구 분		JIS 대표 강종	인장 강도 (kg/mm^2)	열 팽 창 계 수 비	열전도비	자 성	담금질 경 화	경도 HB	피삭률
탄 소 강 (C0.1~C0.5)		SS34 S15C SS41 S45C S10C S50C	38~65	1	1	有	否	110~180	50~70
스테인리스강	마 텐 자 이 트 계	SUS403 SUS420 SUS410 SUS431 SUS416 SUS440	>55	0.9	0.5	有	可	<210	50~60
	페 라 이 트 계	SUS405 SUS434 SUS429 SUS430	50~60	0.95	0.4	有	否	140~170	50~60
	오스테나이트계	SUS201 SUS316 SUS302 SUS321 SUS304 SUS347	55~65	1.6	0.3	無	否	가공 경화 큼 120~150	35~45

스테인리스강은 전반적으로 봐서 절삭하기 어렵다고 하지만 실제로 피삭성이 나쁘다고 하는 것은 18 Cr-8 Ni(SUS 304)로 대표되는 오스테나이트계 스테인리스강에 많은 것같다. 따라서 스테인리스강의 절삭 가공상의 문제점을 취급하는 경우에는 오스테나이트계 스테인리스강으로 좁혀서 생각해도 큰 잘못은 없다고 생각한다.

스테인리스강의 재료 특성에서 생각할 수 있는 절삭상의 문제점으로는 다음과 같은 것을 들 수 있다.

① 가공 경화성이 높은 것이 있다.

② 절삭열이 날끝 국부에 집중하기 쉽다.

③ 열전도율이 작고 날끝 국부의 온도가 현저하게 높게 된다.

④ 용착이 발생하기 쉽다.

⑤ 고온에서의 전단 강도가 높고 절삭 저항이 크다.

⑥ 전연성이 풍부해서 칩이 분단되기 어렵다.

이상과 같은 스테인리스강의 성질에 대해서 절삭 가공상의 대책으로는 다음과 같은 것이 중요하다. 이것은 난삭재로 불리는 것을 어떤 절삭 공구로 가공하는 경우에도 공통된 것으로 생각해도 좋을 것이다.

① 절삭 속도를 낮게 한다.

② 최적의 이송을 구한다. 너무 크거나 작아도 좋은 결과를 얻을 수 없다.

③ 재연삭을 좀 빨리 실시하고 항상 예리한 공구를 사용한다.

④ 기계 혹은 공구나 피삭재의 설치 강성이 높을 것.

⑤ 적절한 절삭 유제를 절삭부에 충분히 공급할 것.

⑥ 칩의 재절삭을 피하기 위해서 절삭점에서 칩을 제거할 것.

● 엔드 밀에 의한 절삭

(1) 절삭 조건에 대해서

그림 1은 절삭 속도, 절삭 유제와 절삭 길이의 관계를 나타낸 것으로 그림의 속도 범위에서는 절삭 속도가 커지면 엔드 밀 수명이 급격히 저하해버린다. 그러나 절삭 속도가 그림의 범위보다 훨씬 작은 곳에서는 엔드 밀의 수명이 반대로 저하된다고 생각되고, 이것은 다음에 기술하는 내열강의 예를 보면 잘 이해할 수 있다.

스테인리스강을 포함해서 일반적으로 난삭재에 대해서는 절삭제로서 유염화물계의 불수용성 절삭제를 사용함으로써 공구 수명, 가공면 정밀도에서 좋은 결과를 얻을 수 있다.

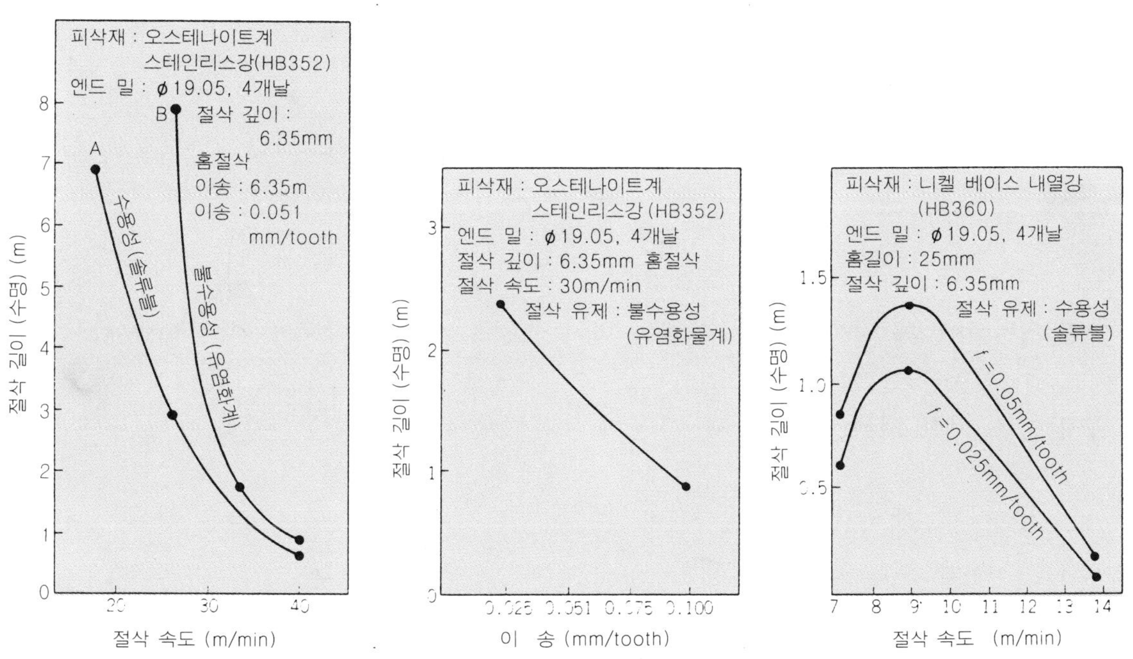

그림 1 절삭 속도, 절삭 유제와 수명	그림 2 이송과 수명	그림 3 절삭 속도, 이송과 수명

그림 2는 이송과 절삭 길이(수명)의 관계를 표시하는 예인데 그림의 범위에서는 이송이 크게 되는데 따라서 수명은 저하된다. 그런데 그림의 범위보다 훨씬 작은 이송에서도 수명은 저하하게 된다고 생각할 수 있으며 이 경향은 다음에 기술하는 내열강에 관한 데이터에 잘 나타나고 있다.

그림 3은 스테인리스강과 성질이 유사한 내열강에 대한 절삭 속도, 이송과 절삭 길이

(수명)의 관계를 나타내고 있으나 절삭 속도는 가장 적합한 속도 범위가 있고, 이송은 작은 것보다 큰 것이 절삭 길이가 길어지고 있다.

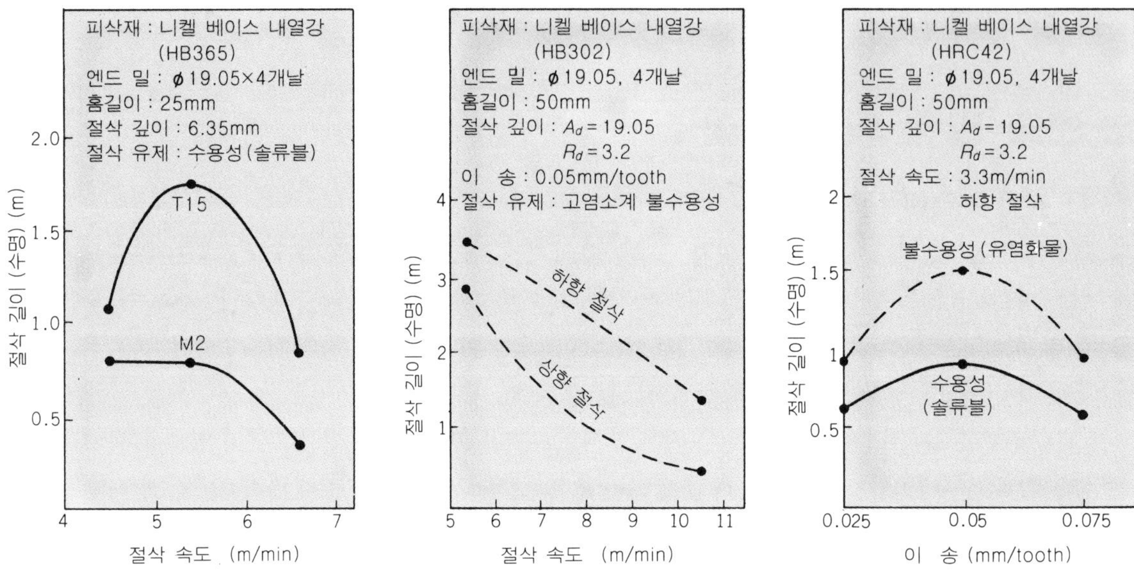

그림 4 절삭 속도, 공구 재질과 수명　**그림 5 이송, 절삭 유제와 수명**　**그림 6 절삭 속도, 절삭 방향과 수명**

그림 4도 니켈 베이스 내열강의 절삭 데이터로 **그림 3**과 비교하면 거의 같은 경도의 내열강인데도 불구하고 최적 절삭 속도 범위나 절삭 속도의 효력이 다르다. 더구나 엔드 밀의 재질이 달라지면 절삭 속도와 수명 관계를 표시하는 경향도 변화해 오는 것을 알 수 있다.

그림 5는 이송과 절삭 길이의 관계를 나타낸 것으로 절삭 속도와 같이 이송에도 최적의 범위가 있는 것을 알 수 있다.

그림 6은 니켈 베이스 내열강을 하향 절삭과 상향 절삭으로 절삭했을 때의 수명 비교 효과이다.

절삭 실험한 전역에서 하향 절삭쪽이 수명이 긴 것을 알 수 있다. 하향 절삭이 유리한 이유로는 다음의 것을 말할 수 있다.

- 가공 경화된 표면에서 날끝이 미끄러지는 경우가 없다.
- 날끝에서 칩이 이탈하기 쉽고 칩의 재절삭에 의한 절삭날 손상의 영향이 적다

그림 7은 상향 절삭에 있어서 칩의 재절삭 상태를 표시한 것이다. 이와 같은 가공 경화된 칩의 재절삭을 방지하기 위해서 하향 절삭 이외에도 여러 가지 방법이 있다. 즉 절삭제의 선정(고염소계 절삭제가 알맞다고 생각한다), 혹은 절삭제의 공급량을 늘리거나, 공급 방법을 연구해서 날끝에서 칩의 이탈을 쉽게 하거나, 공기 분사로 날려보내는 방법도 생각할 수 있다.

칩의 재절삭은 특히 홈절삭을 할 때 홈 속에 칩이 막힌 경우에도 생기기 쉽다.

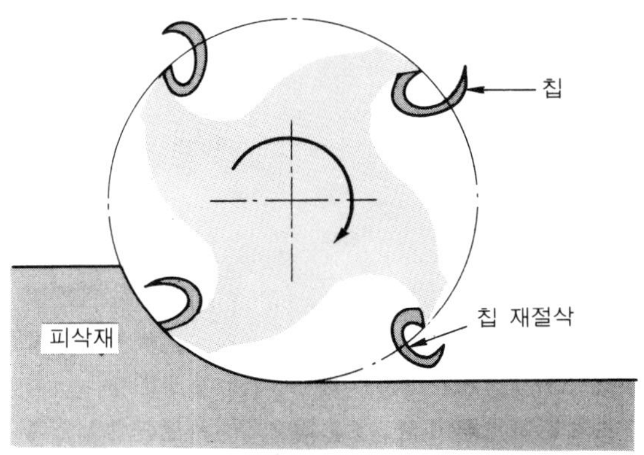

그림 7 날끝에 부착한 칩의 재절삭 상태

지금까지 기술한 사례로도 알 수 있는 바와 같이 피삭제의 재실, 경도, 엔드 밀의 재질, 모양, 사용하는 기계 등이 달라지면 최적 절삭 속도, 혹은 이송의 크기도 달라지게 된다.

(2) 기준 절삭 조건

엔드 밀의 절삭 조건표 혹은 추천 조건표는 종래부터 여러 종류가 있었다. 그러나 엔드 밀의 날 길이, 지름, 날수, 종류, 피삭재의 재질, 경도 등에 따라 임의의 절삭 깊이로 절삭하는 경우, 매분의 테이블 이송 속도를 어떻게 정하면 좋은가를 다루어 본 적은 없었다. 그래서 엔드 밀의 피로 강도나 절삭 토크, 굽힘 지항, 가공물의 고정 강도, 콜릿 척의 잡아 쥐는 강도 등을 종합적으로 고려해서 엔드 밀 기준 절삭 조건표를 작성해서 68페이지에 게재하였다.

이 기준 절삭 조건표에는 스테인리스강 이외의 피삭재에 대해서도 기재하고 있다. 그리고 이 조건표는 $7.5\,\mathrm{kW}$(3형 상당)의 밀링 머신을 대상으로 하고 이보다 소형의 밀링 머신을 사용해서 비교적 지름이 큰 엔드 밀을 사용하는 경우에는 출력 부족이 생기는 일이 있다. 이와 같은 경우에는 경험적으로 수정해서 사용하기 바란다.

● 트러블 대책

엔드 밀로 가공중에 일어나는 여러 가지 트러블은 스테인리스강의 절삭만 생기는 것이 아니라 다른 합금강을 절삭하는 경우에도 생각할 수 있다.

(1) 코너날 파손 방지법의 한 예

스테인리스강을 포함해서 난삭재 혹은 고경도재를 주로 엔드 밀의 앞날을 사용해서 절삭하는 경우 앞날 코너에 날 파손이 쉽게 일어난다. 이 부분은 비틀림각, 레이디얼 레이크각, 외주 여유각, 앞날 여유각 등이 인접하고 있어서 강도가 가장 약한 부분이다.

이 부분을 보강하기 위해서 단순히 코너 모떼기를 해도 좋지만 **그림 8**에 표시한 것같이 앞날의 경사각(비틀림면)을 $10° \sim 20°$ 정도 작게 되도록 경사면의 모떼기를 하는 것도 유효한 방법이다.

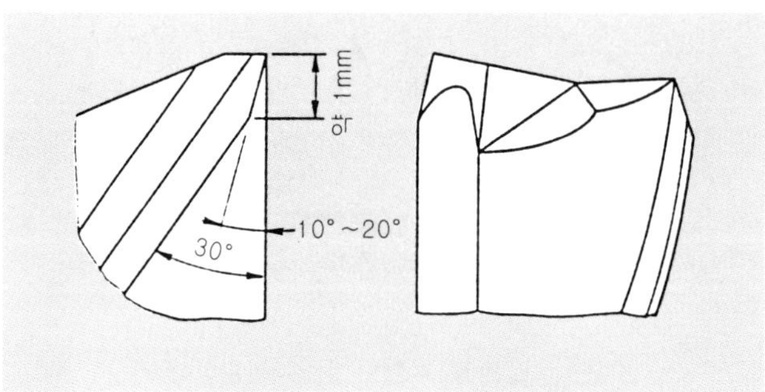

그림 8　날파손 방지를 위한 보강법

(2) 스트레이트 콜릿의 변형

그림 9에 표시한 것 같이 엔드 밀에 작용하는 반복 굽힘력(R)에 의해서 스트레이트 콜릿의 받침부는 차츰 소성 변형 및 마모로 인해서 변형하고 나팔 모양으로 입구부가 확대 변형된다.

이와 같이 변형된 콜릿은 샹크의 파악(把握) 길이 ℓ 이 ℓ'로 감소하는 동시에 엔드 밀의 콜릿부터의 돌출 길이가 실제로는 대단히 길게 되어 버린다.

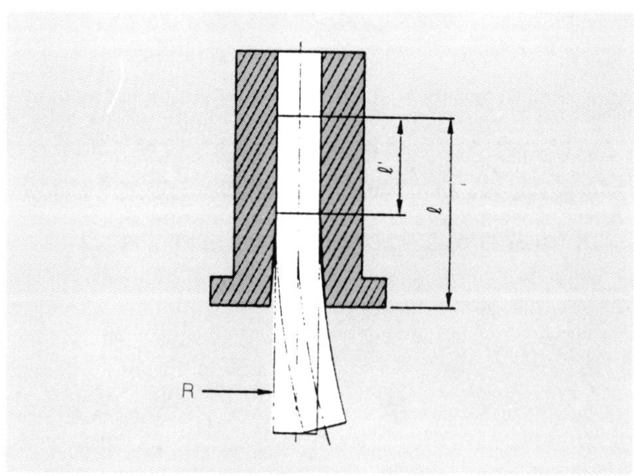

그림 9　스트레이트 콜릿의 변형

이와 같은 경우, 엔드 밀의 파악 강도는 현저하게 저하되고 콜릿 속에서의 샹크의 미끄럼, 혹은 이탈의 원인이 된다.

그와 동시에 엔드 밀의 굽힘 강성의 저하에 의해서 마모의 증대, 치핑, 절손 그리고 가공면 정밀도의 저하 등 많은 트러블의 원인이 된다.

예컨대 ϕ 12 mm 샹크의 스트레이트 콜릿 속에서 2.5D(30 mm)의 길이로 잡아 줄 때 잡아 쥐는 토크는 약 23 kgf·m이지만 이것이 1.5D(18 mm)가 되면 약 8 kgf·m까지 저하해버린다.

이와 같은 스트레이트 콜릿의 마모 변형은 엔드 밀 샹크의 $\ell - \ell'$ 부분에 녹이 슬었으면 상당히 진행되었다고 보아야 한다. 사용중에 혹은 사용이 끝난 엔드 밀 샹크의 일부에 이와 같은 녹이 슬지 않았는지 한번 조사하기 바란다.

*　　　*　　　*

엔드 밀에 의한 스테인리스 가공에 대해 몇 가지로 요약해 보았다.

기본적으로는 스테인리스강이기 때문에 절삭하기 어려운 것이 아니라 보통 합금강보다 어렵고 난삭재보다는 덜한 한 재종에 불과하며 노하우는 없다.

중요한 것은, 엔드 밀이라는 공구의 특징을 충분히 이해하고, 절삭의 기본사항에 대한 의문점을 그대로 두지 말고 납득할 때까지 생각해본다는 작업 태도를 갖는 것이 중요하다고 생각한다.

각종 금형 재료의 엔드 밀 가공

난삭재에 있어서의 엔드 밀 가공 포인트 ②

기계 가공 분야에서 새로 개발, 제품화되고 그 용도가 늘고 있는 피삭재는 마지막 제품의 성능 향상을 주목적으로 연구 개발되고 있기 때문에 피삭성이 나쁜 소위 난삭재에 해당되는 것이 많은 것 같다.

이와 같이 난삭재는 피삭성이 나쁜 것이며 기계 가공 결과 공구 마모가 심하고 공구 손상 정도가 높으며 결국 공구 수명이 짧고 절삭 동력이 크며 가공면이 나빠서 칩 처리가 어려운 재료라고 할 수 있다.

여기서는 엔드 밀이 가장 많이 사용되는 금형 가공 분야를 중심으로 최근의 난삭재 가공의 실례와 가공상의 포인트에 대해서 기술한다.

● 마르에이징(maraging)강의 절삭

마르에이징강은 Ni을 약 18% 포함하는 저탄소강으로 제조 방법, 열처리를 조정함으로써 높은 인장 강도를 얻을 수 있는 초강력강의 일종이다. 얇은 두께, 노칭 부분이 깊고 긴 수명이 요구되는 정밀 금형에 적합하며, 용접성이 우수하고(금형의 패딩 보수가 용이함) 짧은 시간의 시효 처리로 경화되고 변형이 적다는 등의 특징을 갖춘 재료로 정밀 플라스틱 금형, 정밀 다이캐스트 금형 등의 열간 금형으로 사용되고 있다.

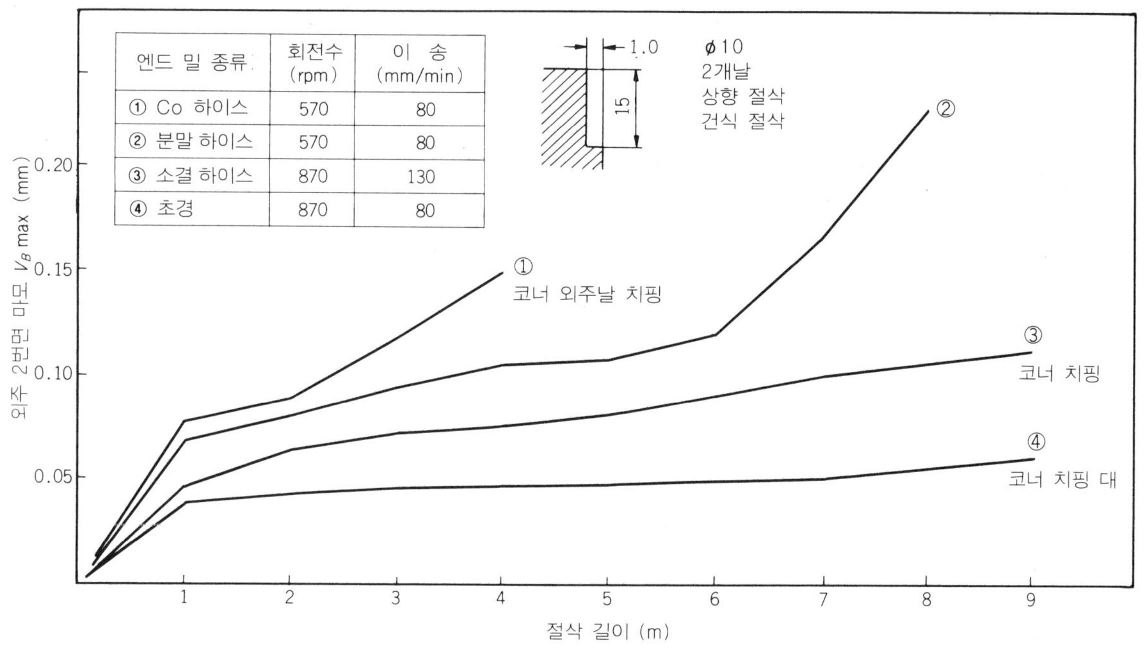

그림 1 마르에이징강의 절삭

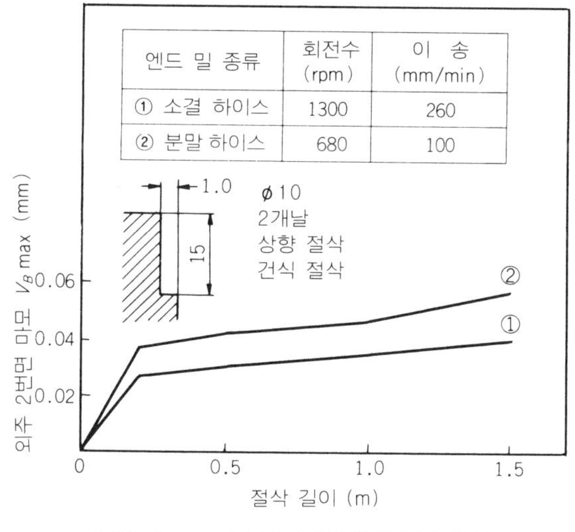

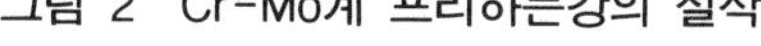

그림 2 Cr-Mo계 프리하든강의 절삭

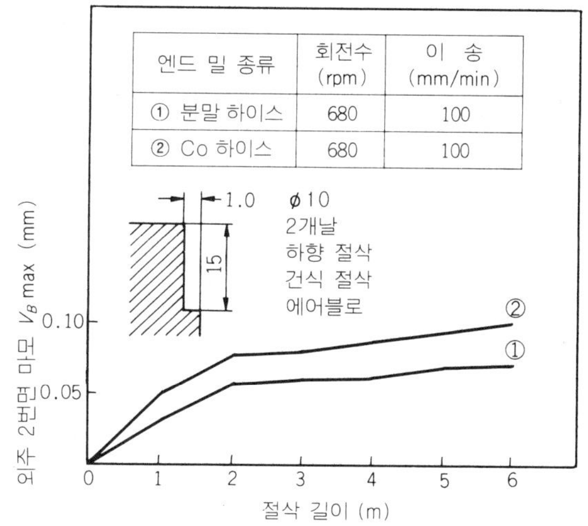

그림 3 플라스틱 성형 금형용 내열강 합금

이 재료는 경도가 HB 495~514로 높은데 비해서 피삭성은 좋으나 재료 강도가 강하기 때문에 단속 절삭이 어렵고 엔드 밀 코너의 치핑이 발생하기 쉬운 문제점이 있다.

그림 1은 Co 하이스 엔드 밀, 분말 하이스 엔드 밀, 소결 하이스 엔드 밀, 초경 엔드 밀로 마르에이징강을 절삭했을 때의 데이터이다. 데이터는 상향 절삭, 건식 절삭의 것이지만 절삭유의 유무에 대해서는 그 효과는 전혀 없고 오히려 건식 절삭쪽이 안정되어 있다. 그리고 절삭 방식은 소결 하이스 엔드 밀, 초경 엔드 밀은 상향 절삭쪽이 좋고, Co 하이스 엔드 밀, 분말 하이스 엔드 밀에서는 상향 절삭과 하향 절삭의 차이는 없었다.

그리고 현재 시장에 나돌고 있는 주된 마르에이징강에는 다이도(大同) 특수강의 「MA-SIC」, 히다치(日立) 금속의 「YAG」, 미쓰비시(三菱) 제강의 「DMG 300」 등이 있다.

● Cr-Mo계 프리하든강의 절삭

금형재는 열처리 채터링이나 스케일의 관계에서 정해진 경도, 조직에 조질한 다음, 절삭 가공을 하는 경우가 자주 있다. 이것이 프리하든강이고 Cr-Mo계의 것으로 경도는 HB 320~350이 된다.

그림 2는 분말 하이스 엔드 밀, 소결 하이스 엔드 밀로 Cr-Mo계 프리하든강을 절삭했을 때의 데이터이다. 이 재료는 경도가 높기 때문에 Co 하이스 엔드 밀보다도 분말 하이스 엔드 밀, 소결 하이스 엔드 밀쪽이 적합하다. 기계 이송에 의한 절삭 능률을 중시할 때는 2개날의 소결 하이스 엔드 밀이 적합하다.

이 재료의 절삭 조건은 표준 절삭 조건이므로 별로 문제는 없으나 절삭면의 상태는 SKD 61계의 열간 금형재에 비해서 약간 떨어지지만 결코 나쁘지는 않다.

시판되는 Cr-Mo계 프리하든강에는 고오베(神戶) 제강의 「KTS 3M」, 우데포름의 「IM-PAX」, 다이도 특수강의 「PDS 5」, 하다치 금속의 「HPM 2」 등이 있다.

● 플라스틱형용 내열 동합금의 절삭

플라스틱 성형 금형용 내열 동합금은 높은 열전도성을 갖고 있으며 시효 온도가 높다. 그로 인해 금형으로 사용할 때의 경도 저하가 없으며 고온 산화 특성이 뛰어나므로 경면 상태를 오래 유지할 수 있는 특징을 갖는 재료이지만 기계 가공 특성은 베릴륨동(bellium 銅)쪽이 앞서고 있다. 그러나 베릴륨동과 같은 유해 원소를 포함하고 있지 않기 때문에 가공시의 문제점은 없다.

그림 3은 Co 하이스 및 분말 하이스 엔드 밀로 이 내열 동합금을 절삭했을 때의 데이터이다. 이 재료는 상향 절삭에서는 칩이 파고 들어가는 것이 심하고 가공면이 좋지 않고 절삭 유제를 사용해도 가공면 상태의 개선은 없었다.

따라서 하향 절삭쪽이 가공면 상태가 좋으나 이것도 절삭 유제의 사용 효과는 없었다. 다만 하향 절삭의 경우, 칩이 떨어지는 것이 좋지 않기 때문에 공기 분사 등을 사용해서 칩을 강제적으로 날려버리는 것이 이 재료 가공의 포인트이다.

이 종류의 내열 합금에는 고오베 제강의 「H 750」, 「WR 900」 등이 있다.

● 페로 틱(Ferro TiC)의 절삭

페로 틱은 냉간, 온간 단조용 금형, 펀칭·드로인 금형 등 특히 내마모성이 요구되는 경우에 효과적인 금형 재료이다. 초경 등과 같은 소결재이고 다른 피삭재와는 다른 다음과 같은 특징을 갖추고 있다.

① 소결재이기 때문에 열처리 변형이 적다.

② 열처리 경도 HRC 68~71의 고경도를 얻을 수 있다.

③ 내치핑성(인성)은 초경보다 우수하다.

이 재료는 열처리 전에도 경도가 보통 HRC 40~43이고 공구 마모(스커핑 마모)가 심하고 빠른 난삭재의 일종이다.

그림 4는 분말 하이스 엔드 밀에 의한 절삭 데이터이다. 분말 하이스 엔드 밀이 공구 비용 등의 면에서도 다른 강종에 비해서 유리하며 건식 절삭을 추천한다. **표 1**은 추천 절삭 조건이다.

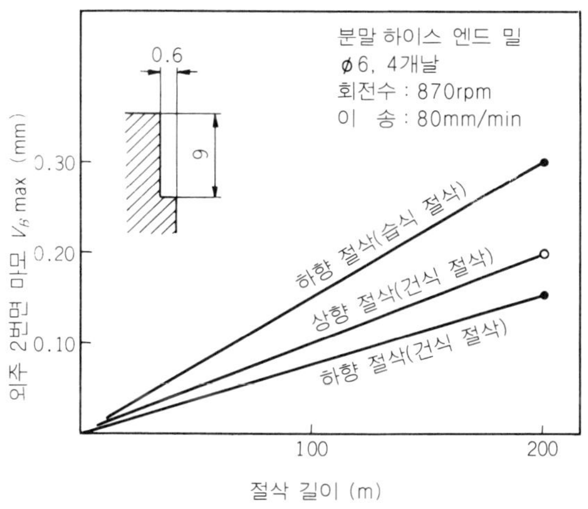

그림 4 페로틱의 절삭

표 1 페로틱의 추천 절삭 조건

가공 형태	절삭 속도	한날당 이송	가공 방식
측면 절삭 0.1D 1.5D	8~10 m/min	0.04~0.05 mm/tooth	하향 건식 절삭
홈 절삭 D 0.5D	7~8 m/min	0.03~0.04 mm/tooth	건식 절삭
4개날 분말 하이스 엔드 밀 사용			

● 티탄 합금의 절삭

티탄 합금은 가볍고 강도가 있으며 내열·내식성이 있어서 그 특징을 살린 용도는 종래부터 사용되고 있는 석유 화학, 항공기, 발전 설비 분야에서 일상 필수품에 이르기까지 넓어지고 있다.

티탄은 그 용도에 따라서 여러 가지 합금 성분이 있으나 여기서는 가장 일반적인 Ti-6Al-4V의 절삭 예에 대해서 소개한다.

표 2는 분말 하이스, 소결 하이스, TiN 코팅, 초경의 각 엔드 밀에 의한 티탄 합금 (Ti-6Al-4V)의 절삭 데이터이다.

표 2 Ti 합금의 절삭

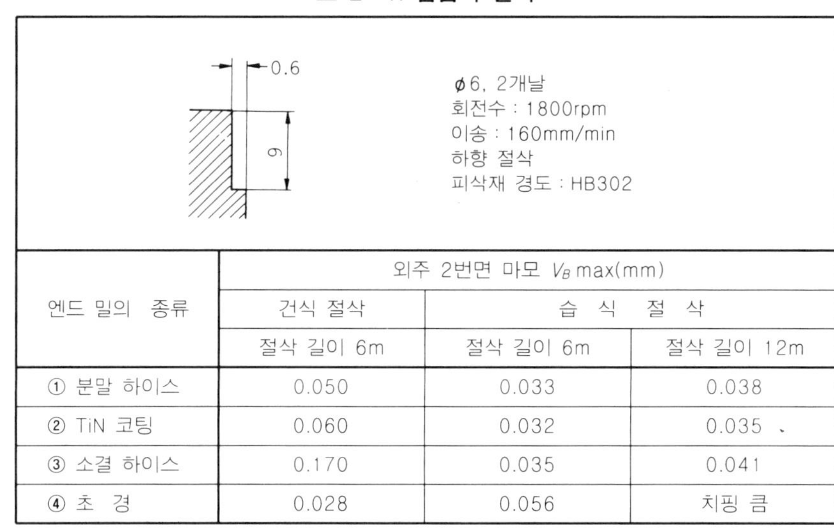

엔드 밀의 종류	외주 2번면 마모 V_B max(mm)		
	건식 절삭	습 식 절 삭	
	절삭 길이 6m	절삭 길이 6m	절삭 길이 12m
① 분말 하이스	0.050	0.033	0.038
② TiN 코팅	0.060	0.032	0.035
③ 소결 하이스	0.170	0.035	0.041
④ 초 경	0.028	0.056	치핑 큼

이 재료의 피삭성은 기본적으로는 양호하고 잘 깎이는 부류에 속한다. 그러나 칩이 끈기가 있고 절삭날에 부착하기 쉽기 때문에 가공면을 나쁘게 하거나 치핑 등의 공구 손상을 일으키기 쉬운 등의 문제점이 있다.

그래서 엔드 밀 가공의 포인트는 절삭날에 칩의 용착을 발생시키지 않는 것이 제일 중요하고 그렇게 하기 위해서는 절삭유를 충분히 사용하는 것이다. 티탄은 고온에서 급속히 산소나 질소, 공구 중의 성분 등이 반응하고 이 화학적 활성이 절삭중에 공구의 마모나 용착 등의 현상을 일으키기 때문이다.

그리고 비교적 열전도도가 나쁘고 항장력이 높기 때문에 날끝의 절삭열이 비정상적으로 높게 되기 때문이다.

실제의 절삭에서, **표 2**의 습식 절삭은 4종의 엔드 밀과 같이 절삭날 여유면의 마모가 작아 큰 차이는 없으나 미세한 치핑(특히 경계부, 절삭날 선단부 코너)의 방지를 고려하면 분말 하이스 엔드 밀이 가장 안정되어 있다.

● GFRP재의 절삭

　GFRP(유리 섬유 강화 플라스틱)재는 경량, 절연성, 내식성 등으로 항공기, 자동차, 선박을 비롯해서 공업 분야에 대한 응용이 넓어지고 있다. 이 재료의 절삭 특성으로는 연마 마모(스크래치, 스커핑 마모)가 생기고 칩은 분말 상태로 되고 절삭 속도를 높이면 플라스틱은 타고 악취를 내는 것 등을 들을 수 있다.

　여기서 연마 마모는 일반적으로 절삭 속도의 영향을 받지 않고 어떤 절삭 속도에서도 그 마모 형태라는 것이 전혀 변화하지 않는 것이다. 그러나 절삭 속도를 올리면 전술한 바와 같이 플라스틱이 탈 염려가 있기 때문에 회전수는 주속 15~20 m/min 정도가 되도록 선택하는 것이 포인트이다. 엔드 밀의 재종에서는 초경이 연마 마모에는 가장 강하기 때문에 절삭 속도를 억제하는 기미로 해서 초경 엔드 밀로 절삭하는 것이 GFRP 절삭의 포인트이다. 그리고 이송 속도인네 고이송을 하면 유리 심유를 자르지 않고 끄집어 내기 때문에 속도를 너무 올릴 수 없다. 그래서 가공면의 상태를 봐가면서 이송 속도를 선정해 가는 것이 좋을 것이다.

　또 주의할 것은 칩이 분말 상태이기 때문에 위생면을 생각하면 수용성 절삭유제를 사용하는 것이 바람직하다고 할 수 있다.

● 흑연 첨가 고무의 절삭

　흑연 첨가 고무란 흑연을 고무계의 본드로 굳힌 것으로 「블랙 라이트」 등으로 불리고 있다.

　이 재료는 피삭성이 좋아서 쉽게 절삭되고, 진동이나 채터링의 발생이 없고, 절삭 저항은 현저하게 작고, 가공하기 쉽기 때문에 자칫 절삭 속도를 올리고 고이송으로 하기 쉽다. 실제로 절삭 속도 30 m/min 이상에서도 기본적으로는 잘 절삭되지만 절삭날에서 칩의 이탈이 약간 나쁘고 고무가 타서 악취가 심하게 나기 때문에 절삭 속도는 약간 억제된 20~25 m/min 정도가 좋을 것이다.

　이송도 절삭 저항이 현저하게 작기 때문에 높게 설정할 수 있으나 가공면은 거칠게 된다. 그러나 가공면 거칠기가 허용되는 범위 내에서 고이송하는 것이 능률면에서도 유리하다.

　하향 절삭으로 하느냐 상향 절삭으로 하느냐 하는 것인데 엔드 밀이 새것일 때는 상향 절삭쪽이 칩이 작게 감긴다. 그러나 절삭날이 마모되면 칩이 연결되기 시작하기 때문에 칩이 이탈하기 쉬운 하향 절삭이 무난할 것 같다.

　예를 들어 ϕ10의 2개날 엔드 밀의 추천 절삭 조건은 회전수 650~700 rpm, 이송 180~200 mm/min, 하향 절삭에서 TiN 코팅 엔드 밀 등이 스커핑 마모에 대해서 좋은 절삭 성능을 발휘한다.

　이 재료는 흑연의 스커핑에 의한 마모로 생각되는 얇게 깎아낸 모양의 균일한 절삭날 여유면 마모가 발생한다. 이 스커핑 마모에 대한 공구 재종은 본래 초경이 좋다고 되어 있으나 초경 엔드 밀은 일반적으로 내치핑성을 고려해서 경사각이 작게 설정되어 있기 때문에 절삭성은 뛰어나지 못하므로 이 흑연 첨가 고무의 절삭에는 적합하지 않다고 할 수 있다.

● SKD 11(냉간 금형재)의 절삭

SKD 11은 프레스 금형 재료로 많이 사용되고 있으나 보통 경도가 HB 350~390으로 높은 반면 끈기가 있기 때문에 절삭날에 대한 용착이 심해서 가공면 거칠기의 저하, 현저한 절삭날 마모 등 트러블이 많은 강종이다.

ϕ 10, 2개날의 분말 하이스 엔드 밀로 SKD 11을 절삭했을 때의 데이터를 **그림 5**에 그 때의 가공면의 비교를 **사진 1**에 표시한다.

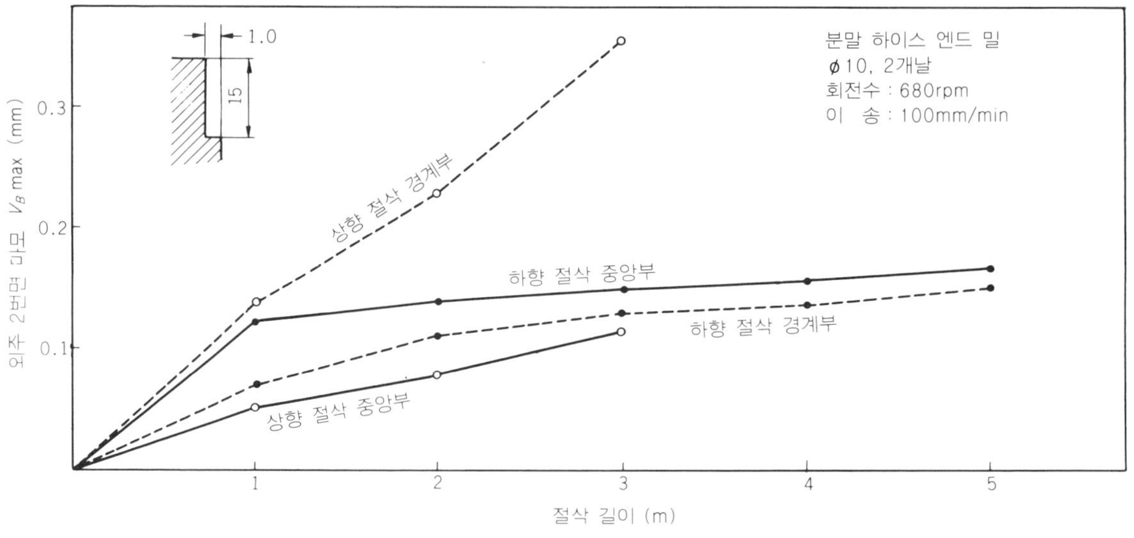

그림 5　SKD 11의 절삭

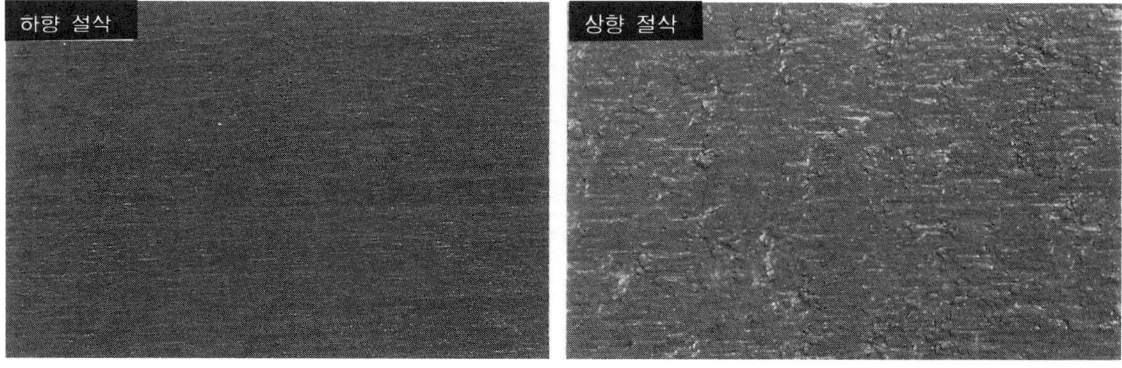

사진 1　SKD 11의 절삭 다듬질면(X30)

　SKD·11 절삭의 포인트는 절삭 조건(회전수, 이송)은 보통의 범위로 좋게 나타나지만 절삭 방법은 반드시 하향 절삭으로 하여야 한다. 상향 절삭의 경우에는 절삭날 경계부의 마모가 커지기 때문이다(중앙부의 평균적인 마모 폭의 2~3배). 그리고 다듬질면도 면이 뜯겨서 바람직한 결과를 얻을 수 없다.

● 동재(銅材)의 절삭

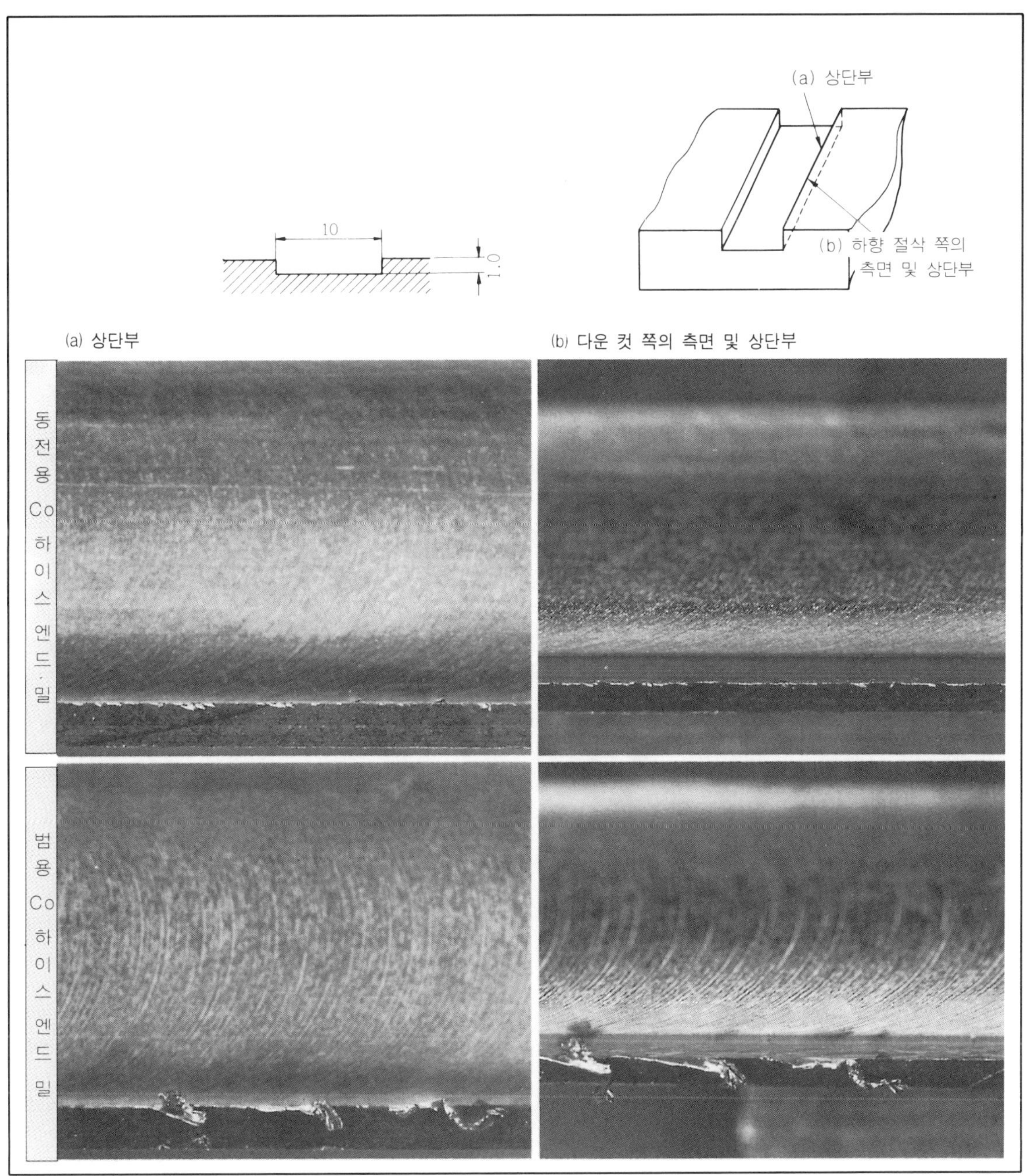

사진 2　동 전용 엔드 밀과 범용 엔드 밀에 의한 절삭면의 버(burr) 발생 상황

　최근에는 금형 생산량의 증대와 동시에 방전 가공기용 전극인 동(순동)의 가공이 증가되고 있다. 이들 동은 기본적으로는 경도도 낮고 절삭날의 내마모성에서 보면 엔드 밀의 재질은 Co 하이스로 충분하다. 피삭성은 SUS 304, SS 41 등의 연질재와 유사하다.

　동 절삭에서 엔드 밀의 포인트는 칩이 원활하게 흐를 수 있는 절삭날 모양과 팁 포켓의 설계이다. 그 결과 버의 발생을 억제하고 좋은 가공면을 얻을 수 있게 되었다.

　동을 위시해서 알루미늄, SUS 304, SS 41 등의 연질재를 가공 대상으로 한 전용 엔드 밀이 나와 있다. **사진 2**는 동 전용 엔드 밀과 범용 엔드 밀에 의한 절삭면의 버 발생 상황을 비교한 것이다.

피삭성 지수 MR

난삭재나 쾌삭재라고 자주 말하고 있으나 그 기준은 어디에 있는 것인가. 절삭하기 쉽다, 절삭하기 어렵다라고 해도 그 판단은 대단히 어려운 것이다.

그래서 편의상 재료의 피삭성을 비교하는 방법으로 피삭성 지수 MR(Machinability Ratio)가 있다. 이것은 일정 조건하에서 각종 피삭재를 선삭 가공하고 공구 수명이 60분이 되는 절삭 속도 v_{60}을 구해서 쾌삭강의 값을 100으로 해서 지수로 비교한 수치이다.

따라서 MR가 큰 재료일수록 같은 공구 수명으로 높은 절삭 속도를 선택할 수 있고 그리고 같은 절삭 속도에서는 공구 수명이 길어지며, 피삭성이 좋다는 것을 나타낸다.

MR는 선삭의 결과이지만 피삭재에 따라서 변화하는 외에 가공법에 따라서도 다르다. 그리고 같은 MR일지라도 피삭재의 종류나 성질이 다르면 추천되는 공구 모양이나 절삭 조건이 달라지게 된다.

그러나 피삭성의 난이(難易)나 절삭 능률, 혹은 적정 조건의 추정 등에는 편리하여 엔드밀 가공에도 응용할 수 있다. MR로 말하면 50 이하의 재료는 난삭재로 표현되고 30 이하로 되면 극히 난삭이라고 할 수 있다.

난삭 재료의 피삭성 지수 MR

MR	재　　　　종
51~62	저합금강 SCM, SNCM
55	스테인리스강 SUS 321, 403, 410 등
45~61	저합금강 SNCM 220, 240
50	스테인리스강 SUS 304, 310 등 내열강 SUH
45	고C 고Cr 냉간용 공구강 SKD 1, 11
40	Mo계 고속도 공구강
40	스테인리스강 SUS 440
36~38	저합금강 Si-Mn강
37	열간용 공구강 SKD 4, 6, 61
26~46	저합금강 Cr-V강
34	W계 고속도 공구강
31	고합금형 오스테나이트계 내열강 16-25-6
29	티탄 합금 Ti-5Aℓ2.5Sn
27	고합금형 오스테나이트계 내열강 A 286
26	티탄 합금 Ti-6Aℓ4V
15	Co기 오스테나이트강 Multimet N 155
15	Ni기 내열 합금 Inconel X
13	티탄 합금 Ti-3Aℓ5Cr, Ti-8Mn 등
12	Co기 내열 합금 HS-25
8	Ni기 내열 합금 Inconel 700
6	Co기 내열 합금(스텔라이트) HS-21, 31, X-40

● 실례로 본 엔드 밀 가공의 포인트

초경 루터 엔드 밀에 의한 FRP의 가공

▶ FRP란

FRP란 섬유로 강화된 수지(Fiber Reinforced Plastics)를 말하고 복합 재료의 하나이다. FRP는 비강도(강도 / 비중), 비탄성(탄성률 / 비중), 피로 강도 및 내식성 등에 뛰어난 특성을 갖고 있기 때문에 항공기, 선박, 자동차를 위시해서 가전 제품, 스포츠용품 등 광범위한 분야에 사용되고 있다.

FRP에 사용되는 강화 섬유로는 유리 섬유가 일반적이고 더욱이 고강도인 탄소 섬유나 알라미드 섬유를 사용한 FRP도 보급되어 가고 있다. 대표적인 것으로 **표 1**과 같은 종류가 있다.

표 1 주된 FRP재

명 칭	강 화 섬 유	수 지 재 료
GFRP	유리 섬유 직포 또는 단방향재	에폭시(EP)
AFRP	알라미드 섬유 직포(캐블라 등)	불포화 폴리에스테르(UP) 폴리이미드(PI)
CFRP	탄소 섬유 직포 또는 단방향재	등

FRP는 이들 섬유를 수지로 굳혀서 성형되는 것이지만 그대로 사용되는 일은 적고 대부분의 성형품은 구멍 가공이나 스폿 페이싱 가공, 트리밍 가공 그외의 절삭 가공을 필요로 한다.

그런데 여기에서 금속 가공과는 다른 문제가 생긴다. 그것은 각각의 대책을 필요로 하는 경우가 많지만 여기서는 기본적인 대책에 대해서 말하기로 한다.

▶ FRP 가공용 엔드 밀

FRP 가공에 사용하는 엔드 밀은 우선 내마모성이 뛰어나고 그리고 모양면에서는 날끝이 예리할 필요가 있다.

하이스 엔드 밀은 예리한 날끝을 얻을 수 있는 반면 내마모성이 불충분하고 바로 절삭성이 떨어져 버린다. 초경 엔드 밀은 재질 그 자체에 내마모성이 있기 때문에 하이스 엔드 밀에 비하면 수명은 길지만 보통 초경 엔드 밀은 금속 절삭을 대상으로 하기 때문에 고속으로 능률적으로, 절삭할 수 없는 경우가 많다.

GFRP 등은 아직 보통의 초경 엔드 밀로 절삭되지 않는 일은 없다. 그러나 AFRP, CFRP의 절삭이 되면 보통의 엔드 밀로는 상당히 어려워 진다. 이들 가공에는 **사진 1**에 표시한 것 같은 초경 루터 엔드 밀이라 하는 전용 엔드 밀이 필요하다.

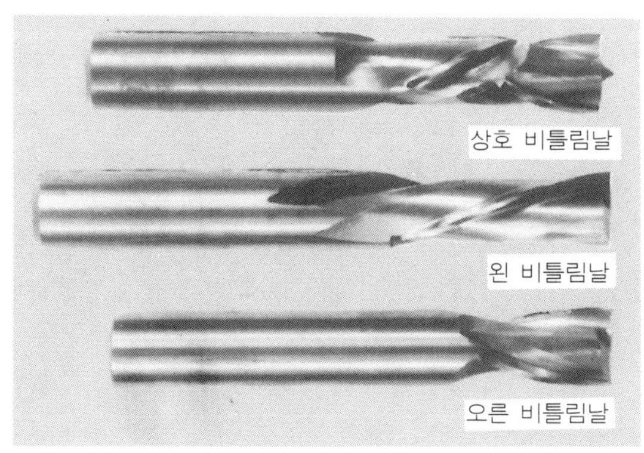

사진 1 초경 루터 엔드 밀

이 초경 루터 엔드 밀은 오른 비틀림 또는 왼 비틀림 및 상호 비틀림의 3종류가 있고, 용도에 따라 구분해서 사용한다.

대략 오른 비틀림인 것은 FRP의 판 두께가 두껍고 튼튼하게 설치한 상태에서 절삭할 때 좋고, 왼 비틀림의 것은 판 두께가 얇고 판의 누름에 효력이 없는 경우에 적합하다. 그리고 상호 비틀림의 초경 루터 엔드 밀은 윗 반쪽에 왼 비틀림의 날이, 아래 반쪽에 오른 비틀림의 날이 있어서 FRP판의 양측면에서 섬유를 항상 판 두께의 중앙 방향으로 누르는 작용을 주어서 보풀이 일어나는 것을 적게 하고 있다.

사진 2　초경 루터 엔드 밀에 의한 KFRP게 절삭면의 예

　어느 것이나 날끝 경사각은 보통의 엔드 밀에 비하면 크고 전용 날 설치 방법에 의해서 상당히 예리한 날끝이기 때문에 절삭성이 좋은 것이 큰 특징이다. 그리고 칩이 빠지는 스

페이스도 중요하다. 이것이 작으면 칩이 바로 휘감기거나 막히게 된다.

알라미드 섬유 중에서도 캐플라(상표)는 인장 강도가 크고 이 섬유를 사용한 KFRP는 항공기재로 사용되고 있다. 이 KFRP의 가공 예를 다음에 나타낸다.

사진 2는 ϕ10 mm의 상호 비틀림 초경 루터 엔드 밀을 사용해서 판 두께 7 mm의 KFRP를 절삭한 면이다. 회전수 4000 rpm, 이송 500 mm/min으로 가공하였다. 종래의 엔드 밀에 의한 절삭으로는 초기부터 보풀이 윗쪽에 크게 나타나고 있는데 대해서 초경 루터 엔드 밀쪽은 대단히 보풀이 적고 깨끗한 면을 얻고 있는 것을 알 수 있다.

상호 비틀림날 초경 루터 엔드 밀의 사용 방법은 양쪽 비틀림의 교차 위치와 FRP의 판 두께의 중앙을 일치시키는 것이 포인트이고 이에 의해서 좋은 결과를 얻을 수 있다.

사진 3은 KFRP의 판에서 초경 루터 엔드 밀로 잘라낸 강도 시험편으로 한 장의 두께 는 6 mm이고 전길이는 300 mm이다. 이와 같이 가늘고 긴 것을 깎아낼 때 지그에 의한 누름이 불충분하기 때문에 상호 비틀림의 초경 루터 엔드 밀을 사용하면 오른 비틀림날로 FRP 판이 약간 떠오르고 진동이 생겨서 절삭면이 거칠어지기 쉽다.

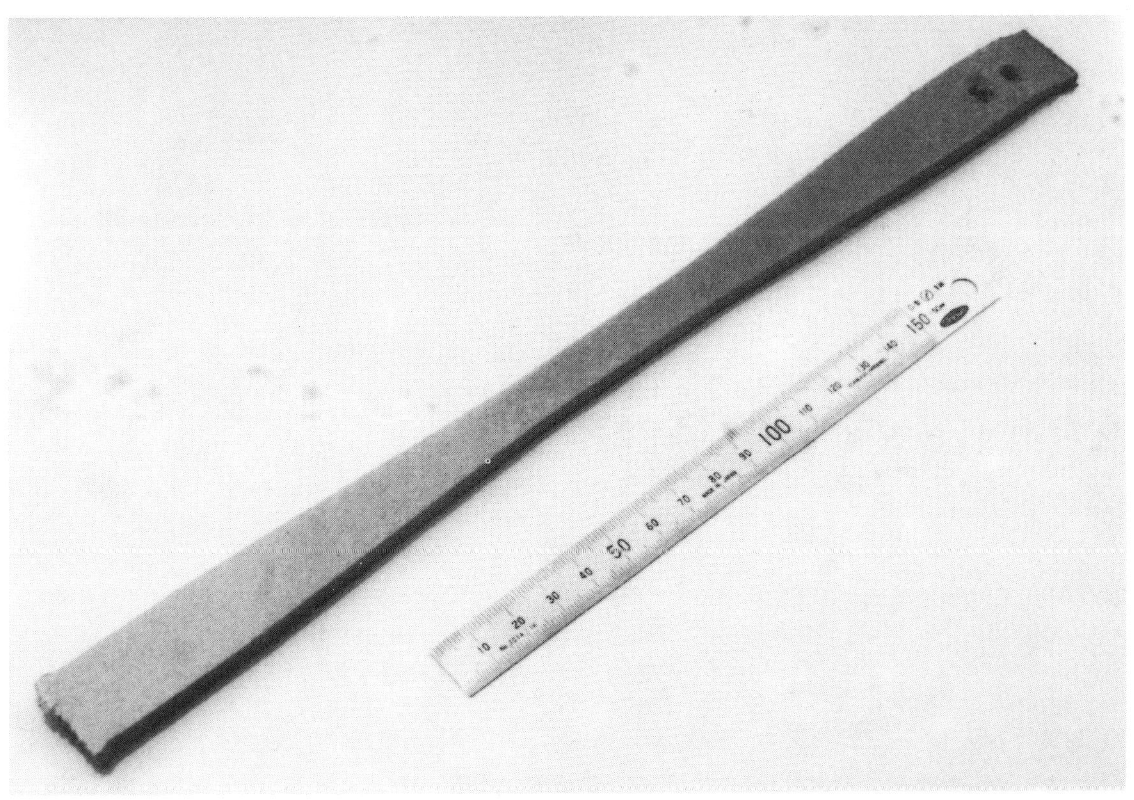

사진 3 KFRP의 강도 시험편의 가공 예

이와 같은 경우는 왼 비틀림의 초경 루터 엔드 밀을 사용하면 항상 FRP판을 아래쪽으 로(기계 테이블 위에) 누르는 힘이 작용해서 미끄러운 절삭면을 얻을 수 있다. 공구는 ϕ

12 mm, 회전수는 3500 rpm, 이송은 300 mm/min으로 가공하였다.

컷 사진은 판 두께 7 mm의 GFRP를 φ 10 mm의 상호 비틀림 초경 루터 엔드 밀로 절삭하고 있는 상태이다.

KFRP에 비하면 절삭하기 쉽고 보풀이 생겨서 문제가 되는 일도 적다. 이 때의 회전수는 4460 rpm, 이송 650 mm/min으로 전혀 문제없이 절삭되었다.

이외에 연삭형의 엔드 밀로 **사진 4**에 있는 것처럼 표면에 다이아몬드를 전착(電着)시킨 엔드 밀이 있다.

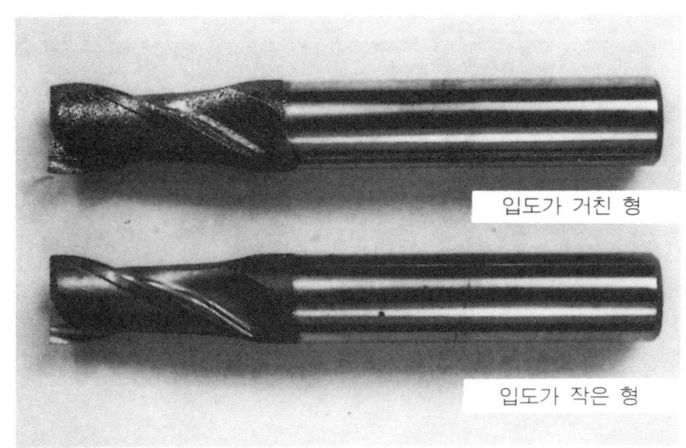

사진 4 다이아몬드 전착 엔드 밀

이 다이아몬드 전착 엔드 밀은 초경 루터 엔드 밀보다 다소 절삭면은 거칠게 되지만 CFRP를 절삭하는 경우는 내구성이 좋고 적합하다. 그러나 AFRP의 절삭에서는 반대로 보풀이 많이 생기기 때문에 적합하다고 할 수 없다.

▶ FRP 가공상의 문제점과 대책

(1) 용착하기 쉬운 것

FRP 수지 그 자체의 열전도율은 금속에 비해서 극히 작기(탄소강의 약 1/20) 때문에 절삭시에 칩이나 피삭재를 통해서 방열되는 일이 거의 없다.

그래서 절삭 속도가 너무 늦거나 또는 반대로 너무 빠르게 되면, 날끝이 피삭재 열에 달구어져서 수지가 연화되어 날끝에 들러 붙게 된다. 날끝 마모는 거의 없는데도 절삭할 수 없는 경우가 생기는 것이다.

그리고 이송 속도가 너무 늦으면 같은 곳에서 날끝을 비비는 것이 되어 열만 나게 된다. 오히려 이송은 좀 높게 하는 것이 좋을 것이다.

절삭 조건 선정의 기준으로 **그림 1**에 기본적인 조건을 표시하나 실제로는 FRP의 판 두께, 혹은 절삭 깊이 폭 등에 의해서 상당히 바꾸지 않으면 안되는 경우가 많은 것이 실상이다.

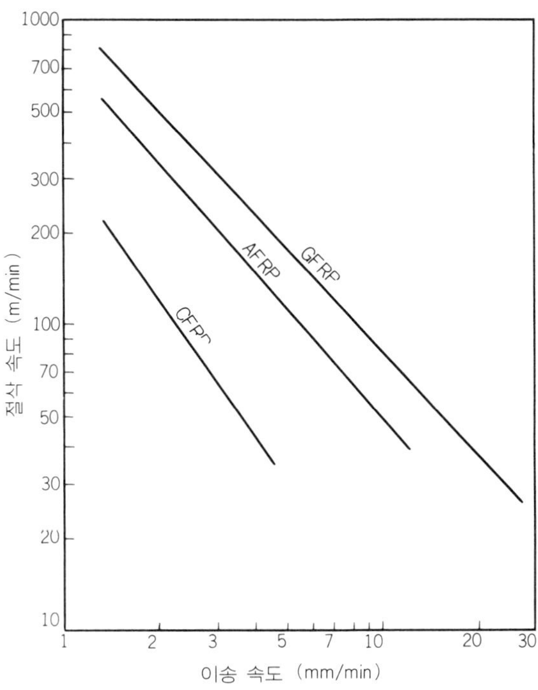

그림 1 FRP의 절삭 조건(판두께에 의한 변화를 필요로 한다)

(2) 마모가 빠르다

날끝에 절삭열이 축적되기 때문에 마모가 빠르게 된다. 그리고 보강재로서의 섬유가 강하고 견고하기 때문에 마모가 현저하고 CFRP는 GFRP보다 수 배 마모 진행이 빨라진다. 따라서 공구 재질로서는 내열성, 내마모성이 높은 것이 필요하다.

일반적으로는 초경 공구가 좋고 소결 다이아몬드 공구가 수명이 길어 차츰 사용이 늘어가고 있다.

(3) 보풀 발생

날끝이 마모돼서 예리함이 없어지면 절삭성이 나빠지고 보풀이 생기게 된다. 특히 AFRP에 포함되는 섬유는 대단히 강인하기 때문에 마모가 적은데도 보풀이 발생해서 수명이 다되는 경우가 많다. 더욱이 절삭면의 백화 현상이나 층간 박리(層間剝離), 쥐어 뜯기 등도 유발하게 된다. 이 시점에 이르면 날끝은 수명을 다한 상태라고 생각할 수 있다.

이것을 방지하는 한 방법으로 플라스틱의 받침 판을 겹쳐서 "함께 절삭"하는 방법이 간단하고 효과적이다. 그리고 FRP의 설치가 불충분하면 절삭시에 진동이 일어나서 보풀이 일어나기 쉽기 때문에 지그로 견고하게 설치할 필요가 있다. 진동은 날끝 치핑의 원인도 된다.

대부분의 FRP는 섬유를 십자 모양으로 엮어 놓고 있다. 이러한 십자 모양의 경우는 상향 절삭으로 절삭하면 깨끗한 절삭면을 얻을 수 있다.

한편 테이블 이송과 같은 방향만으로 섬유가 늘어 선 FRP의 경우는 하향 절삭으로 하면 보풀이 적고 층간 박리도 적게 된다.

(4) 칩 막힘

FRP를 절삭하면 다량의 칩이 나오기 때문에 막히거나 절삭된 섬유 칩이 엔드 밀에 휘감기는 경우가 많다. 이와 같은 경우에는 제트 에어로 칩을 불어 날리면서 절삭한다.

＊　　　　＊　　　　＊

이상 엔드 밀에 의한 FRP 가공상의 기본적인 포인트에 대해서 기술하였으나 구멍뚫기 가공, 스폿 페이싱 가공도 같은 문제점이 드러나고 있다. 역시 전용 공구를 사용하는 것이 능률적이다.

FRP는 섬유의 고강도화, 샌드위치 구조화나 금속과의 복합화 등 더욱더 다양화되어 가고 기계 가공의 곤란도는 증가되는 경향에 있다.

볼 엔드 밀에 의한 금형의 모방 가공

▶ 모방 가공의 검토

금형의 복잡한 자유 곡면에 있어서 볼 엔드 밀에 의한 모방 가공의 절삭 패턴(NC 가공도 같다)은 비교적 자유롭게 선택할 수 있다.

그 절삭 패턴은 기본적으로는

① 표면 모방 가공(수직 1차원)

② 윤곽 모방 가공(수평 2차원)

③ 3차원 모방 가공

으로 크게 나누어지고 각각을 조합해서 금형 가공이 실시되고 있다.

표면 모방 가공은 일반적으로 가장 사용 빈도가 높은 가공 방법이고 X축(Y축) 방향을 왕복해서 가공하는 방식이다. 그리고 윤곽 모방 가공은 모델의 윤곽에 따라서 등고선상을 절삭하는 방식이다. 그 절삭 상황을 비교해본다.

그림 1은 표면 모방 가공의 절삭 상황을 그린 것이지만 이 그림에서 표면 모방 가공은 금형면의 경사 각도 및 절삭 공구의 진행 방향에 따라서 절삭날 작용 개소와 절삭량이 변화하는 것을 알 수 있다.

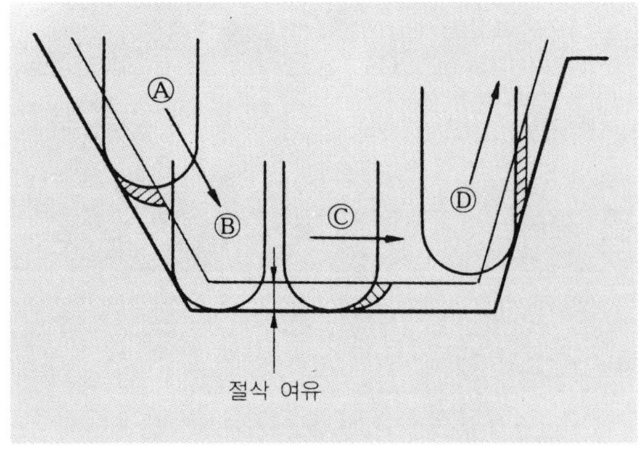

그림 1 표면 모방 가공 상황

그림 2 윤곽 모방 가공 상황

특히 Ⓐ지점(하강 가공)에서는 공구 중심부에서의 칩 두께가 커지고 그 배출 불량에 의한 공구 손상이 발생하기 쉬운 곳이다.

그리고 Ⓑ지점(하강 가공으로 금형 밑면에 도달했을 때)에 절삭 공구가 도달하면 절삭량이 급격히 증대해서 그 절삭 저항에 의해서 공구에 휨이나 채터링이 발생하거나 더욱 파고들기 가공에 가까운 절삭 때문에 칩 배출 불량에 의한 공구 손상이 일어나기 쉽다. 특히 초경 볼 엔드 밀의 사용에 있어서는 주의하여야 할 포인트이다.

다음으로 Ⓓ지점(상승 가공)에 있어서는 그 필요한 절삭날 길이가 길고 공구 강성이 떨어지는 롱날 공구가 필요하게 된다. Ⓒ지점과 같이 경사각이 비교적 완만한 면의 절삭에서는 절삭상의 문제점은 없다.

그림 2는 윤곽 모방 가공의 상황을 표시한다. 그림에서 명백하게 나타나듯이 절삭량의 변화가 적고 절삭날 작용 위치가 일정하고 짧은 것을 알 수 있다. 이것으로서 일정한 절삭 이송을 유지하고 강성이 있는 공구로 하향 절삭을 하기 때문에 공구 손상이 적고 좋은 가공 정밀도를 얻을 수 있다.

다듬질 가공에 있어서 픽 피드량에 대해서는 다음 공정의 연마 작업에 영향을 주기 때문에 신중히 결정할 필요가 있다. 가공 정밀도, 공구 수명을 생각하면 픽 피드량을 작게 해서 고속으로 모방하는 방법이 좋다고 생각한다.

이상의 사항에서 볼 엔드 밀에 의한 모방 가공의 포인트로서,

① 거친 가공이나 중(中)가공에서는 전부 윤곽 모방 가공을 사용한다.

② 형면 경사 각도 45°를 경계로 해서 윤곽과 표면 모방 가공을 구분해서 사용한다(45° 이상은 윤곽 모방 가공을 사용한다).

는 것이 필요하다

그러나 자동차용 보디 프레스 금형 등의 대형 금형에서는 표면 모방 가공을 많이 사용하고 있다. 이 경우는 전술한 공구 중심부의 칩 배출이 불량으로 인한 공구 손상이 발생하기 때문에 **사진 1**에 표시한 것 같이 공구 중심부에 칩 포켓용 홈을 설치해 줄 필요가 있다.

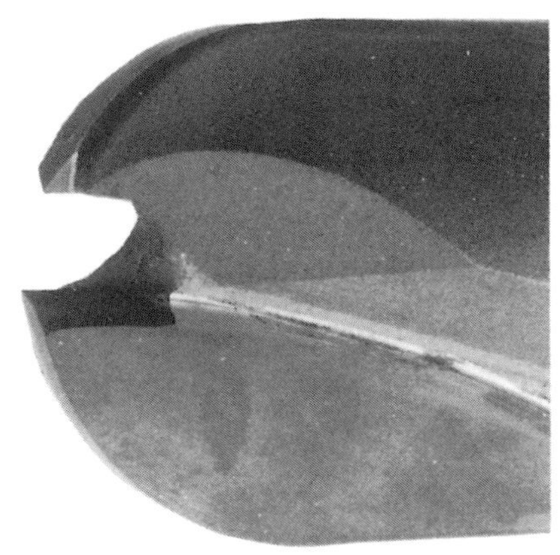

사진 1 선단에 칩 포켓용 홈을 설치한 예

▶ 금형 모방 가공용 절삭 공구

(1) 나선날형 초경 볼 엔드 밀

금형의 모방 가공에 있어서 제일 많이 사용되는 볼 엔드 밀은 절삭 속도가 "0"이 되는 공구 회전 중심에서 공구 외경까지의 반구부가 사용되는데 그 중심부 영역의 절삭이 초경화의 어려운 점이고 하이스 공구가 많이 사용되는 이유이다.

그러나 나선 날형을 갖는 초경 볼 엔드 밀(상표 : 다이제트 가는 밀)이 개발됨으로써 종래의 금형 가공 방법 및 금형용 절삭 공구가 크게 변화되었다. **사진 2**에 2개날형의 외관 모양을 표시하나 날끝에 초경 합금을 사용하고 공구 회전 중심부를 나선날형으로 함으로써 고속 고이송 절삭을 가능하게 하고 있다.

사진 2 나선 날형 초경 볼 엔드 밀(2개날)

그림 3에 표시한 것 같이 나선 날형의 경우, 공구 1회전 중에 절삭날이 피삭재에 베들어 가고 있는 시간이 종래의 날형에 비해서 1/4회전 길고 그리고 천천히 피삭재에 먹어 들어 가기 때문에 절삭날에 대한 기계적 충격, 열적 충격이 적게 된다.

그리고 나선 날형에 의해서 형성되는 마이너스의 레이디얼 레이크와 플러스의 액셜 레이크에 의해서 경사 절삭 작용이 생겨서 절삭 저항이 작고, 또 칩이 선단 중심에서 외주 방향을 향해서 원활하게 배출되고 절삭날 손상이 잘 일어나지 않으며 고이송이 가능하다.

이와 같이 많은 장점을 갖는 공구도 사용 방법(이 경우 모방 가공 방법)의 잘못으로 그 특성을 살릴 수 없는 경우도 있기 때문에 사용할 때의 주의점에 대해서 기술해 둔다.

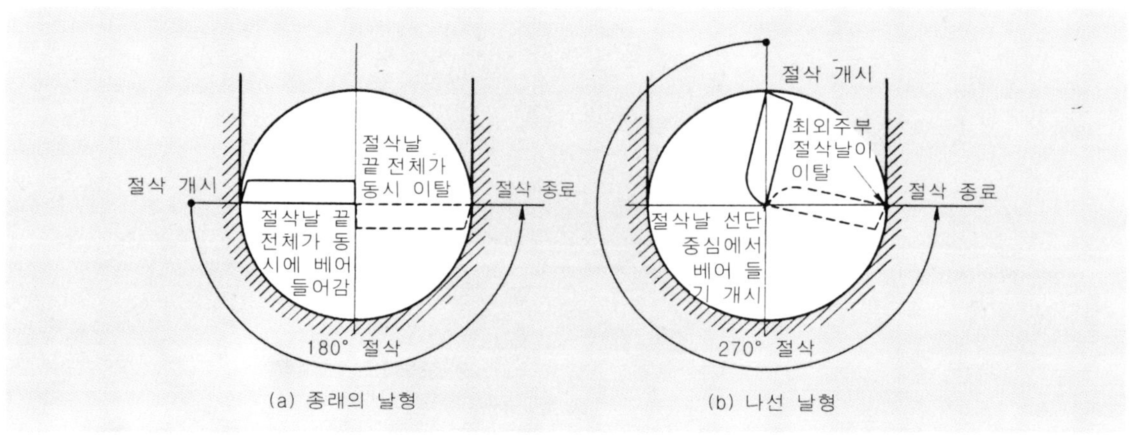

그림 3 종래 날형과 나선 날형의 비교

① 거친 가공이나 중가공에서는 상하 축방향에 대한 절삭 이동이 없는 윤곽 모방 절삭을 하향 절삭으로 실시한다. 이로 인해서 절삭중의 채터링 모양을 억제하고 가공면 정밀도의 향상, 가공 시간을 단축할 수 있다. 이 가공 후 다음 공정에 대한 잔류 여유로 인해 표면 모방 가공을 실시한다.

② 금형의 최종 가공 모양에 따라서 사용하는 공구 지름이 결정된다. 이 점을 고려해서 다음 공정에 사용하는 공구 지름은 앞 공정 공구 지름의 1/2 이하를 사용한다.

③ 절삭 개시는 될 수 있는 한 중심 절삭날에서 실시하고 항상 중심부가 가공물에서 벗어나지 않고 절삭할 수 있는 경로를 선정하고 가공물에 열변형이 발생하거나 칩의 침입을 방지하기 위해서 공기 분사를 사용한다.

(2) 스로어웨이 볼 엔드 밀

이것은 전술한 나선 날형의 것(1개날형)을 스로어웨이한 것으로 1코너형(**사진 3**)과 2코너형(**사진 4**)의 2종류가 있고 어느 것도 스크루 온 방식을 채택하고 있다.

구조가 간단하고 칩 포켓을 넓게 잡을 수 있기 때문에 칩의 배출성이 좋은 것이 특징으로 되어 있다.

그리고 본체에는 날끝 냉각과 칩 배출을 쉽게 하기 위해 노즐 구멍이 만들어져 있다. 이것에 의해서 공구 수명과 금형의 깊은 새기기 가공시의 작업성에 효과를 올리고 있다. 그리고 본체 선단부에는 벽을 설치하고 필요 최소한의 칩 포켓을 두어 공구 강성을 높이고 있다.

1코너형 팁의 외주 절삭날은 축방향으로 길게 해서 깊은 절삭을 가능하게 하고 또 팁 구속 방법에 대해서는 팁 떠오르기를 방지하는 방식을 채택하고 있으며, 특히 사용 공구에 대한 신뢰성이 중시되는 금형의 모방 가공에 적합하다고 생각할 수 있다.

비용을 생각한 2코너형의 팁은 절삭날끝은 짧게 되지만 돌아서 들어간 R 절삭날(백 커팅 에지)을 설치해서 끌어 올림 절삭을 가능하게 하고 있다.

사진 3 나선 날형 스로어웨이 볼 엔드 밀 1코너형

사진 4 나선 날형 스로어웨이 볼 엔드 밀 2코너형

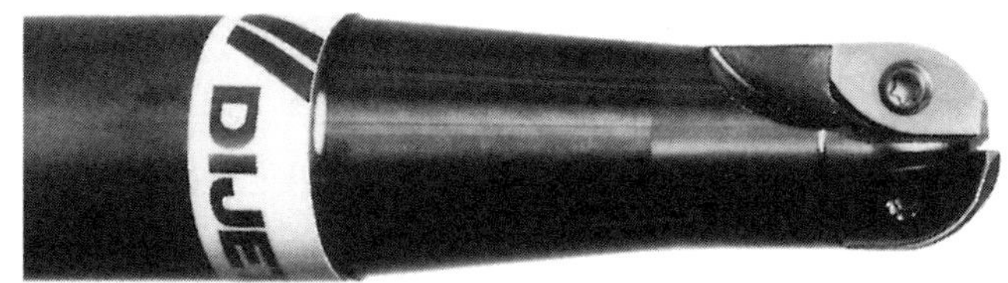

사진 5 2개날의 나선 날형 스로어웨이 볼 엔드 밀

그림 4는 피삭재가 S 55 C, ϕ 30 mm(2코너형) 엔드 밀을 사용해서 절삭 깊이와 폭을 일정하게 하고 이송을 바꾸었을 때의 칩 상태를 표시하고 있다. 이것은 윤곽 모방 가공에 있어서 절삭 이송의 가능 범위를 조사하는 것으로 이에 의하면 $d=4$ mm의 경우 $f_z=0.59$ mm/rev가, $d=8$ mm의 경우는 $f_z=0.38$ mm/rev이 적정 조건의 한도로 볼 수 있다. 그리고 보다 안정된 절삭을 겨냥한 2개날의 나선 날형 스로어웨이 볼 엔드 밀도 있다(**사진 5**).

(3) 레이디어스 엔드 밀

스퀘어 엔드 밀과 볼 엔드 밀과의 중간 정도인 레이디어스 엔드 밀은 볼 엔드 밀에 비해서 공구 강성, 내마모성, 절삭 성능이 우수하고 금형 가공의 거친 가공 공정에 있어서는 레이디어스 엔드 밀에 의한 윤곽 모방 가공이 적합하다.

사진 6은 외경 치수 ϕ 50 mm, 3개날의 스로어웨이형의 레이디어스 엔드 밀이다.

팁은 둥근 팁(ϕ 20 mm)을 사용하고 있고 모방 가공용 공구로서의 효과에는 다음과 같은 것을 들 수 있다. 코너 R 10 mm의 둥근 팁에 의한 절삭은 동일 코너 R를 갖는 볼 엔드 밀(이 경우 ϕ 20 mm 볼 엔드 밀)에 의한 절삭에 비해서 공구 본체 강성이 우수하기 때문에 절삭 조건의 향상과 절삭 작업의 안정성을 얻을 수 없다. 그리고 둥근 팁은 절삭 날이 R 모양이기 때문에 절삭날 강도가 높고 절삭 초기에 충격 파손을 일으키기 쉬운 초경 합금의 성질을 커버하고 있다.

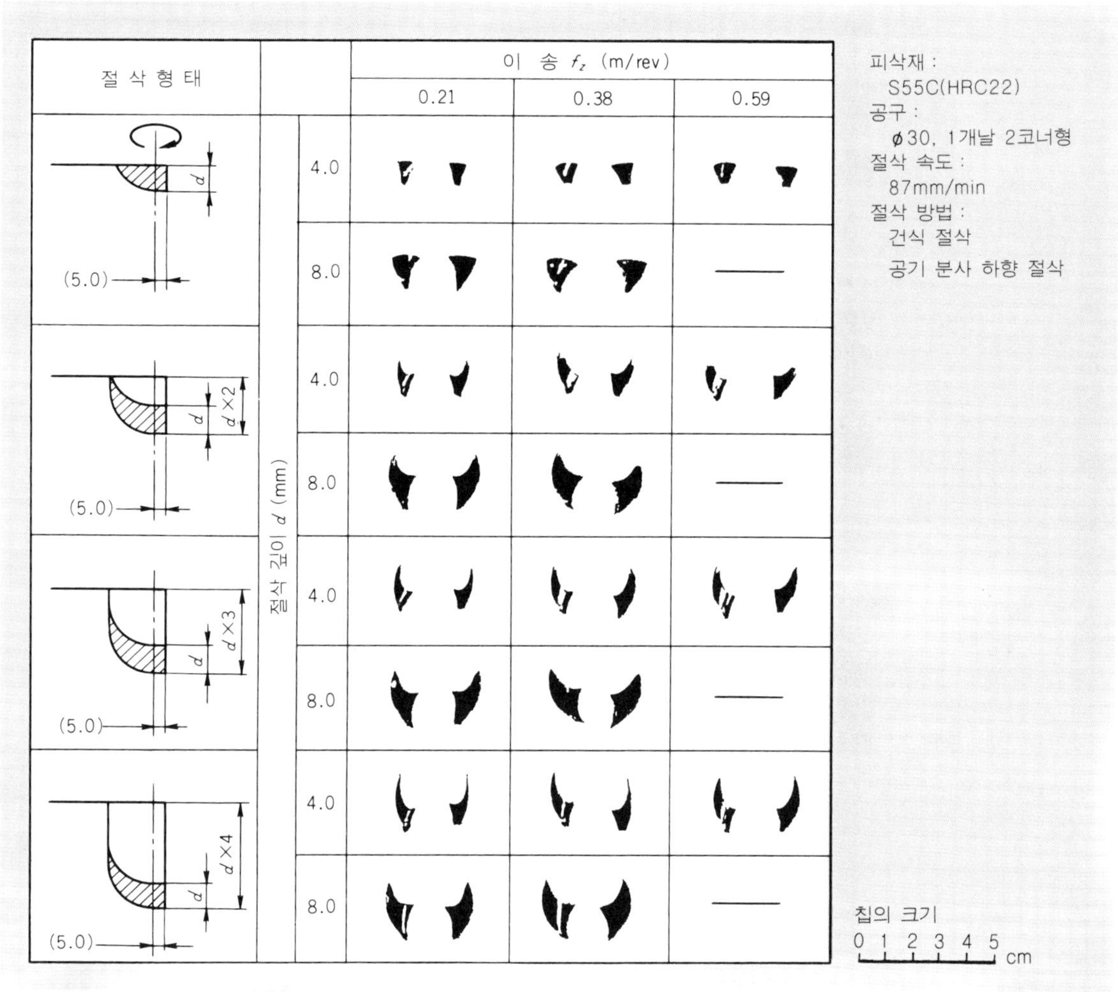

절삭형태
이송 f_z (m/rev)
0.21
0.38
0.59
절삭 깊이 d (mm)
4.0
8.0
(5.0)
d
$d\times2$
$d\times3$
$d\times4$
피삭재 :
S55C(HRC22)
공구 :
ϕ30, 1개날 2코너형
절삭 속도 :
87mm/min
절삭 방법 :
건식 절삭
공기 분사 하향 절삭
칩의 크기
0 1 2 3 4 5 cm

그림 4 나선 날형 스로어웨이 볼 엔드 밀에 의한 칩 형상

사진 6 스로어웨이식 레이디어스 엔드 밀(3개날)

그리고 절삭 이송을 높게 해도 절삭열이 초기에 절삭날 전체에 분산되기 때문에 고경도재의 단속 가공인 열간 단조 금형의 거친 가공이나 상면 절삭에도 우수한 성능을 나타낸

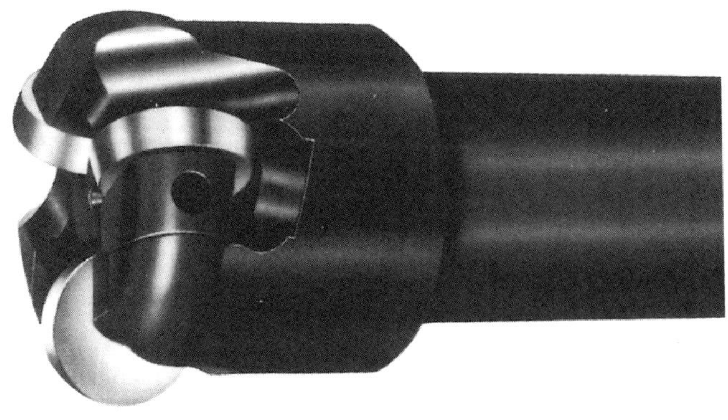

다. 그리고 칩 두께가 종래의 커터에 비해서 작게 되기 때문에 절삭 이송량에 있어서 절삭 깊이 2~3 mm의 절삭으로 2~3배의 절삭 이송량을 설정하는 것이 가능하다.

레이디어스 엔드 밀에 의한 S 55 C의 가공 조건 예를 **그림 5**에 표시한다.

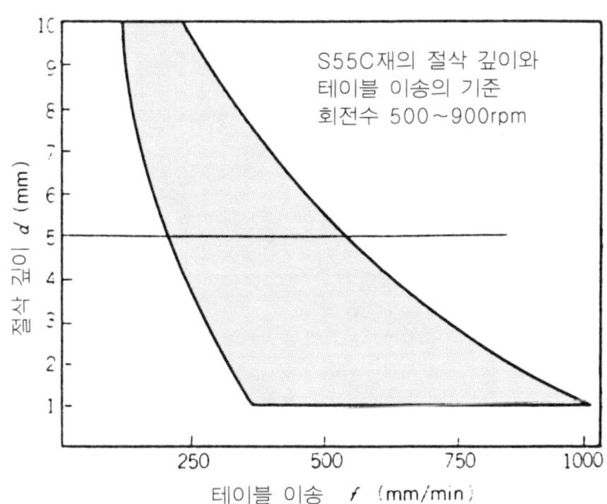

그림 5 레이디어스 엔드 밀에 있어서 S55C의 가공 조건

3개날 레이디어스 엔드 밀은 모방 가공용 공구로 널리 사용되고 있으나 최근에는 특히 가공 능률 향상에 대한 요구가 강하고 그 결과로 적정 사용 범위를 넘은 조건으로 사용되는 경우가 나타나게 되었다.

특히 모방 가공에 있어서의 조건은 홈절삭에 가까운 절삭 폭으로 사용되기 때문에 채터링이 발생해서 팁 수명의 저하를 초래한다.

2개날의 레이디어스 엔드 밀도 있다. 이것은 날수를 줄여서 칩 포켓을 크게 해서 칩이 배출되기 쉽게 하는 동시에 부등 분할 절삭날을 채택하고 있어서 모방 가공의 거친 절삭에서도 3개날의 것에 비해서 보다 안정 절삭이 가능하다.

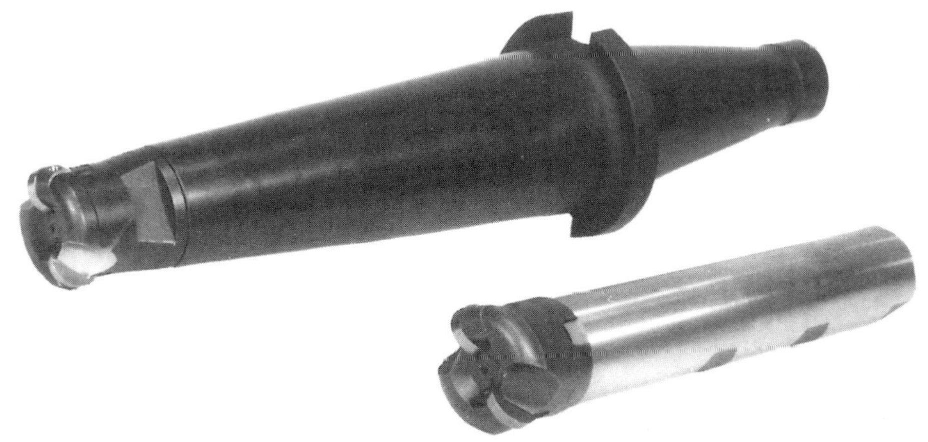

사진 7 레이디어스 엔드 밀의 변화

사진 8　강관 이음용 금형의

　홈가공에서 3개날과 2개날과의 가공 성능을 비교해 보면 2개날은 칩의 모양이나 가공면의 거칠기 측정 결과에서 채터링 현상의 억제에 효과가 있는 것을 알 수 있다.

　사진 7은 금형의 깊은 새기기 가공을 할 수 있도록 목 밑 길이를 길게 하고 또 날부와 자루부를 연결 방식으로 함으로써 공구의 관리를 쉽게 한 레이디어스 엔드 밀의 예이다. 오른쪽형은 필요 최소한의 공구 길이(돌출량)로 설치할 수 있다.

(4) 솔리드 초경 볼 엔드 밀

　금형의 다듬질 가공에서는 사용하는 공구 지름에 대해서 돌출 길이가 길게 되는 몫만큼 가공 능률이 떨어진다. 소직경 솔리드 초경 엔드 밀은 하이스 공구에 비해서 휨이 적고 (초경의 종탄성 계수는 하이스의 약 2배), 내마모성이 우수하다.

　이 때문에 금형의 고정밀도, 장시간 연속 절삭이 가능하고 다듬질 가공에 적합하다고 할 수 있다.

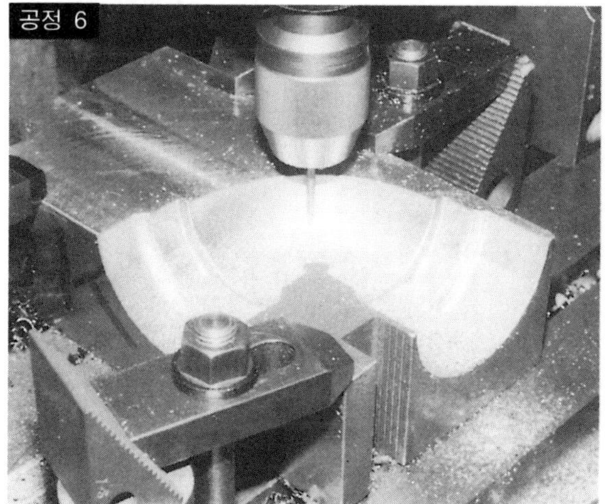

각 공정의 절삭 조건

공 정	절삭 방식	사용 공구	회전수 (rpm)	이송 속도 (mm/min)	픽피드 (mm)	가공시간 (min)
1. 거 칠 음	윤곽 모방	레이디어스 ø 50	600	300	3.0	15
2. 거 칠 음	윤곽 모방	나선날형 ø 16	1800	600	3.0	17
3. 거 칠 음	표면 모방	나선날형 ø 16	1800	600	2.0	18
4. 중다듬질	윤곽 모방	나선날형 솔 리 드 ø 8	2000	500	1.0	45
5. 중다듬질	표면 모방	나선날형 솔 리 드 ø 8	2000	700	0.8	48
6. 다 듬 질	윤곽 모방	나선날형 솔 리 드 ø 4	2000	500	0.5	150
7. 다 듬 질	표면 모방	나선날형 솔 리 드 ø 4	2000	600	0.3	120

가공 사례(피삭재 : SKT 4)

 사진 8에 강관 이음용 금형 모방 가공 예를 표시한다. 보통 피삭재는 FC 20 상당의 주철이 사용되지만 여기서는 추천하는 모방 가공 절차를 설명하기 위해서 SKT 4의 블록재를 사용하였다.

엔드 밀 가공의 Q&A

Q 엔드 밀로는 어느 정도 경도의 재료까지 절삭할 수 있는가.

A 일시적인 기준이지만 하이스 엔드 밀의 경우 HRC 40 정도까지가 실용 영역이다. 그러나 최근의 소결 하이스 엔드 밀로는 HRC 48 정도까지 절삭이 가능하지만 이 것도 실용 영역은 HRC 45 정도까지이다.

초경 엔드 밀은 초미립자계 초경 엔드 밀로 HRC 45 정도까지, 일반 초경 엔드 밀로 HRC 50 정도까지가 실용 영역이다.

Q 엔드 밀 가공과 사이드 커터에서는 어느 쪽이 유리한가.

A 일반적으로 사이드 커터쪽이 고능률이고 수명도 길기 때문에 외경이 크다고 하는 제약이 문제가 되지 않으면 사이드 커터를 사용하여야 할 것이다. 그러나 깊은 홈 가공에서는 엔드 밀쪽이 유리한 경우가 있다.

Q 엔드 밀이 용접 부분에서 부러지는 경우가 있는데.

A 대직경 엔드 밀에는 비용을 낮추기 위해서 날부의 하이스재와 저급한 자루재를 용 접하고 있다. 용접은 마찰 용접법으로 일반적인 작업에 충분히 견딜 수 있도록 하 고 있다. 그러나 설치의 강성이나 기계의 강성이 나빴거나 해서 엔드 밀에 충격적인 굽힘 의 힘이 작용하는 경우, 견디지 못하고 부러지는 경우가 있다. 아무리 해도 작업의 개선이 도저히 어려운 경우에는 값이 비싸지만 순수 재료로 주문할 것을 추천한다.

Q 피삭재가 상당히 연한 데도 엔드 밀의 수명이 짧은 것은 왜인가.

A 순금속이나 순금속에 가까운 피삭재에서 경도는 대단히 연한데도 공구 수명이 짧을 때가 있다. 이 경우는, 공구에 용착이 생기고 있거나 칩이나 구성 날끝의 일부가 공 구의 여유면을 상하게 하고 있기 때문으로 피삭재에 맞는 공구 모양과 사용 조건을 선택 하여야 한다.

Q 테이퍼 엔드 밀은 왜 같은 비틀림 엔드 밀이 좋은 것인가.

A 테이퍼 엔드 밀을 일반적인 절삭법의 같은 리드로 절삭하면 소직경에서는 비틀림각이 작게 되는 외에 큰 숫돌로 경사면을 연삭하면 간섭 때문에 경사각도 변화해서 절삭성이 저하된다.

그래서 특별한 제작법으로 같은 비틀림으로 하면 이 결점이 제거되어서 절삭성이 증가하고 소직경에서도 절삭성을 좋게 할 수 있다. 그러나 이 엔드 밀은 리드가 변화하고 있기 때문에 같은 리드로 숫돌을 이송하는 공구 연삭기로는 재연삭할 수 없다.

Q 더브테일 홈 커터나 T 홈 커터에 의한 가공면을 좋게 하고 싶은데.

A 더브테일 홈 커터에는 절삭날에 비틀림각을 붙인 것이 절삭성이 좋은데 각도의 측정이 어렵기 때문에 정밀 가공에는 사용하기 어렵다. T 홈 커터도 날형을 스태거 투스(staggered tooth)로 하거나 비틀림각을 붙이면 절삭성이 좋아진다.

가공면을 좋게 하는데는 절삭성이 좋은 커터로 절삭유를 사용해서 강성이 높은 상태에서 이송을 낮게 해서 절삭한다.

Q 강비틀림 엔드 밀에는 왜 챔퍼를 붙이는가.

A 오른날 오른 비틀림의 엔드 밀은 특히 비틀림각이 클수록 날끝이 예리하기 때문에 날끝이 파손하기 쉽고 그리고 마모가 빨리 되기 쉽다. 그 때문에 챔퍼를 붙이고 있다. 그러나 절삭된 구석 모서리에 챔퍼 때문에 절삭 잔류가 생기는 것이 결점이다.

Q 엔드 밀의 재연삭에 사용하는 숫돌은 어떤 것인가.

A 하이스 엔드 밀의 재연삭에는 숫돌날은 WA, 가능하다면 MA, 결합제는 비트리파이드(vitrified)를 선정한다. 입도(粒度, grading), 결합도는 46~80, H~K의 범위에서 평균적으로 컵 숫돌의 경우, 60J가 좋을 것이다. 입도가 작은 것(80이나 100)은 다듬질면을 좋게 하지만 눈이 막혀서 연삭 번이 일어나기 쉽고 그리고 딱딱한 것(K, L, M)도 숫돌은 오래 사용할 수 있으나 연삭 번이 일어나기 쉽게 된다.

CBN 숫돌은 #140~200을 기쥬으로 선택한다. CBN 숫돌온 절삭 여유가 많은 연삭이나 강성이 낮은 그라인더에서는 피하는 것이 좋을 것이다.

CBN 숫돌에 의한 연삭에서는 연삭 번, 불꽃의 발생이 적기 때문에 중절삭이 되기 쉽다. 일반적으로 한 번의 절삭량을 적게 해서 여러 번 절삭을 하는 것이 날끝을 예리하게 하고 숫돌의 수명도 길게 할 수 있다.

PART • 4

엔드 밀을 살리는 주변 기술

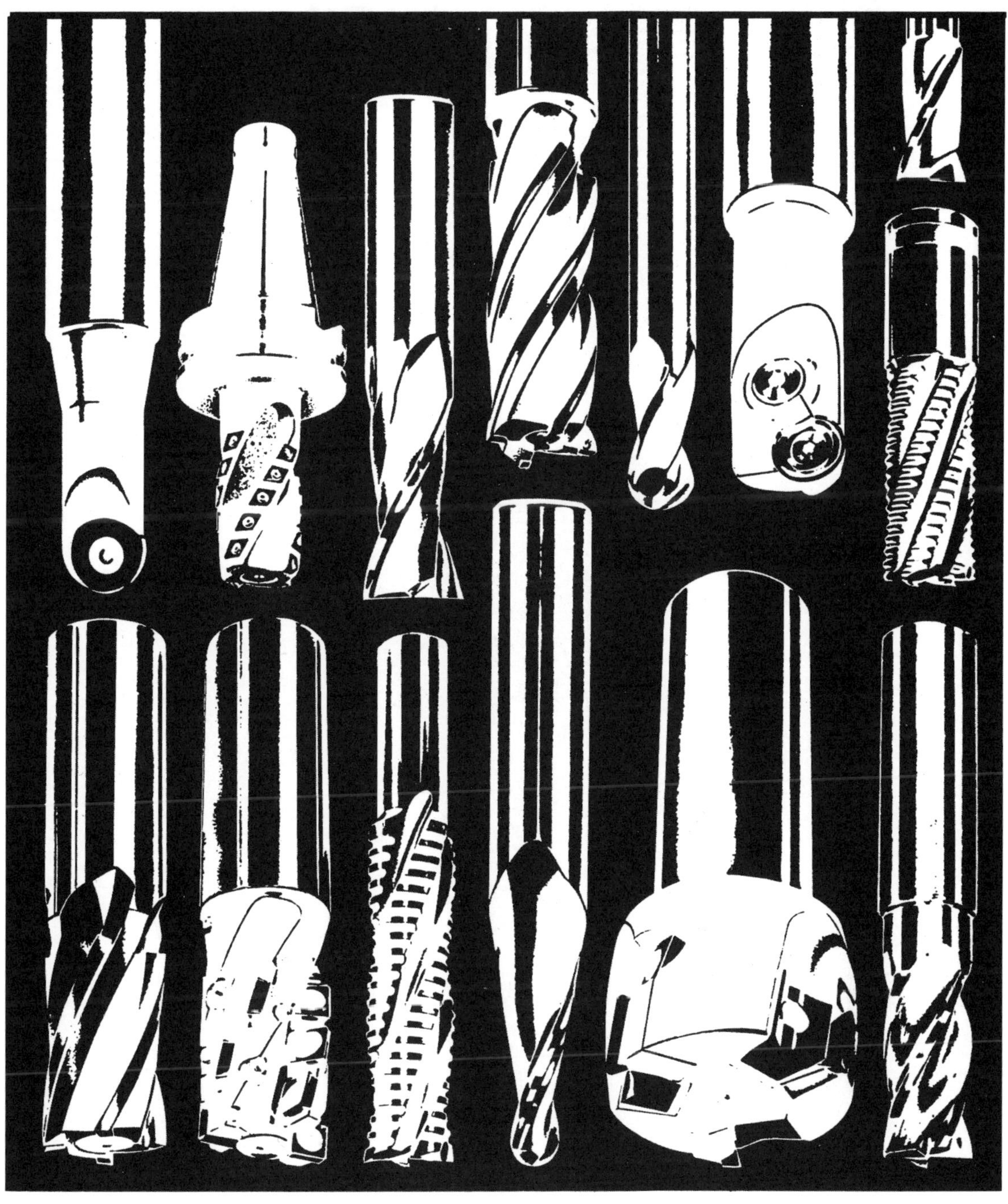

■ 강성을 높인 롤 로크식 척

　　툴링중에서도 극히 일반적인 유지 기구인 밀링 척에 대해서 카탈로그와는 좀 다르게 이야기를 해 보자.

　　"밀링 척은 엔드 밀의 생크를 잡는 것"이라고 정의하면 지금이야말로 여러 가지 종류의 것이 제조 판매되고 있다. 그 중에서 오늘날 주류가 되어 있는 롤 로크 방식에 초점을 맞추어서 선택하는 것이 좋다고 생각한다. 이 방식은 20여년 전에 서독의 볼그 워너사가 개발한 시스템으로 일본에서도 17년전부터 생산되고 있다.

그런데 이 방식에는 **그림** **1** (a)에 표시한 것 같이 허리가 약하다는 결점이 있어서 현장의 요구를 채우지 못하고 있었다. 그래서 이 결점을 보완하기 위해서 여러 가지 연구를 더한 밀링 척이 각 회사에서 판매되고 있다. 여기서는 수많은 롤 로크 방식 중에서 현장에 맞는 것을 골라 내어 그것들을 활용하기 위한 체크 포인트를 기술하고자 한다.

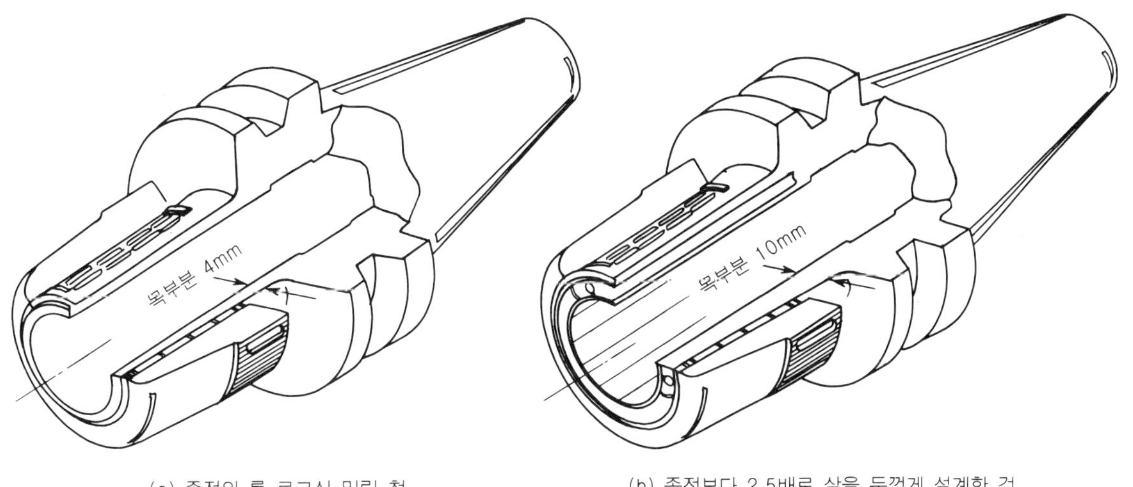

(a) 종전의 롤 로크식 밀링 척
(b) 종전보다 2.5배로 살을 두껍게 설계한 것

그림 1   롤 로크식 밀링 척의 차이

❶ 충분한 파악력이 있고, 카탈로그값도 보통의 사용 상태에서 제대로 그 기능을 발휘할 수 있어야 한다

「최저 몇 kg·m의 파악력이 필요한가」라고 하는 질문에 대해서 구체적으로 답변하는 것은 대단히 어려운 일이다. 아무튼 파악력만을 카탈로그에서 비교해서 양부를 판정하기 쉬우나 반드시 파악력이 강한 것이 밀링 척으로서 보다 좋은 것이라고는 할 수 없다.

파악력 300 kg·m라고 하는 것도 있으나 실제로 절삭 토크는 60 kg·m 정도가 최고이기 때문에 안전률을 보아도 250 kg·m도 있으면 충분할 것이다.

파악력만 신경을 쓰고 더 중요한 체크 포인트를 보지 못해, 빠뜨리는 일이 생기지 않도록 하는 것이 중요하다.

❷ 척 내경의 수축 여유가 충분히 있어야 한다

현실적으로는 빠듯한 공차의 작은 섕크, 또는 스트레이트 콜릿을 사용하는 일도 많이 있다. 파악력은 척 내경과 스트레이트 콜릿과의 빈틈 및 스트레이트 콜릿 내경과 엔드 밀 섕크의 빈틈이 "0"이 된 다음에 처음으로 발생하기 시작하게 되는 것이므로 척의 내경은 적어도 0.1~0.12 mm 이상 수축할 여유가 없으면 카탈로그값 대로의 파악력은 기대할 수 없다(**그림** **2**).

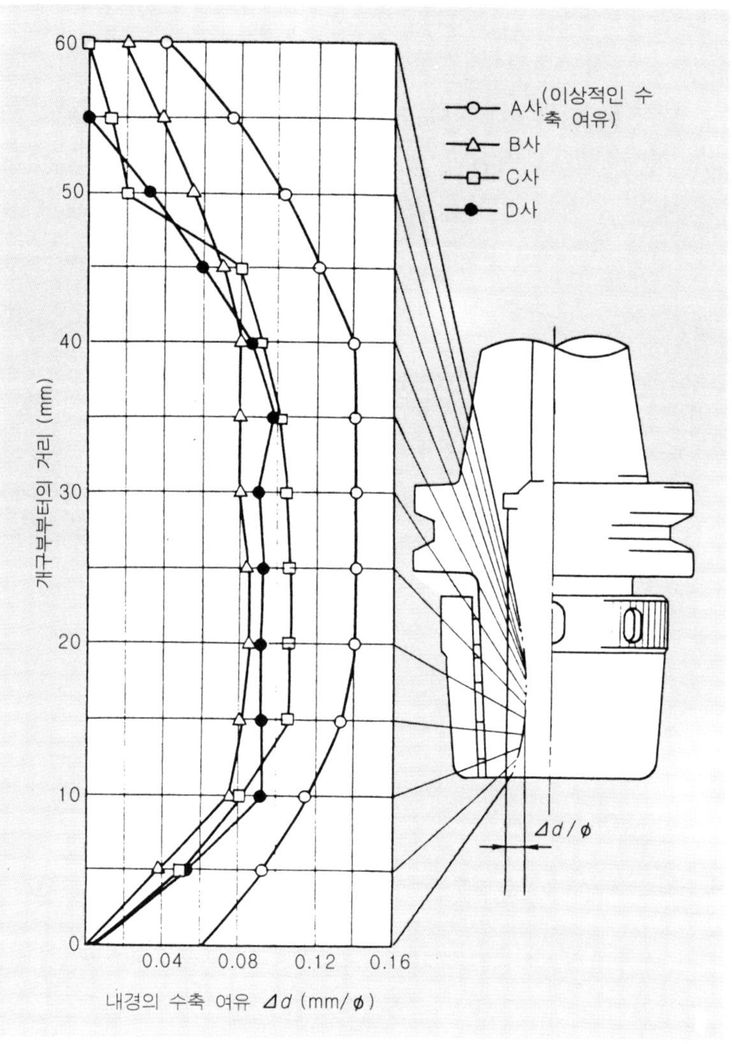

그림 2　내경의 수축 여유

　이 빈틈이 너무 작은 척의 경우는 엔드 밀을 넣기 어렵다는 조작성의 문제도 나오기 때문에 수축 여유는 일상적인 작업에 큰 영향을 주게 된다.

❸ 척의 내경에 유막막기의 홈이 있고 그 홈 폭은 될 수 있는 대로 좁게 한다

　현장의 작업 환경은 아무리 최신 공장이라고 해도 밀링 척에 있어서는 좋지 않고 철분이나 먼지가 섞인 기름은 아무리 잘 닦아낸다 해도 깨끗하게 떨어지지 않는다. 결국 내경에 아무런 홈도 없는 척에는 유막이 생겨서 미끄러지기 쉬워지는 것이다.

　시험 결과로는 파악력은 1/2 이하로 떨어지는 것을 알고 있다.

　기름의 영향을 없애기 위해서 내경의 축방향에 설치한 유막빼기 홈은 절대 조건이지만 그저 홈이 있는 것만으로는 안된다. 홈 폭이 넓으면 엔드 밀의 섕크에 홈집이 생기고 다음 번 사용에 문제가 있다. 뭐니뭐니 해도 300 kg·m의 파악력이 나오는 척의 경우, 생크의 표면에는 1 cm²당 약 2 t이나 되는 압력이 가해지고 있으며 생크의 경도가 낮은 엔드 밀로도 홈을 내지 않기 위해서는 홈 폭은 0.5 mm 이하가 아니면 안된다.

홈 폭이 넓은 경우에는 튼튼하게 물어서 미끄러지기 어려울 것 같지만 "엔드 밀은 재연삭해서 몇 번이라도 사용하는 것"이라는 것을 잊어서는 안된다.

❹ 파악력만이 아니라 가로 방향(이송 방향)의 강성이 충분해야 한다

그림 1 (a)와 같이 종래의 롤 로크 방식은 살 두께가 얇고 잡아 쥐는 힘은 그런 대로 강해도 허리가 약해서 엔드 밀의 여유가 문제였었다. 최근에는 **그림 1** (b)와 같이 이 두께가 10 mm 정도의 것이 주류로 되었다.

그리고 고정 너트의 단면을 대는 것, 2중 너트로 하고 있는 것 등도 있으나 어느 것이라도 특히 ②, ③, ⑥항을 만족하고 있는 것이 중요하다.

❺ 흔들림 정밀도가 높아야 한다

절삭 조건을 올리는 경우, 자칫하면 파악력만을 문제로 삼기 쉽다. 밀링 척의 성능 하나를 평가할 때는 그래도 되지만 절삭 조건 중에서 능률 상승에 가장 중요한 것이, 척에 부착했을 때의 엔드 밀의 흔들림 정밀도라는 것은 의외로 알려져 있지 않다.

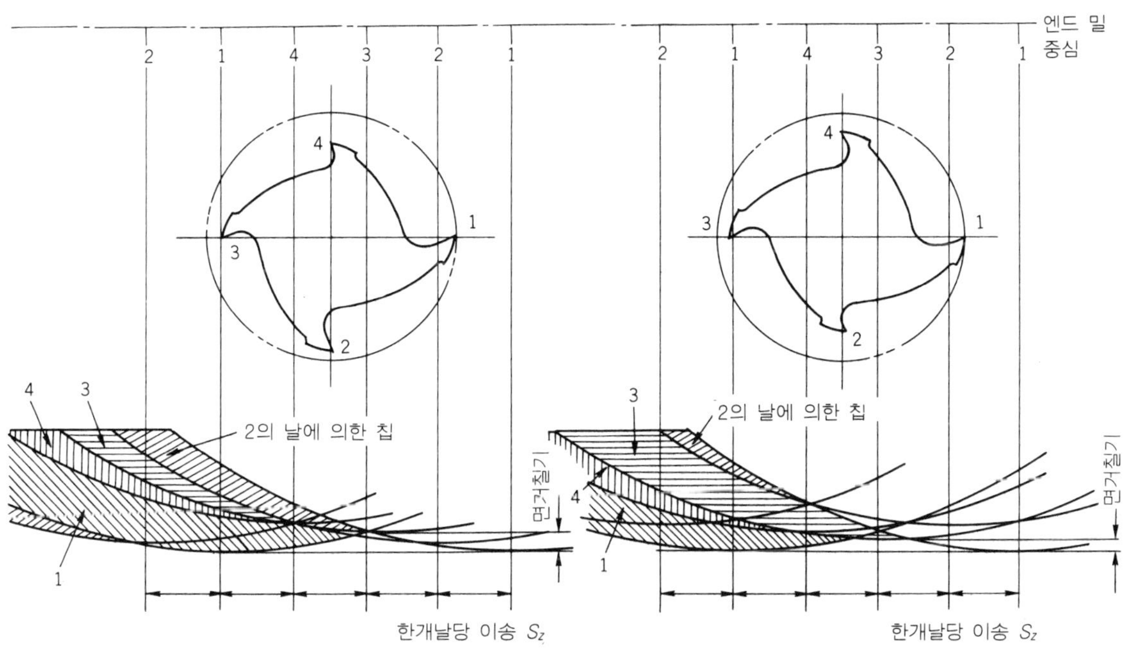

그림 3 엔드 밀 절삭날의 휨 방식의 차이에 의한 다듬질면 거칠기의 차이

그림 3에서는 다듬질면 거칠기에 대한 영향이라는 표현을 하고 있으나 다듬질 가공에서 이송을 내리지 않을 수 없게 되고 거친 가공의 경우는 한 날당 이송이 극히 작은 날도 나오기 때문에 가공물을 절삭하지 않고 미끄러져 버리는 날이 나오게 되어서 채터링이 발생하는 일이 있다.

이에 대해서 강성이 있다없다 하는 판단을 해버리는 일이 있다.

그런데 척의 흔들림 정밀도에는 말이 많지만 공구(엔드 밀)의 흔들림 정밀도에는 의외로 신경을 쓰지 않는 경우가 상당히 있는 것 같다.

올바른 평가를 하지 않아서 척에 대해 필요 이상의 투자를 하는 일이 없도록 해주기 바란다.

❻ 척의 중심부만이 아니라 개구부(開口部)도 잘 찍어야 한다

롤 로크 방식의 밀링 척은 테이퍼 콜릿 방식과는 달리 니들(niddle) 롤러와 죔 너트가 구르면서 원통(본체)을 탄성 변형시켜서 죄는 힘을 내는 방식이다. 이 방식의 치명적인 결점은 설계상 아무리 하여도 개구부의 죔이 나빠지는 경향이 있다는 것이다.

척이 엔드 밀 샹크를 직접 잡는 경우는 그런 대로 괜찮으나 스트레이트 콜릿을 사용해서 소직경 엔드 밀을 사용할 때는 대단히 문제가 된다(**그림 4**).

대직경 엔드 밀에 의한 중절삭의 경우보다 소직경 엔드 밀로 가공할 때 빠지는 트러블이 압도적으로 많음을 볼 수 있다. 이것은 소직경 엔드 밀은 샹크 길이도 짧기 때문에 개구부만으로 잡고 있는 결과가 되기 때문이다.

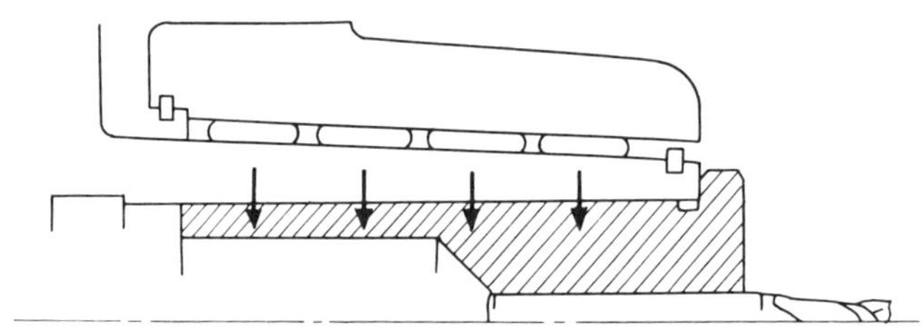

그림 4　스트레이트 콜릿을 사용했을 때의 파악 상태

이것을 해결하기 위해서는 척 내경에 가급적 깊은 슬릿을 내경 속 깊게까지 붙이는 것이 상책이다. 이 슬릿에 의해서 척 본체인 원통이 무리없이 평균적으로 줄기 때문에 결과적으로 수축 여유도 크게 되고 흔들림 정밀도도 좋아진다.

이와 같이 밀링 척의 내경에 설치하는 슬릿은 파악력, 흔들림 정밀도, 개구부의 죔 등의 향상에 반드시 있어야 함을 알게 되었을 것이다.

그러면 어떠한 모양의 홈이 좋은 것일까. **그림 5**를 보기 바란다. 척 메이커 입장에서는 약간 시간이 걸리는 일이지만 (c)의 방법이 제일 좋은 것으로 생각한다.

그림 5 여러 가지 홈 형상

⑦ 내구성이 높아야 한다

내구성은 척을 구입해서 사용하는 사람의 당연한 요구이다.

롤 로크식의 밀링 척은 ③항에서 말한 바와 같이 죔 너트 전체에는 60톤 이상의 압력이 가해지고 있다(1 cm^{2}당 2톤 이상). 그 때문에 장시간 사용하면 니들의 구름면이 얇게 떨어지기 시작한다. 이렇게 됐을 때는 척의 수명이 다된 것으로 생각하여야 한다.

현재 시판되고 있는 척 중에는 죔, 누름의 횟수가 3000~3500회 정도의 수명에서부터 15000회 정도까지 유지되는 것 등 여러 가지가 있으며 척 메이커에 따라 다르기 때문에 사용자의 선택 능력이 필요하게 된다.

그리고 척의 수명은 테이퍼부나 내경에도 관계가 있다. 테이퍼부는 중절삭으로의 사용이 많은 경우라든가, 스핀들 테이퍼나 척의 테이퍼 손질이 나쁜 경우 등에 프레팅 현상이라고 해서 갈색으로 변색하는 일이 일어난다. 단순히 갈색으로 변색하는 것만이라면 특별히 문제는 되지 않지만 흔들림 정밀도가 나쁘게 되는 일이 있다. 그리고 척 내경도 어떤 원인으로 한 번 미끄러지면 홈이 생기는 일이 있으나 그 경우에는 반드시 흔들림 정밀도를 조사해 주기 바란다. 이렇게 해서 흔들림 정밀도가 나빠졌을 경우, 척의 성능을 떨어뜨리지 않고 수정하는 것은 상당히 어렵고 우선 수명이 다 됐다고 생각하는 것이 좋을 것이다.

⑧ 엔드 밀의 섕크에 친 흔적이 없을 것

엔드 밀 섕크의 경도는 ϕ16 mm의 것에는 HRC 45 전후, 초경 엔드 밀에는 HRC 38 전후의 것이 많고 이 경도로는 취급이 좋지 않으면 홈이 생기고 만다.

시험 삼아 엔드 밀 섕크에 높이 0.04 mm의 작은 홈을 3곳에 인공적으로 내서 잡아 쥐는 힘을 테스트해 보았는데 카탈로그에 기재되어 있는 값의 1/2~1/5까지 떨어지고 말았다.

엔드 밀이 빠지는 사고에 대해서는 척의 파악력을 무의식중에 의심하게 된다. 그러나 절삭공구 쪽도 의심해 볼 필요가 있는 것이다. 요컨대 엔드 밀의 섕크도 툴링으로서는 날물의 일부인 동시에 척의 일부라고 생각하여야 할 것이다.

메이커의 카탈로그에는 여러 가지가 표현 되어 있으나 적어도 현장에서 필요한 최소한의 포인트는 놓치지 않도록 하여야 할 것이다.

절삭 유제의 종류, 효과와 그 선택

❶ 절삭 유제의 종류와 작용

절삭 유제는 그의 조성 및 특성에서 **표** 1과 같이 크게 나눌 수 있다.

표 1 절삭 유제의 특성

	불수용성 절삭 유제			수용성 절삭 유제	
	유 성 형	불활성 극압형	활성 극압형	에멀션형	솔류블형
윤 활 성	○	◎	◎	△~○	△
반 용 착 성	△	○	◎	-	-
냉 각 성	○	○	○	◎	◎
침 윤 성	◎	◎	◎	△	○
방 청 성	◎	○	○	△	△
발 연·인화성	△	△	△	◎	◎
표시법 : ◎=優, ○=良, △=可					

● **불수용성 유제**……이것은 광물유(鑛物油)의 점성 효과를 기본으로 하고 있다. 그러나 실제 절삭 가공에서 윤활이 필요하게 되는 것은 고체 접촉이 따르는 경계 마찰 영역이 많

기 때문에 여러 가지 첨가제에 의해서 그 부족한 성능이 보충되고 있다.

유성형(油性形)의 불수용성 유제는 광물유에 유지(油脂)나 지방산 에스텔 등의 유성 향상제를 첨가한 것이고 그것이 마찰면에 물리, 화학 흡착함으로써 금속간 접촉이 억제된다.

그러나 이러한 흡착 피막은 일반적으로 내하중(耐荷重) 능력이 낮고 그 유효 온도도 금속 비누(metallic soap)의 융점 150~200℃가 한계이기 때문에 비철금속이나 강의 경절삭 등 열발생이 적은 가공밖에는 효과를 발휘할 수 없다.

이에 대해서 극압형의 유제에는 유성제 외에 염소계, 유황계 화합물로 대표되는 극압 첨가제가 병용되고 있다.

그것들이 마찰면에 형성하는 윤활 피막은 견고한 고체 피막으로 알려져 있으며 내열 온도도 염소계 첨가제에서 150~350℃, 유황계 첨가제에서 400~800℃로 높기 때문에 조건이 까다로운 합금강의 고속 절삭 등에 있어서도 충분한 윤활 효과를 기대할 수 있다.

절삭에 있어서 윤활 효과라고 하면 구체적으로는 마모 감소 및 용착물(구성 날끝)의 억제 등을 주로 생각하게 된다.

극압제의 작용 기구에 대해서는 아직 불명확한 점도 많으나, 보통 공구 수명의 연장에는 염소계 혹은 불활성 유황계 극압제를 주성분으로 한 불활성 극압형 불수용성 유제, 다듬질면 거칠기의 향상에는 활성 유황계 극압제를 사용한 활성 극압형 불수용성 유제를 구분하여 사용하도록 추천하고 있다.

그리고 반응성이 강한 첨가제를 사용하는 경우에는 부식 문제를 항상 염두에 둘 필요가 있다. 재료의 변색에서 화학 마모에 이르기까지 그 형태는 여러 가지이고 제품의 품위를 손상시킬 뿐만 아니라 공구의 이상 마모를 유발시킬 염려가 있기 때문이다.

이와 관련해서 수분의 혼입 등도 녹과는 따로 부식성이 강한 산성 물질을 만들어내는 한 원인이 되기 때문에 주의를 요한다.

● **수용성 유제**……이것에는 중·고급 지방산, 계면 활성제 및 물을 그 원액 주성분으로 한 솔류블형의 것과 광유(鑛油) 및 계면 활성제를 주체로 하고 또 목적에 따라 극압제도 함유한 에멀션형이 있다.

어느 것이나 물에 희석한 상태에서는 비열(比熱)이 불수용성 유제의 배 이상으로까지 이르기 때문에 그 뛰어난 냉각 성능을 살려서 주철이나 알루미늄 합금을 위시하여 강 절삭에도 이용되고 있다.

특히 에멀션형에는 냉각성을 더해서 어느 정도의 윤활성도 주어져 있기 때문에 이것을 낮은 배율로 하여 경우에 따라서는 원액 상태로 시험 삼아 사용하는 경우도 있다.

더욱 중절삭용의 에멀션 원액은 극압형 불수용성 유제와 유사한 조성이고 그리고 계면 활성제의 작용에 의해서 물과의 상용성도 양호하다. 수용성 유제와 불수용성 유제를 병용하고 있는 생산 가공 라인에 대한 응용도 기대되고 있다.

그리고 수용성 유제를 사용하는데 있어서는 녹이나 부패 등의 부차적인 문제에도 신경을 쓰는 것이 중요하다.

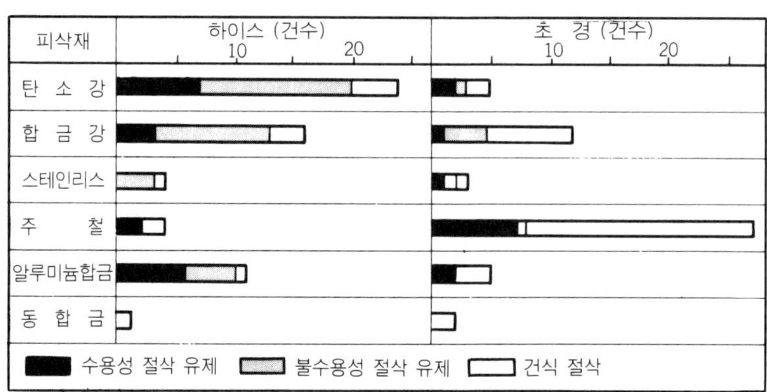

그림 1   절삭 유제의 사용 상황

❷ 절삭 유제의 사용 상황

그림 1은 절삭유 기술 연구회가 근래 수년에 걸쳐서 실시한 절삭 가공에 관한 실태 조사 결과를 기초로 엔드 밀 가공에 있어서 절삭 유제의 사용 상황에 대해 정리한 것이다.

조사 건수는 충분하다고 할 수 없으나 이들의 사례는 어느 것이나 순조롭게 가공하고 있는 가공 라인에서 수집한 것이므로 개요를 파악하는 발판이 될 것으로 생각한다.

다음으로 피삭재마다에 절삭 유제의 효과와 선정의 포인트에 대해서 기술해 나간다.

❸ 탄소강의 절삭에 있어서 절삭 유제의 선택

탄소강의 절삭에서는 여전히 하이스 공구가 주류를 이루고 있는 것 같다. 따라서 공구 수명의 연장 및 다듬질면 거칠기의 향상을 목적으로 해서 불수용성 유제가 많이 사용되고 있다.

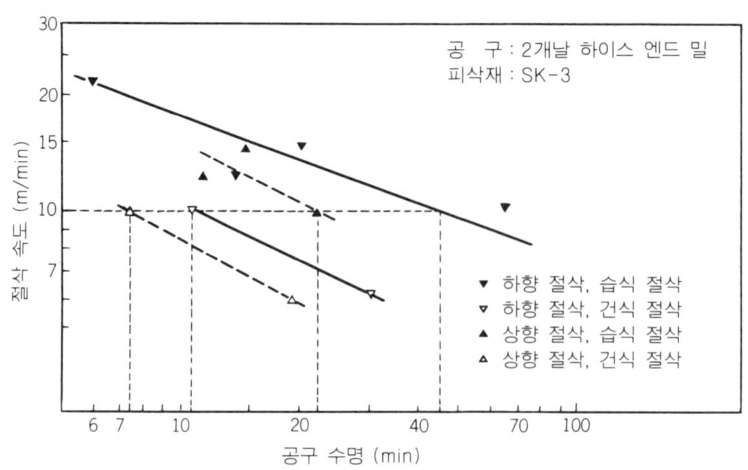

그림 2   공구 수명 선도

엔드 밀 가공에 있어서 절삭 유제의 효과에 대해서 취급한 연구 예는 적으나, 고마키(＊사람 이름) 등은 하이스를 사용해서 탄소강을 절삭하여 불활성 극압형의 유제가 공구 수명 및 다듬질면 거칠기의 양자에 유효하게 작용하는 것을 확인하고 있다.

그림 2, 3은 그 결과의 일부이다. 상향 절삭, 하향 절삭 여하를 불문하고 절삭 유제를 사용함으로써 공구 수명은 3~4배로 그리고 다듬질면 거칠기 Rmax도 전체적으로 1~4 μm 정도 향상되고 있는 것을 알 수 있다.

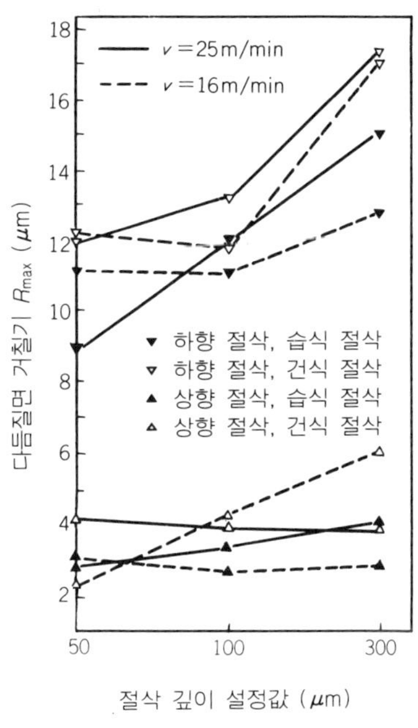

그림 3 다듬질면 거칠기

이런 예로서도 하이스에 의한 탄소강의 절삭에는, 우선 불활성 극압형의 불수용성 유제를 사용해 보고, 다듬질면 거칠기의 요구에 따라서 적당히 활성 극압형을 받아들이는 것이 이롭다고 생각할 수 있다.

그리고 앞에 기술한 대로 활성 극압형의 유제를 사용하는 경우에는 부식 마모에 대한 주의가 필요하다. 특히 고속 절삭에서는 그 확률도 높기 때문에 공구를 초경으로 바꾼 후에 건식 절삭이나 수용성 유제의 이용 등도 검토하여야 할 것이다.

실제로 **그림** 1의 사례에서도 절삭 속도 50 m/min 이하에서는 하이스와 불수용성 유제, 70 m/min 이상에서는 초경과 건식 절삭의 어울림이 대부분을 차지하고 있다.

한편 하이스에 의한 탄소강 절삭 분야에서도 수용성으로의 지향이 두드러진 업계의 추세가 잘 나타나고 있다. 보통 사용되고 있는 유제로는 솔류블형 혹은 극압제를 포함하지 않는 에멀션형의 것이 많은 것 같다.

냉각성만이 아니라 윤활 효과도 요구하고 싶은 경우에는 극압제를 포함한 중절삭용 에멀션형이 추천된다.

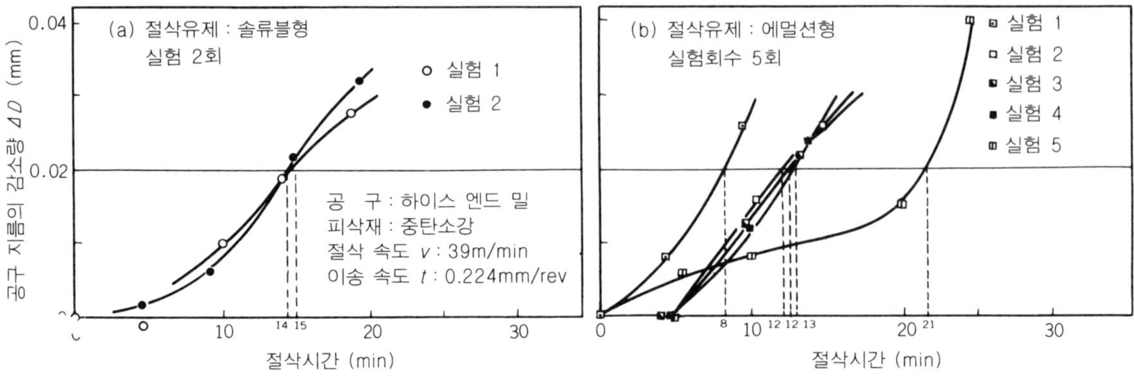

그림 4　엔드 밀 가공에 있어서의 공구 수명 시험

그런데 에멀션형의 유제에는 광유나 윤활 성분이 다량으로 포함되어 있는 반면에 냉각 효과가 다소 떨어지는 것이 있다. 냉각 효과는 수용성 유제의 대표적인 성능의 하나이기 때문에 이 "다소"라는 표현이 유제의 종합 평가에 그리 영향을 주지 않는다고도 할 수 없다.

예컨대 **그림 4** (a), (b)는 수용성 유제의 성능은 언급된 것이 없으나 경향적으로 솔류블형쪽이 에멀션형보다 공구 수명의 연장에는 유효함을 엿볼 수 있다.

물론 이것은 그저 한 예에 지나지 않는다. 수용성 유제의 1차 성능에 대해서는 절삭 유제 메이커에 있어서도 더욱 조사 연구할 필요가 있는 것이다. 초경 공구 사용시의 절삭 유제 선택 지침도 기본적으로는 하이스의 경우와 같이 생각해도 무방하다. 공구 수명이라는 점에만 주목하는 것이면 솔류블형의 수용성 유제로도 상당한 효과를 기대할 수 있다.

❹ 합금강의 절삭에 있어서 절삭 유제의 선택

절삭 유제의 선정이라는 점에서는 탄소강의 경우와 거의 변함이 없다. 단지 합금강은 탄소강에 비하면 약간 피삭성이 떨어지고 용착물도 발생하기 쉽기 때문에 가공면 정밀도가 나오기 어려울 것 같으면 조금 활성이 강한 불수용성 유제를 사용할 필요가 있다.

합금강에 대해서는 초경으로 고속 절삭을 하는 경우도 증가하고 있다. 이 경우 내열성이 풍부한 초경이면 건식 절삭도 가능하다. 날끝 부근은 대단한 고온에 노출되고 구성 날끝은 용융해 버리기 때문에 가공면 거칠기는 비교적 양호하게 된다.

그러나 건식 절삭의 경우에는 칩 처리 문제를 해결하지 않으면 안된다. 큰 칩은 날끝을 손상하고 미세한 칩은 가공면에 용착물로 남게 된다. 에어를 뿜거나 절삭날에 니크를 설정하는 등 지혜롭게 대처하여야 할 것이다.

❺ 스테인리스강의 절삭과 절삭 유제의 선택

스테인리스강은 일반적으로 끈끈하고 용착성이 강한 재료라고 말하고 있다. 따라서 절삭 유제로는 활성 극압형의 불수용성 유제, 또는 염소계 극압제를 포함하는 에멀션형의 중절삭용 수용성 유제가 요구된다.

오스테나이트계의 스테인리스강에는 가공 경화라고 하는 어려운 문제가 끊임없이 붙어 다닌다. 이것을 막기 위해서는 예리한 절삭날로 고이송 절삭을 해서 가공면에 될 수 있는 대로 변형을 남기지 않도록 하는 것이 중요하다.

절삭유제를 사용해서 구성 날끝이나 용착물의 형성을 억제하는 것은 다듬질면 거칠기의 향상은 물론, 공구 수명의 연장이라는 점에서도 쓸모가 있다고 말할 수 있다.

그리고 가공 경화는 다듬질면만이 아니라 칩쪽에도 일어나고 있다는 것을 잘 인식하고 칩은 충분한 급유를 통해 완전히 씻어서 내놓는 것이 현명하다.

❻ 주철의 절삭과 절삭 유제의 선택

피삭성이 좋은 주철의 절삭은 어느새 초경 공구의 독무대라고 말하지 않을 수 없다. 원래 용착물이 생기기 어렵고 그리고 초경에 의한 고속 절삭을 하기 때문에 필연적으로 건식 절삭이 주체가 된다.

절삭 유제를 사용해서 다듬질면 거칠기의 향상을 목적으로 하는 것이라면 활성 극압형 불수용성 유제 또는 에멀션형 수용성 유제가 적당하다. 이와 관련해서 **그림** 1의 사례에서는 솔류블형의 수용성 유제로도 다듬질면 거칠기 25 S까지는 확보되어 있는 것 같다.

그리고 칩 처리 및 분진 대책을 목적으로 수용성 유제가 사용되는 일이 있으나 그 경우는 에멀션형의 것이 유효하다고 되어 있다.

❼ 알루미늄 합금의 절삭과 절삭 유제의 선택

알루미늄 합금은 연하고 끈질긴 성질이 원인이 되어서 다듬질면에 용착물이 남기 쉬운 결점을 갖고 있다. 따라서 절삭 유제로는 공구의 종류에 상관없이 활성 극압형 불수용성 유제 또는 에멀션형 수용성 유제가 요망된다. 특히 후자는 냉각성이 우수하고 또 가공물의 열변형의 억제에도 유효하다.

알루미늄 합금의 절삭에는 일반적으로 고속으로 실시되는 일이 많은 탓인지 하이스로 거친 절삭, 초경으로 다듬질이라고 하는 공구를 구분해서 사용하고 있는 경우도 적지 않게 있는 것 같다.

❽ 동합금의 절삭과 절삭 유제

동 및 동합금은 피삭성이 우수하고 용착물도 남기 어렵기 때문에 하이스 공구로도 건식 절삭이 가능하다.

절삭 유제로는 오히려 부식 문제를 첫째로 생각해서 활성 유황계 첨가제를 포함하지 않는 불활성 극압형 또는 유성형의 불수용성 유제가 적당하다.

❾ 기타의 난삭재와 절삭 유제

수많은 난삭재 중에서도 원자력, 항공기 산업과 함께 그 수요를 늘리고 있는 것이 티탄, 니켈 합금 등으로 대표되는 내열 재료이다. 그들의 대부분은 공통적으로 열전도율이 낮기 때문에 유제를 선택할 때는 절삭열로 인한 공구의 마찰을 어떻게 막을 것인가가 관심 사항이 된다. 이것은 특히 고속 절삭을 하는 경우에 중요하다. 일반적으로 염소계 극압제를 함유하는 에멀션형의 중절삭용 수용성 유제 또는 활성 극압형 불수용성 유제가 사용되는 경우가 많은 것 같다.

그림 5에 주된 내열 합금에 대한 절삭 유제의 효과에 대해서 나타낸다. 재종에 따라서 불수용성 유제와 수용성 유제의 우열은 각각이다. 유제의 선택에 있어서는 윤활 효과와 냉각 효과를 잘 병합시키는 것이 중요하다고 할 수 있다.

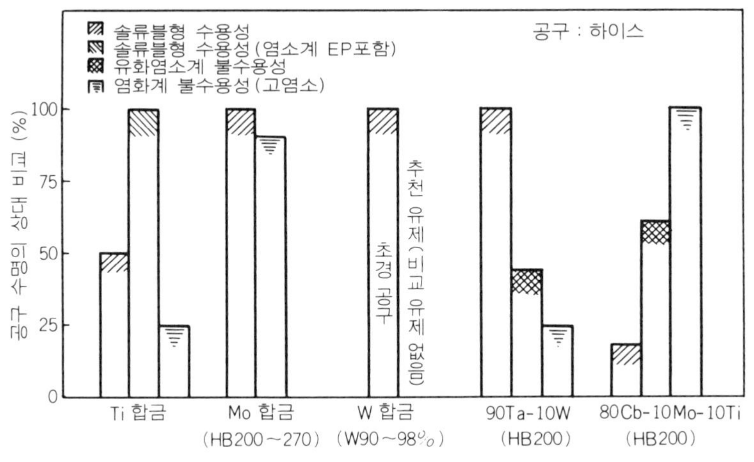

그림 5 내열 합금의 엔드 밀 가공에 있어서 절삭 유제의 효과

*　　　　*　　　　*

절삭 유제의 효과는 공구나 가공물의 모양 또는 공작 기계의 강성 등 조그마한 차이에 의해서도 크게 좌우되는 것이다. 적정한 유제 선정은 그들의 여러 조건을 충분히 고려한 다음에 하지 않으면 안된다는 점을 마지막으로 밝혀둔다.

하이스 엔드 밀의 마모, 손상과 그 대책

최근에는 엔드 밀 표면에 TiN 피막을 코팅한 황금색 코팅 엔드 밀이 사용되고, 지금까지 TiN 처리를 하지 않은 엔드 밀이나 분말 하이스 엔드 밀에서는 생각할 수 없었던 높은 가공 조건에서 사용되고 있다.

절삭 테스트를 하고 절삭날을 현미경으로 관찰하면 참으로 여러 가지 모양을 한 마모의 상처 자국을 볼 수 있다.

하이스 엔드 밀도 코팅화된 다음부터 그 형태의 변화가 나타나고 있으나 여기서는 마모에 관한 몇 가지 이야기를 소개하고 싶다.

❶ 무처리와 코팅 엔드 밀

그림 1은 절삭 모형이다. 절삭시의 열과 압력에 의해서 경사면과 여유면은 스쳐서 벗겨지고 절삭날에는 크레이터와 여유면 마찰과 날끝 라운딩이 생긴다.

엔드 밀에는 **그림 2**와 같이 외주 여유면 마모, 경계 마모, 경사면 마모, 코너 마모 및 외경 감모가 발생한다.

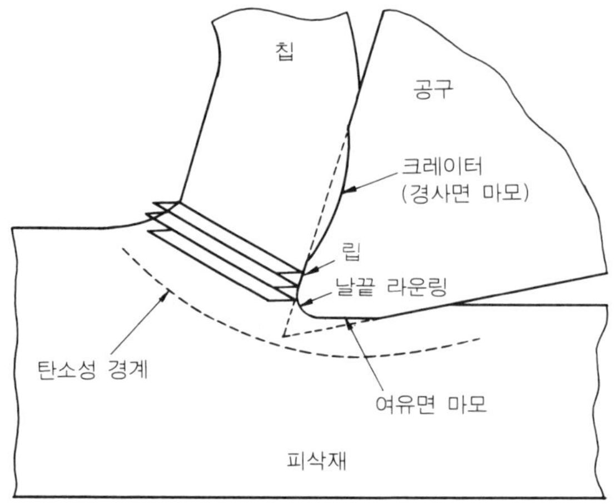

그림 1　절삭 모형

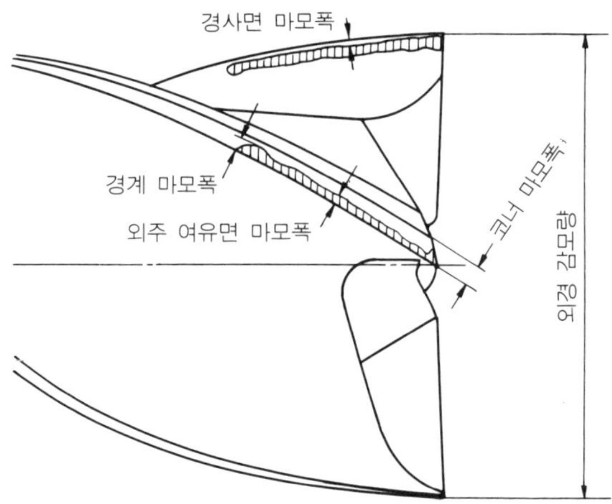

그림 2　엔드 밀의 마모 형태

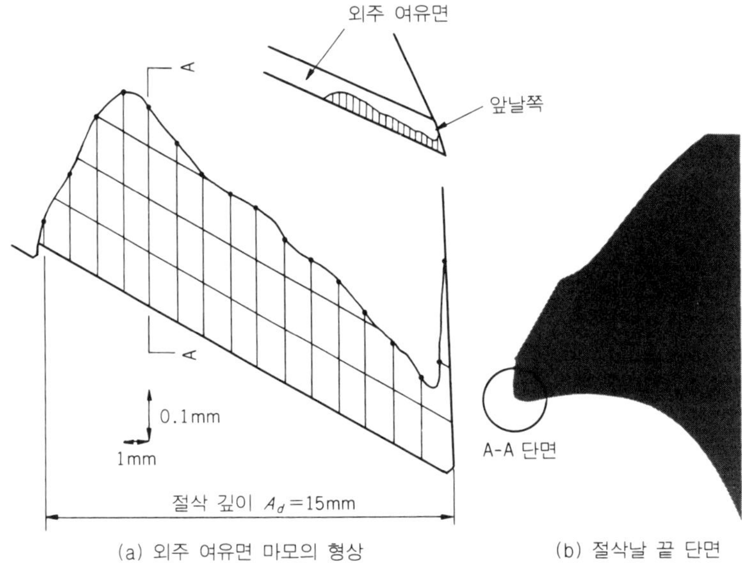

그림 3　무처리품의 마모 형태

   무처리품으로 합금강을 절삭하면 **그림 3**(a)에 표시한 것 같이 주로 외주 여유면을 따라서 마모가 진행한다. 그리고 절삭 길이가 증가하는데 따라서 크레이터의 폭과 깊이가 커지고 마침내 크레이터의 립(lip)이 파손되어 **그림 3**(b)와 같이 절삭날의 후퇴나 외경 마모가 현저하게 증가할 때가 있다.

   TiN품에는 코팅층이 있기 때문에 크레이터 및 외주 여유면의 마모가 억제되어 절삭날이 무너지지 않고 예리한 모양을 유지한다. 여유면 마모는 **그림 4**(a)와 같이 절삭 깊이 전체를 통해서 거의 균일한 폭으로 된다.

   그림 5에서 무처리품과 TiN품의 마모 폭을 비교하였다. 코팅에 의해서 마모 폭은 넓은 범위에서 작게 나타나고 있다.

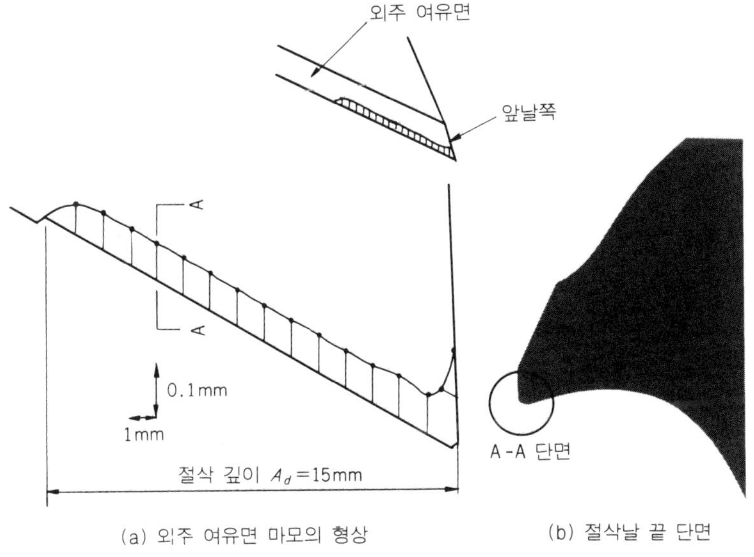

그림 4 TiN 코팅품의 마모 형태

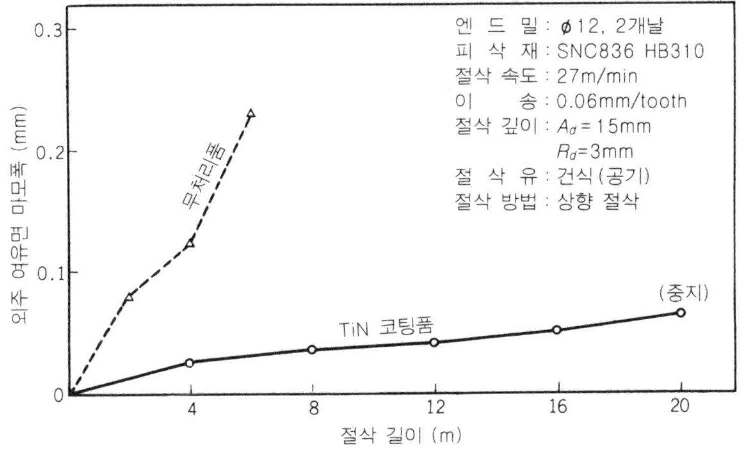

그림 5 절삭 길이와 외주 여유면 마모의 추이

② 코너 마모에 대해서

홈가공과 같이 외주날과 앞날을 사용해서 절삭하는 경우, 엔드 밀에서 제일 마모되기 쉬운 것은 코너부이다.

코너부는 경사면, 외주 여유면 및 앞날 여유면의 교점이다. 앞날에서 코너부를 보면 외주날에 가까운 곳은 갈고리(hook) 모양으로 되어 있어서 겉으로 보아 가장 약한 부분인 것을 알 수 있다.

그리고 절삭시에는 외주날과 앞날면에서 열과 압력을 받는다. 오른날 우회전해서 가공면에 최초로 파고 들어가는 것은 코너부이기 때문에 파고 들어갈 때 스트레스와 충격력을 정면으로 받게 된다. 이와 같이 코너부는 기본적으로 마모·치핑의 문제를 안고 있다.

코너 마모를 작게 하는데는 날끝의 내치핑성을 늘릴 대책이 필요하다. 엔드 밀의 재종이나 열처리 방법의 개선도 한 방법이지만 쉽게 치핑되지 않을 모양으로 만드는 것이 효과적이다.

그래서 코너부에 모떼기부를 설정함으로써 코너 마모는 작게 된다. **그림 6**에 모떼기량과 코너 마모 폭의 관계를 표시한다. 이 테스트에서는 모떼기하지 않은 것($C=0$)과 모떼기량 0.07 mm와 0.16 mm의 것을 비교하였다.

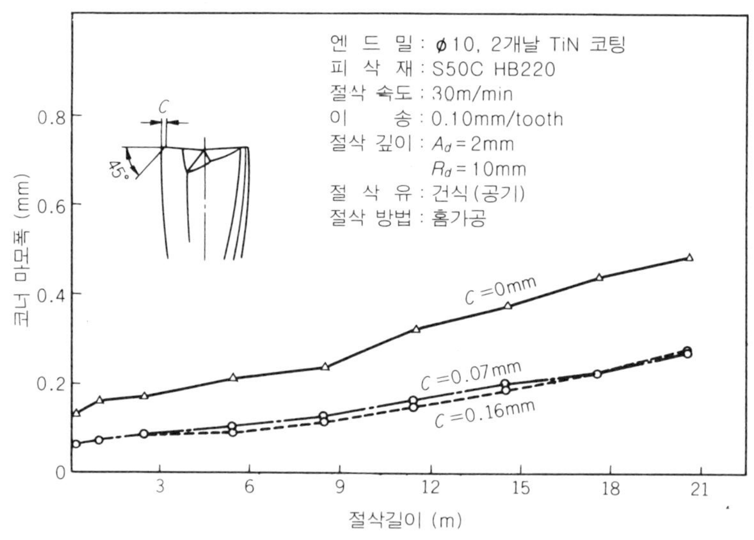

그림 6 코너 모떼기량과 코너 마모폭의 추이

모떼기한 것은 안한 것에 비해서 코너 마모량이 약 1/3~1/2.5로 감소하고 있다. 그러나 모떼기량을 바꿔도 코너 마모량에는 거의 차이가 없다. 이것은 그저 약간의 모떼기라 할지라도 코너의 내치핑성이 향상되는 것을 나타내고 있다.

그러면 코너 모떼기에 의해서 가공된 홈의 코너 모양에는 어떤 영향이 있을 것인가. **사진 1**에 엔드 밀 코너 마모와 가공된 홈 코너를 표시한다.

엔드 밀 : ∅10, 2개날 TiN 코팅, 피삭재 : S50C (HB220)
절삭 속도 : 30m/min, 이송 : 0.1mm/tooth, 절삭 깊이 : Ad = 2mm, Rd = 10mm, 건식 절삭(공기)

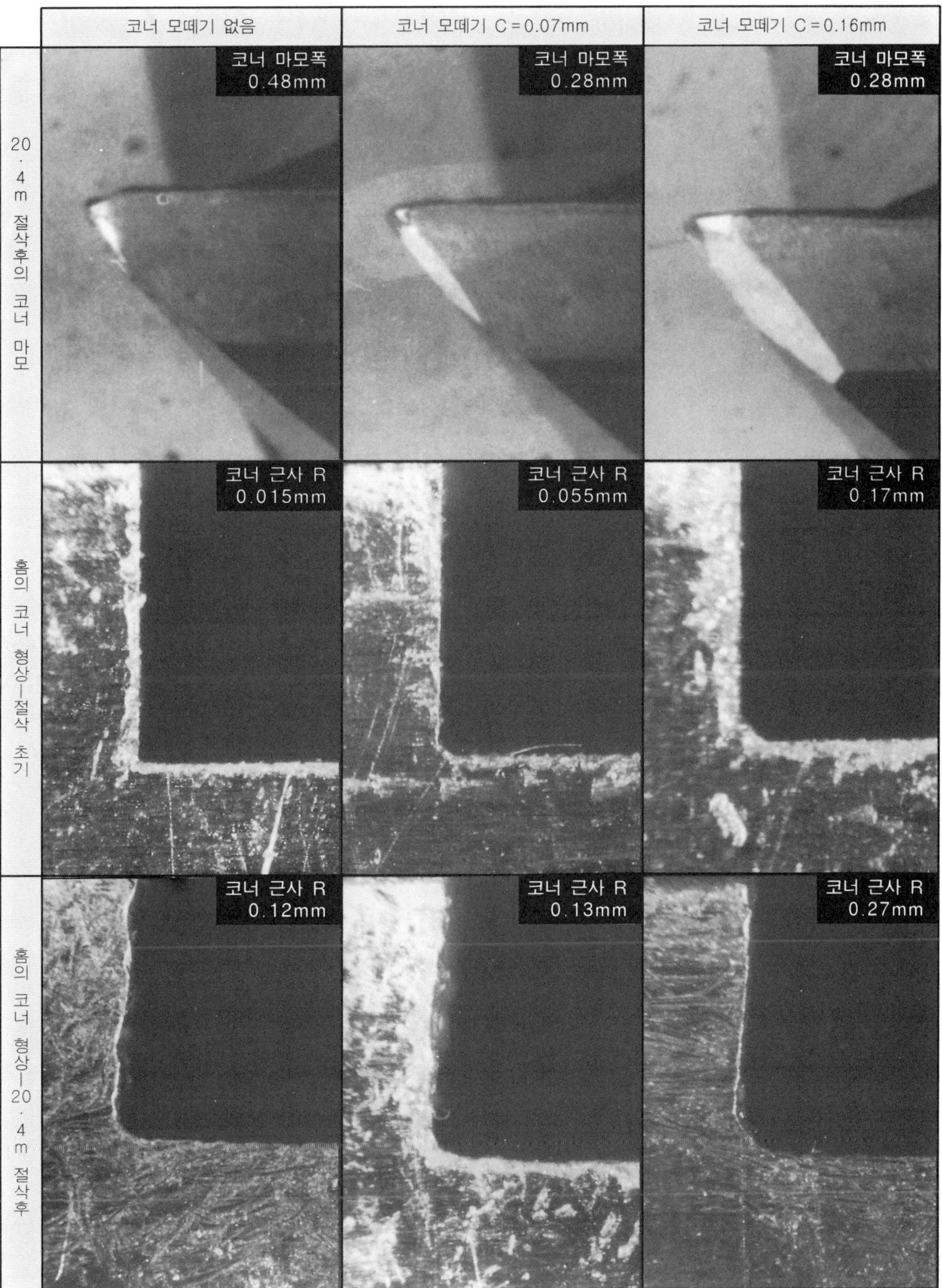

사진 1 엔드 밀의 코너 마모와 가공된 홈의 코너 형상

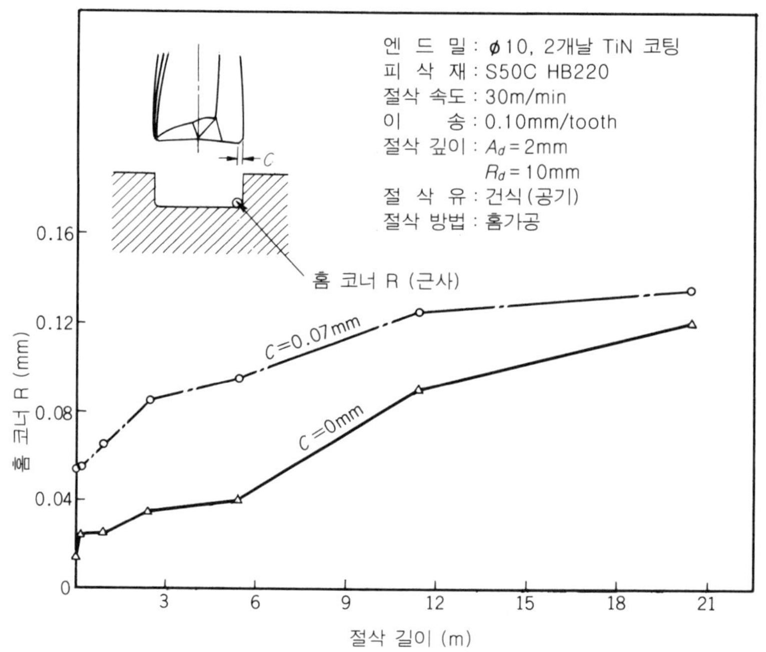

그림 7 코너 모떼기량 C와 홈 코너 R 형상의 추이

그리고 **그림** 7에 코너 모떼기량과 가공된 홈 코너 R 모양의 추이를 나타내었다.

코너 모떼기를 하지 않는 엔드 밀은 절삭 초기의 코너 R는 약 0.01 mm 정도로 상당히 예리하지만 절삭이 진행되는데 따라서 크게 되고 절삭 길이 20.4 m에서 약 0.11∼0.13 mm로 된다.

이에 대해서 코너 모떼기(C=0.07 mm)인 것은 절삭 초기에는 당연히 모떼기량에 상당하는 코너 R가 있으나 절삭 길이 20.4 mm에서 약 0.13 mm가 되어 모떼기하지 않는 것과 같은 수준으로 된다.

❸ 칩의 재절삭 현상에 대해서

알루미늄이나 다이스강을 상향 절삭하거나 엔드 밀이 칩더미 속에 파묻히는 것 같은 절삭 상태에서는 날끝에 붙은 칩이 그대로 1회전해서 다음 절삭시에 날끝과 피삭재 사이에 끼어들어 가공면이 뜯기거나 절삭날에 치핑을 일으키는 경우가 있다. 이것을 칩의 재절삭 현상이라고 부른다.

일반적으로 그렇게 간단하게 치핑되는 일은 없으나 가공면에 줄이 생기는 경우는 칩 배출에 문제가 없는지 조사해 봐야 한다.

특히 홈가공을 하면 칩은 홈 속에 묶여 있어 자력으로는 흩어지지 못하기 때문에 재절삭 현상이 일어나기 쉽다.

무처리품에는 절삭 유제로 씻어 내거나 노즐에서 공기를 분사해서, 발생한 칩을 절삭점에서 떨어뜨리는 것이 좋을 것이다.

TiN품도 같은 조치를 취하거나 강재에 대해서는 칩 이탈이 좋기 때문에 흡인하는 방법이 칩 처리를 겸해서 좋다고 생각한다.

흡인할 때는 흡인기의 호스나 필터가 내열성인지 또는 뜨거운 칩이 직접 닿지 않도록 할 방법 등에 대해 궁리하기 바란다. 열로 필터가 파손되고 흡인기를 파손시킨 경험이 있다.

④ 외주 여유각에 대해서

마모된 엔드 밀을 재연삭할 때 가장 잘 실시되는 것은 외주 여유면을 연삭하는 방법이다. 이 방법에서 레스트(rest)에 홈면을 대서 연삭할 수 있기 때문에 홈 분할용 지그가 필요 없고 경사면을 연삭하는 것보다 연삭량이 적어도 된다.

그리고 임의의 외주 여유각을 붙일 수 있는 것이 이점이다.

외주 여유각과 마모 관계를 **그림 8**에 표시한다. 여기서는 8°~13° 범위의 것을 표시하였으나 무처리품에서는 여유각이 큰 것이 외주 여유면 마모 폭이 작고 반대로 여유각이 작은 쪽이 외경 감모량은 작게 된다.

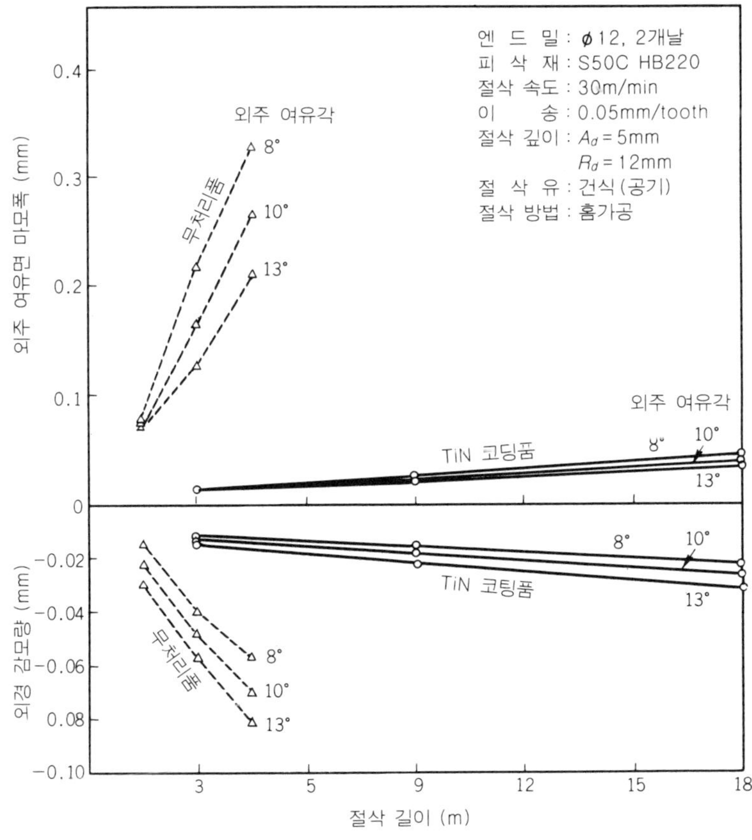

그림 8 엔드 밀 외주 여유각과 마모량

왜 여유면 마모 폭과 외경 감모량이 상반되는 관계가 되는지 알아보자. 만약 여유각이 큰 것과 작은 것이 같은 체적으로 마모되었다고 하면 **그림 9**와 같이 여유각이 큰 것은 외경의 감모가 일어나기 쉽고 반면 겉으로 보는 여유면 마모는 그다지 증가하지 않는 것을 알 수 있을 것이다.

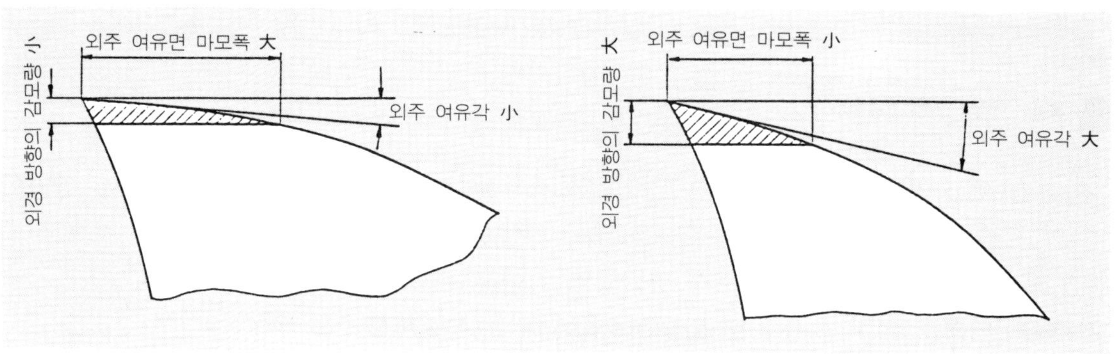

그림 9 외주 여유각과 마모의 상태

무처리품에서 절삭성이 좋은 점에 주목한다면 여유각은 좀 큰 것이 좋을 것이다. 그러나 치수 정밀도를 유지하는데는 불리하기 때문에 그 각도를 선택하는데는 어느 하나를 정하기 힘든 어려움을 겪게 된다.

똑같이 **그림 8**의 TiN품을 보면, 외주 여유각과 여유면 마모에는 그다지 영향이 없다. TiN품은 여유각을 작게 잡으면 외경 감모량을 줄일 수 있다. 그리고 처음에 기술한 바와 같이 TiN품은 마모 형태가 무처리품과는 달리 원래 외경 감모량이 적은 것도 있고 외경 치수의 변화를 극히 작게 하는 것이 가능하게 되었다.

이렇게 되면 절삭성과 치수 정밀도의 균형에 시달리는 일은 적다고 생각한다.

적정한 여유각은 엔드 밀의 외경 치수에 따라서도 변화한다. 외경이 가는 것은 여유각을 좀 크게, 굵은 것은 좀 작게 하는 것이 마모가 작다.

분말 하이스의 특성과 피연삭성

　분말 야금법(Powder metallurgy)은 1909년에 텅스텐 가공에 응용되어서 일약 유명해진 소결 야금법이다. 아는 바와 같이 초경 합금이 이 방법으로 만들어지고 있다.

　이것을 응용한 것이 분말 하이스이고 보통의 용해법으로 만들었을 때 생기는 편석이나 불균일한 조직을 해소하는 목적으로 사용되고 있다.

　이 방법은 **그림** 1과 같은 공정으로 만들어진다.

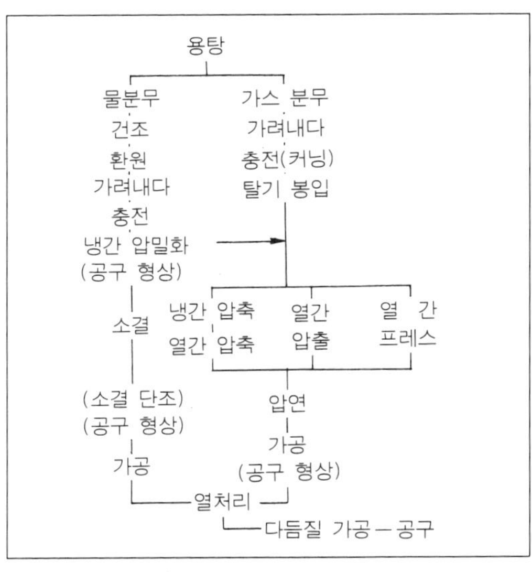

그림 1　애터마이즈 가루를 사용한 제조 공정

　우선 하이스의 용탕(鎔湯)을 노즐의 가는 구멍에서 유하(流下)시켜 그 흐름에 고압 아르곤 등의 불활성 가스와 물을 내뿜는다. 이로 인해서 용탕은 분무(애터마이즈)화되어서 작은 방울이 되고 이것이 급냉되어 미립자 분말로 된다.

　다음으로 이들 미립자 분말을 용기에 충전한 후, 열간 압출이나 열간 정수압 압축 등을 하고 단조나 압연을 거쳐서 공구 재료로 만들어진다.

　이 분말 야금법으로 만들어진 하이스는 용해법으로는 얻을 수 없었던 여러 가지 특징을 갖고 있다.

　우선 용탕을 급속히 냉각해서 응고시키기 때문에 탄화물은 미세하고 균일하게 분포해서 편석이 생기지 않는다. 이것은 내마모성이나 인성에 대단히 유효하다.

　그리고 경도에 대해서는 상온에서는 용해법인 것과 그다지 다른 것은 없으나 내열성이 우수한 것을 알 수 있다.

한편 고경도 재료나 난삭재 가공에는 내마모성이 우수한 SKH 10 등의 고탄소, 고바나듐 하이스가 좋으나 이 하이스는 바나듐을 주체로 한 대단히 딱딱한 탄화물을 포함하고 있기 때문에 피연삭성이 현저하게 나빠진다.

따라서 이 하이스로 만들어진 공구는 연삭 번을 일으키기 쉽고 필요한 날끝의 조직이 변화해서 경도가 저하하고 절삭 성능이 나빠질 염려가 있다.

이 점에서 분말 야금법에 의해서 만들어진 하이스는 우수한 피연삭성을 나타내고 있다.

예컨대 **그림** 2와 같은 각종 분말 야금법에 의한 하이스는 동일 성분의 용해법에 의한 하이스에 비해서 3~4배 정도 좋아지고 있으며 가장 피연삭성이 나쁜 것으로 되어 있는 고탄소·고바나듐 하이스의 SKH 10은 비교적 피연삭성이 좋은 용해법에 의한 SKH 51에 가까운 피연삭성을 표시하고 있다.

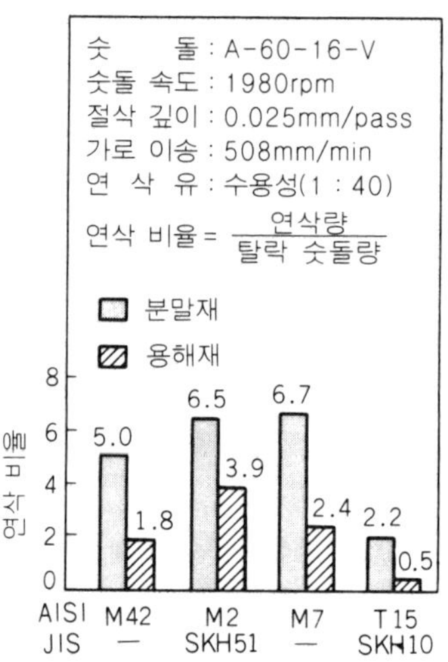

그림 2 분말 하이스의 피삭성

이와 같이 분말 야금법에 의한 하이스가 우수한 피연삭성을 나타내는 것은 미소 탄화물 조직에 의한 것으로 생각된다.

그 결과 종래의 용해법에서는 피연삭성의 면에서 합금 원소의 양에 제약이 있었으나 이 점에서 분말 야금법은 피연삭성을 희생하지 않고 탄화물을 만드는 원소를 다량으로 가할 수 있기 때문에 절삭 성능이 우수한 고품질의 공구 재료를 만들 수 있다.

엔드 밀 가공의 채터링 대책

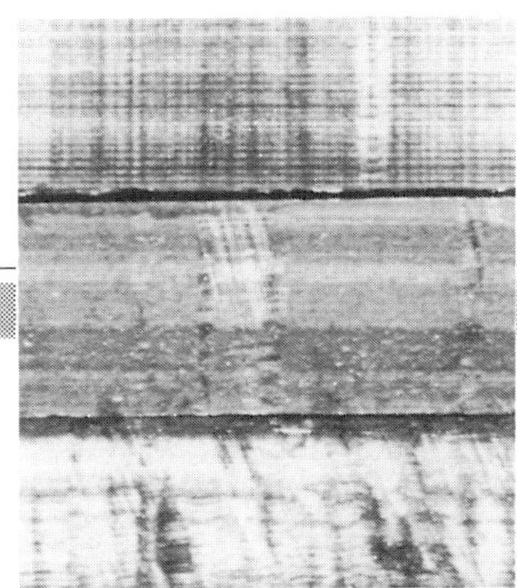

채터링면 불량은 절삭시의 채터링 진동에 의한 것으로 이 진동은 기계 고유의 진동에 의한 것부터 절삭 기구에서 발생하는 진동에 의한 것에 이르기까지 다양하다. 특히 후자는 절삭력(절삭 저항)에 대한 가공물의 강성 및 그 설치 강성에서 기계(주축, 테이블), 홀더, 엔드 밀 등의 강성과의 관계에 의한 것이다.

채터링면의 불량이 일어나기 쉬운 것을 들이 보면

① 살 두께가 얇아 가공물에 강성이 없는 것, 모양이 복잡해서 지지하기 어려운 것을 가공할 때

② 길이가 긴 엔드 밀(오버행량이 긴 것을 포함)로 가공할 때

③ 강력 중절삭(기계, 홀더, 엔드 밀 등의 강성에 맞는 조건을 넘는 것도 포함)을 했을 때

등이 있다.

엔드 밀의 절삭은 아는 바와 같이 단속 절삭이지만 그에 의해서 일어나는 진동만이 문제가 되는 것은 아니다. 절삭 상태에서 기계 속에서 일어나는 모터, 벨트, 기어 등의 강제 진동원에 의해서 여진되는 공구와 가공물 사이의 상대적 변위에 의한 것과 그리고 그 외

에도 절삭 기구도 관련되어 있기 때문이다.

우리 경험으로는 강제 진동원에 관련되는 것이 많은 것 같다.

❶ 절삭력(절삭 저항)은 주기적으로 변동한다

선삭 시험에서는 절삭중에 공구에 진동을 가하면 절삭면의 둘레 방향의 표면 거칠기는 가해진 진동의 파형과 상당히 일치하는 경우가 있다. 엔드 밀에도 절삭 기구 속에 공구를 진동시키는 것이 있고 그것은 절삭중에 항상 일어나고 있는 주기적인 변동이 있다는 것이다.

엔드 밀 가공에서는 동시 절삭하는 절삭날의 길이가 시시각각 변화하고 칩도 절삭날이 가공물에 파고 들어가서 빠질 때까지 그 사이에서 두께가 변화하게 된다.

그래서 절삭력의 증감은 동시 절삭하는 절삭날의 길이의 증감에 의하고 칩 두께의 증감 (칩의 전단각의 변화)에 의해서도 변화한다. 더욱이 엔드 밀은 일정한 절삭 속도, 이송에 의해서 가공하므로 주기를 갖고 있다. 그리고 엔드 밀은 섕크를 잡는 외팔잡이에 의한 절삭이므로 가공시에는 옆에서 반드시 힘이 작용하고 있으며 항상 휜 상태로 되어 있다. 따라서 절삭력에 강약이 있으면 휨도 증감한다.

이와 같이 절삭력이 주기적으로 변동하면 공구나 가공물에 진동을 초래하는 것은 쉽게 이해할 수 있을 것으로 생각된다. 그리고 절삭날의 휨도 휨에 따라서 각 날마다 절삭량이 변화하고 절삭력을 주기적으로 변동시킨다.

❷ 엔드 밀 가공에서는 여러 곳의 강성(剛性)이 문제

엔드 밀은 전술한 바와 같이 외팔잡이 절삭이고 항상 굽힘 응력이 작용하고 휨이 나타나고 있다. 이 휨에 대한 강도, 즉 강성이 채터링 진동에 크게 관계되는 것이다.

강성이 문제되는 곳을 열거하면

① 엔드 밀 절삭날의 날끝 강도

② 엔드 밀 전체의 강성

③ 홀더의 강성(파악력도 포함)

④ 기계의 주축 강성

⑤ 가공물 자체의 강성

⑥ 가공물의 설치 강도

⑦ 테이블의 백래시 유무

등이다.

그림 1은 홈절삭에서 엔드 밀의 휨에 대해서 표시하고 있으나 엔드 밀은 이송 방향으로 가공물로 밀어내는 방향으로 휘고 그리고 상향 절삭쪽으로도 파고 들기 때문에 실제의 방향은 이송 방향의 기울어진 상향 절삭쪽으로 휜다.

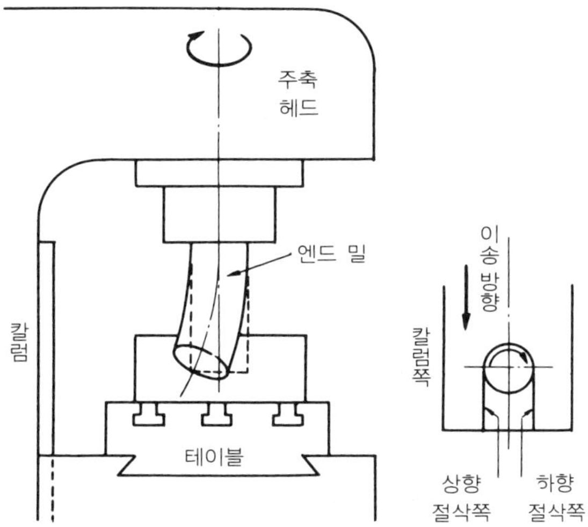

그림 1 엔드 밀 절삭시의 휨 상태

이것은 같은 날수라면 절삭력이 클수록 강하게 된다.

그리고 동시 절삭하는 절삭날의 날수가 증가하면 홈절삭에서의 상향 절삭쪽에 대한 파고들기 경향은 감소하고 측면 절삭에서는 반대 방향으로 회피하는 것 같이 되고 더 진행되면 진동을 일으키게 된다. 이것은 소위 절삭성이 이송을 따라 갈 수 없는 상태로, 심할 때는 엔드 밀이 절삭면을 딱딱 두드리는 소리가 나기도 한다.

❸ 살 두께가 얇고 가공물에 강성이 없는 경우

두께 수 mm의 판재를 비틀림날의 엔드 밀로 절삭하면 채터링면이 생기고 비틀림각이 클수록 심한 채터링면으로 된다. 그 이유는 **그림 2**를 보기 바란다.

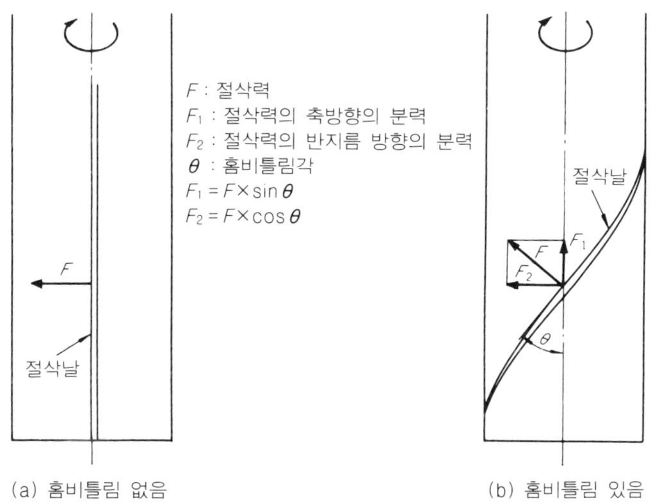

그림 2 절삭날에 작용하는 절삭력과 방향

절삭력 F 는 절삭날에 직각으로 작용하지만 비틀림날의 경우, 이 절삭력 F 는 축방향의 분력 F_1과 반지름 방향의 분력 F_2의 두 방향의 힘으로 생각할 수 있다.

앞에서 절삭력은 주기를 갖고 변동한다고 말했으나 절삭력 F 가 변동하면 그 축방향의 분력 F_1도 변동한다.

이 분력 F_1은 가공물을 위로 들어 올리는 것 같이 작용하므로 F_1이 주기를 갖고 변동하면 가공물은 상하로 요동치는 진동이 되고 채터링면이 생기게 되는 것이다.

그리고 분력 F_1은 비틀림각이 작을수록 작고 절삭력 F 의 변동이 작으면 F_1의 변동도 작게 되며 진동도 작게 된다.

❹ 긴 엔드 밀(오버행량이 큰 것도 포함)의 경우에 생기는 채터링면

긴 엔드 밀은 휘기 쉬우므로 절삭력의 영향을 받기 쉽지만 **사진 1**은 그것을 나타내고 있다. 이것은 절삭력을 바꿀 의도로 측면 절삭의 반지름 방향의 절삭 깊이를 바꿔서 절삭한 것인데 절삭 깊이가 크게 되는데 따라서 채터링면(채터 마크)이 현저하게 나타나는 상황을 알 수 있다. 그러나 여기에서는 엔드 밀 이외의 기계, 홀더 등의 강성이 큰 것이었기 때문에 절삭 깊이의 차이에 의한 채터링면의 차이는 그다지 크지 않았다.

다음에 **사진 1** (a)의 절삭 깊이 그대로 회전수, 이송을 내린 것이 **사진 2** (a)이고 다시 그것을 하향 절삭에서 "0" 커팅하면 **사진 2** (b)와 같이 되어서 채터링면은 볼 수 없게 되었다.

❺ 강력 중절삭(각부의 강성에 알맞는 이상의 절삭 조건의 경우도 포함)에 의한 채터링면

2개날 엔드 밀은 다듬질 절삭에서 거친 절삭까지 사용되지만 거친 절삭과 같이 절삭 깊이를 크게 했을 때는 절삭력이 커지기 때문에 각부의 강성은 절삭력에 견딜 수 있는 것이라야 한다.

그리고 강력 중절삭용에는 엔드 밀 자체의 강성을 향상시킬 수 있는 시방이나 절삭력을 작게 하는 여러 가지 연구(예컨대 거친 엔드 밀이거나 거친·다듬질 겸용 타입 엔드 밀의 니크)가 진행되고 있기 때문에 그것들을 사용할 때는 각부의 강성은 그 이상으로 요구된다.

더구나 강력 중절삭은, 단위 시간당 절삭량이 많기 때문에, 칩의 배출이 나쁘면 절삭력 (절삭저항)을 과다하게 높인다.

사진 3은 같은 종류의 엔드 밀을 비슷한 회전수, 이송으로 절삭 깊이를 다르게 했을 때 (절삭력의 변화), 기계의 대소(기계, 홀더 강성의 차이)에 의해 어떠한 영향이 있는가를 시험한 것이다. 절삭 깊이가 작을 때는 다듬질면에 큰 차이는 없으나 절삭 깊이가 크게 되면 극단적인 차이가 생긴다. 이것은 강력 중절삭과 같이 절삭력이 크게 되는 경우에는 특히 각부의 강성이 필요하다는 것을 나타낸다.

(a) 절삭 깊이 0.1mm   (b) 절삭 깊이 0.4mm   (c) 절삭 깊이 1.0mm

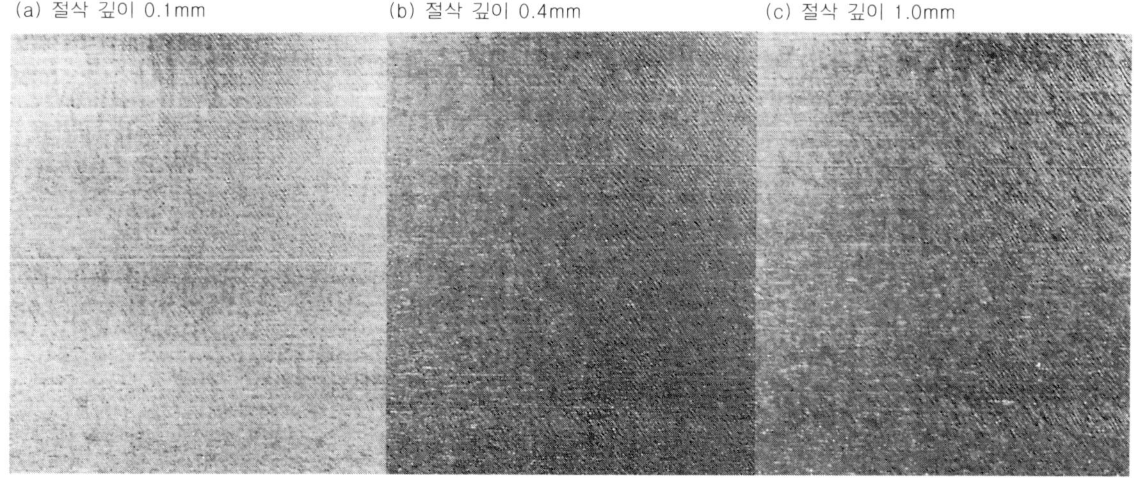

사진 1 긴 엔드 밀의 절삭 깊이의 영향. 피삭재 S45C, 회전수 538rpm, 이송 61mm/min

(a) 절삭 깊이 0.1mm   (b) 절삭 깊이 0, 하향 절삭

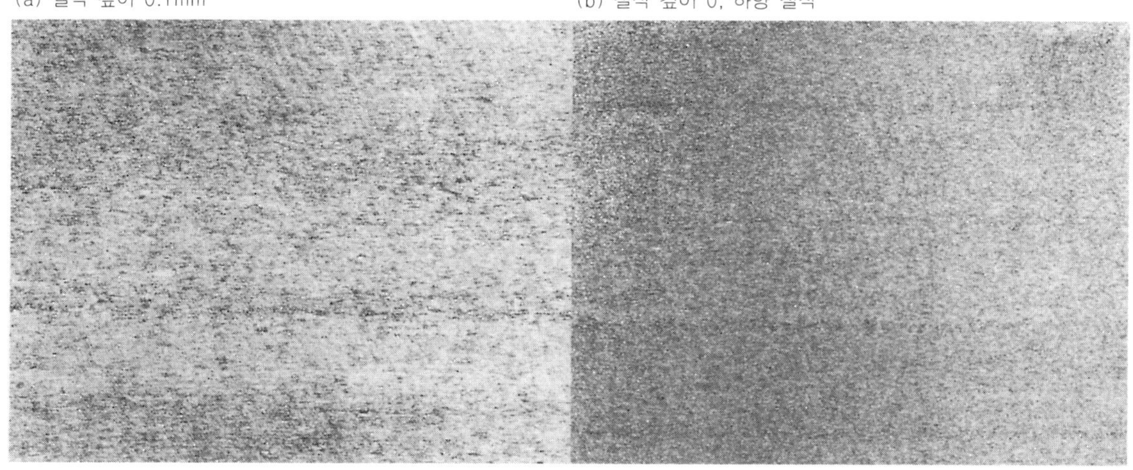

사진 2 긴 엔드 밀의 절삭 조건을 내렸을 때의 피삭면. 회전수 403rpm, 이송 18mm/min

사진 3 (c)는 조금 다른 두 개의 면(밑의 40% 정도는 보통 면이고 위의 60% 정도는 극단적으로 나쁜 면)을 하고 있으나 이것은 동시 절삭하는 절삭날의 날수 및 길이(엔드 밀의 날수, 비틀림각, 축, 반지름 방향의 절삭 깊이에 의한다)에 의해서 나타난 것이다.

❻ 채터링면 불량 대책

이제 채터링면 불량이 나오는 원인을 알았을 것으로 생각한다. 그래서 그 대책에 대해 알아보자. 기본적인 것은 진동이 발생하지 않는 절삭 조건으로 하는 것과 각부의 강성을 크게 함으로써 진동시키지 않고 또는 진동이 발생해도 빨리 감쇄시키는데 있다.

다음은 구체적인 대책, 점검 항목을 열거한 것으로, 예상되는 항목을 먼저 점검하기 바란다.

(a) 1.4mm, 800rpm, 108mm/min   (b) 1.4mm, 792rpm, 124mm/min

(c) 2.8mm, 800rpm, 108mm/min   (d) 2.8mm, 792rpm, 124mm/min

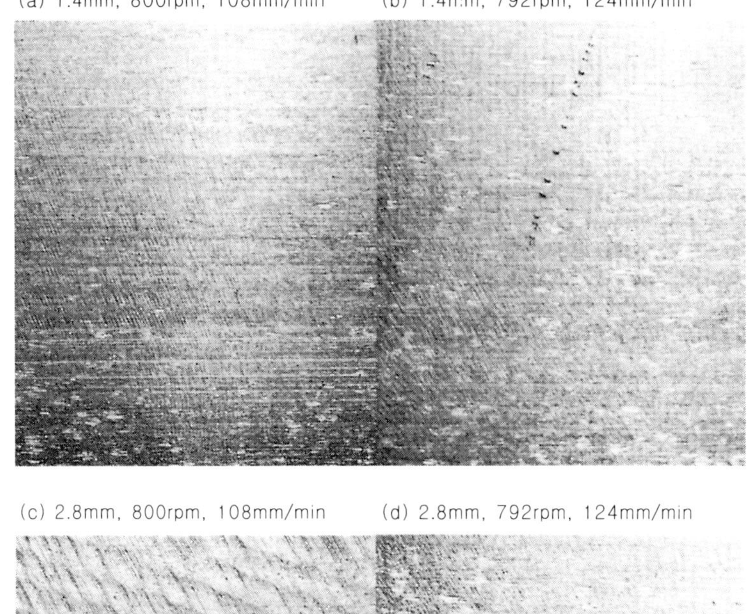

사진 3 절삭 깊이, 회전수, 이송과 기계, 홀더 강성의 영향

① 기계에 진동이 발생하고 있지 않는가를 확인한다(기계의 진동을 골라낼 수 있다).

② 엔드 밀 설치 후의 날끝의 휨을 확인한다(엔드 밀 자체의 휨, 홀더의 휨, 기계 주축의 휨).

③ 거친 가공 후 다듬질 가공하는 것이라도 거친 가공에서 채터링되지 않게 한다.

④ 절삭 속도(회전수)를 바꾼다(일반적으로 내린다).

⑤ 이송을 바꾼다(빠르게 하는 경우는 절삭 깊이를 작게).

⑥ 하향 절삭한다.

⑦ 절삭 깊이 없는 "0" 절삭을 한다.

⑧ 외주 여유각을 바꾼다(롱날이거나 각부의 강성이 작을 때는 약하게 한다).

⑨ 마진(실 모양)을 붙여 본다(간편한 방법으로는 **그림 3**과 같이 기름 숫돌로 래핑한다).

⑩ 기계, 홀더를 강성이 있는 것으로 바꾼다.

⑪ 가공물을 확실히 유지할 수 있는 지그를 고려한다.

⑫ 날끝의 손상 유무를 확인한다.

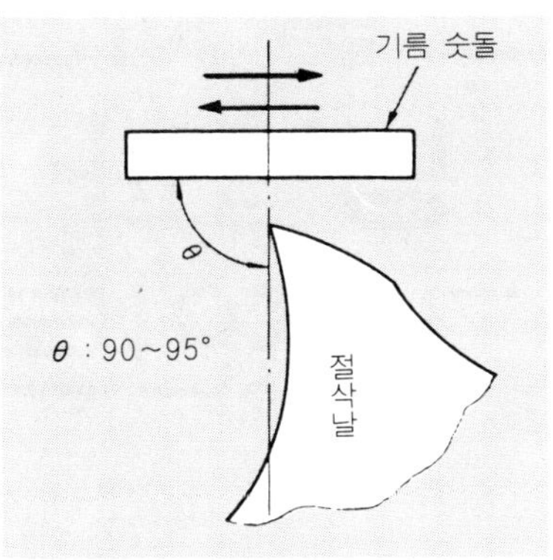

그림 3 절삭날의 날끝 랩

엔드 밀 재연삭
방법과
그 포인트

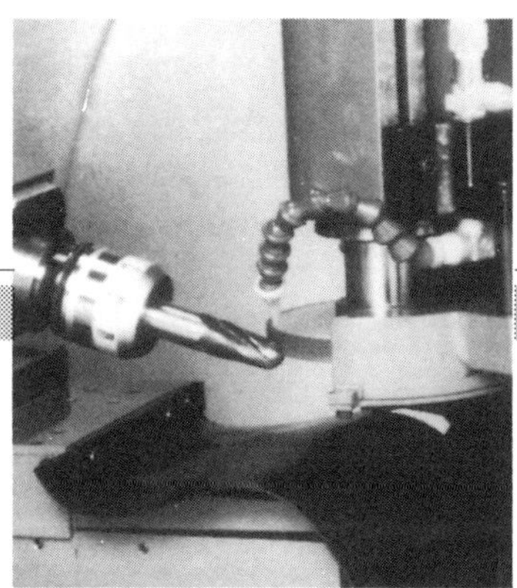

「재연삭한 엔드 밀은 다듬질용으로는 사용하지 못한다」라고 하는 말을 자주 듣는다.

틀림없이 엔드 밀의 지름이 재연삭량에 의해서 변화하기 때문에 사용하기 어렵다고 생각할 수 있으나, 주된 원인은 절삭날이 새것처럼 깨끗한 상태가 아니라는 것, 모양의 차이나 휨이 큰데 따라서 다듬질면의 거칠기나 기복, 경사가 커지는 것 때문이라고 생각할 수 있다.

그래서 범용 하이스 엔드 밀의 재연삭에서 고려할 사항을 기술해 본다.

❶ 재연삭의 시기

엔드 밀의 절삭날의 마모가 진행되면 정확하게 공작물을 절삭할 수 없게 되고 채터링이나 가공면의 뜯김, 경사가 커진다. 따라서 일반적으로 절삭 소리와 가공면의 상태로 공구교환의 시기를 판정하게 된다.

그래서 재연삭되는 엔드 밀의 외주 여유면의 마모 폭 V_B 가 보통 어느 정도로 되어 있는가를 조사한 데이터를 **표 1**에 실었다.

표 1 엔드 밀 재연삭시의 마모폭

	엔드 밀의 지름	2번면의 마모폭
범용 다듬질 가공	~10 이하	0.1~0.15
	10 이상 30 이하	0.15~0.25
	30 이상~	0.2~0.3
범용 거친 가공	~10 이하	0.1~0.2
	10 이상 30 이하	0.2~0.4
	30 이상~	0.3~0.5
러핑 엔드 밀	~20 이하	0.3~0.4
	20 이상 40 이하	0.4~0.5
	40 이상~	0.5~0.6

그러나 피삭재의 경도가 높거나 (HRC 30 이상) 날 길이가 긴 엔드 밀로는 표에 보이는 작은 값에서 이미 절삭이 불안정하게 되는 경우가 있다.

반대로 날 길이가 짧고 피삭재와 비교적 연질의 경우에는 여유각 마모가 상당히 크게 될 때까지 절삭할 수 있는 일이 있으나, 경사면 마모 K_T가 크게 성장하고 있기 때문에 외주 여유각만을 재연삭하는 일이 많은 범용 엔드 밀에서는 연삭 제거량(외경의 연삭 여유)을 크게 하지 않으면 안되게 된다.

그리고 러핑 엔드 밀에서는 경사면(날 뒤)을 재연삭하기 때문에 여유각 마모가 크게 될 때까지 사용하는 것은 연삭 제거량이 많아지므로 좋은 방법이라고 할 수 없다.

다만 엔드 밀의 재연삭은 드릴 등과는 달라서 간단한 연삭기가 없다, 기능이 필요하다, 시간이 걸린다, 비용이 비싸진다 등의 일면도 있기 때문에 재연삭 횟수를 가급적 적게 하고 싶다는 관점에서 우선 다듬질용에 사용하고 마모된 것을 거친 가공에 사용하는 사례도 볼 수 있다. 그렇다고 좀 일찍이 재연삭을 해야 한다라고 간단히 말하기는 어려우나 공구를 연삭하는 쪽에서 말한다면 역시 「가급적 일찍」이라고 하는 것이 된다.

다음에 외주 2번각, 경사면 및 앞날의 재연삭시의 유의점이나 용도에 맞는 날세우기 모양의 포인트에 대해서 설명한다.

❷ 외주 2번각 재연삭 방법과 그 포인트

• **날세우기의 종류**……가장 주된 외주 2번각의 날세우기에는 3종류의 방법이 있다.

하나는 엔드 밀 메이커가 제일 많이 채택하고 있는 익센트릭(eccentric) 연삭이라고도 하는 편심 2번각 날세우기(**그림 1**)이고 그리고 숫돌의 곡률을 이용한 콘 케이브(concave, 오목) 날세우기(**그림 2**)와 컵형 숫돌을 사용한 플랫(flat) 날세우기(**그림 3**)가 있다. 나머지 둘은 직선 2번각 날세우기라고 한다.

편심 2번각은 일반적으로 범용, 중다듬질 거칠기, 테이퍼날 엔드 밀 등의 연삭에 적용되고 특징은 다음과 같다.

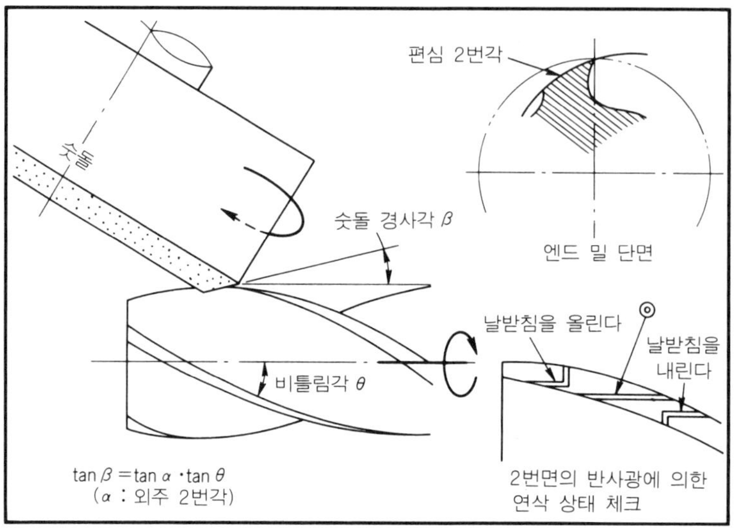

그림 1   편심 2번각 날세우기(컵형 숫돌 사용 예)

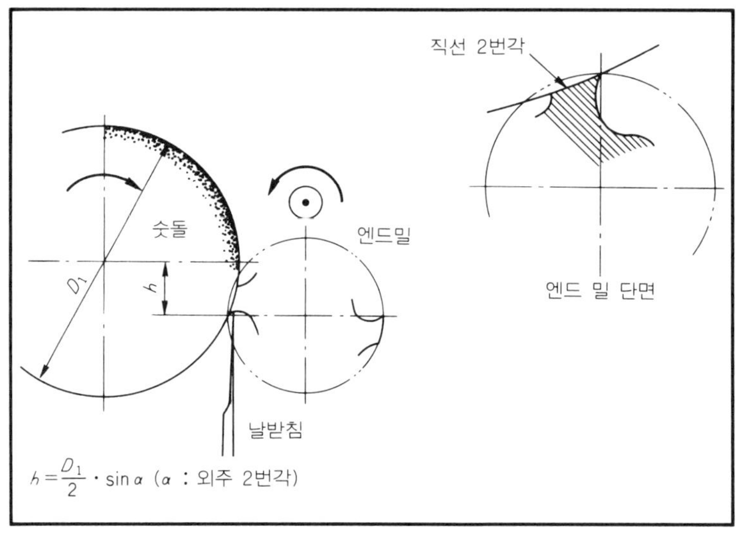

그림 2   직선 2번각 날세우기(콘 케이브형)

① 외경 치수 유지성이 좋다

② 공작물의 다듬질면이 양호

③ 외주 3번각이 불필요(그러나 큰 지름에서는 2번각날을 세울 때의 연삭 저항을 경감
   하는 목적으로 3번각을 취할 때가 있다)

한편 직선 2번각은 일반적으로 볼, 테이퍼날, 각종 형식의 엔드 밀의 연삭에 적용되고
특징은 다음과 같다.

① 절삭성이 좋다

② 외주 3번각이 필요

편심 2번각과 직선 2번각과의 큰 차이는 우선 절삭날 끝에서 단숨에 멀어지는 직선 2

번각에 비해서 서서히 여유가 크게 되어 있는 것이 편심 2번각이다.

그러나 직선 2번각은 절삭날 끝에서 후방으로 향함에 따라 날지름 원주부터의 릴리프량이 다시 감소해 오는 것이 되어서 실제의 절삭중에 2번면의 팁 접촉이 발생해서 절삭성을 손상시키고 있다.

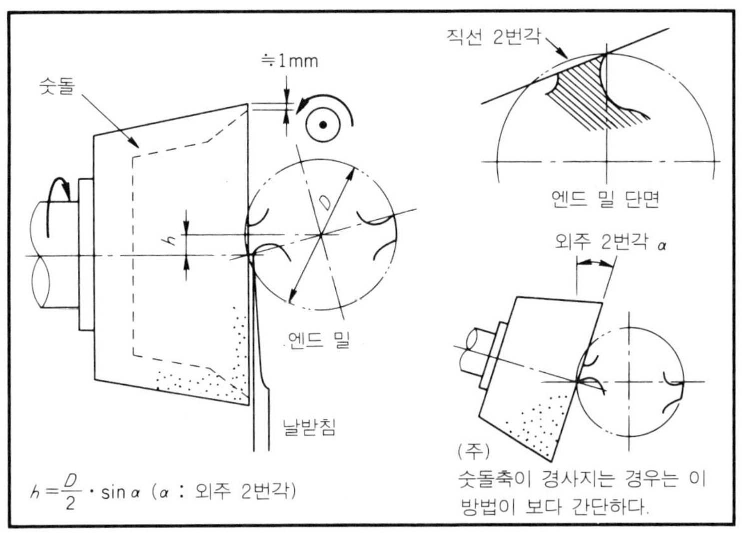

그림 3 직선 2번각 날세우기(평형)

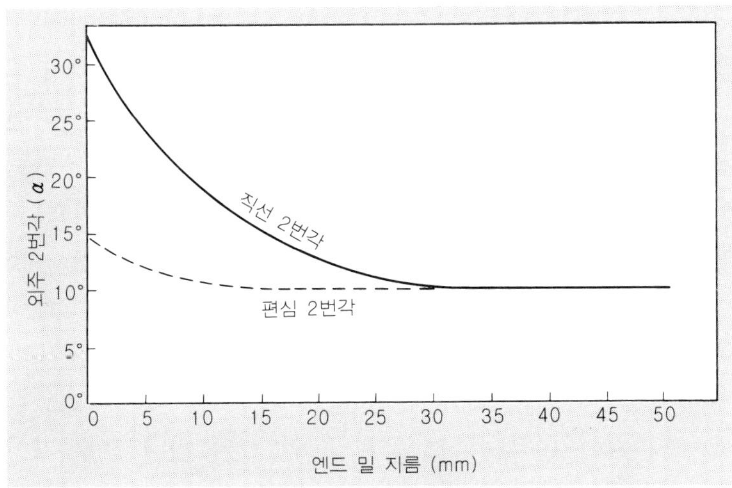

그림 4 범용 엔드 밀의 일반적인 외주 2번각

특히 지름이 작은 엔드 밀일수록 이 경향이 크기 때문에 일반적으로 **그림 4**에 표시하는 것 같이 2번각을 크게 할 필요가 있을 것이다. 그래서 절삭성은 좋으나 치핑이 발생하기 쉽다는 문제가 생기게 된다.

그러나 **그림 5**에 나타낸 것같이 3번을 취함으로써 이 히프·업(hip up)을 막을 수 있기 때문에 편심 2번각과 같은 정도의 2번각도 설정할 수 있다.

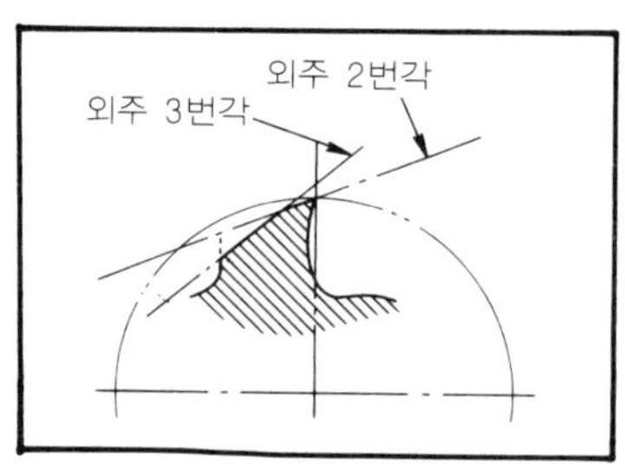

그림 5 외주 3번각

연삭 절차로서 우선 3번각을 연삭한 다음에 2번각을 연삭함으로써 2번각 연삭시의 연삭 제거량, 즉 연삭 저항을 경감하는 것이 되어 외경 치수 정밀도나 절삭날 품질을 유지하기 쉽다.

● **사용하는 숫돌**……종래부터 엔드 밀의 재연삭은 수작업이기 때문에 건식 연삭이 많고 WA의 입도 60~80번, 결합도 J~M 정도의 것이 가장 일반적으로 사용되고 있으나 최근에는 건식용 보라존(Borazon) 숫돌도 사용되기 시작하고 있다.

선정할 때 유의점으로는 너무 입도가 작은 것은 오히려 절삭성이 나쁘고 연삭 번의 원인도 되기 때문에 입도 100~200번 정도에서 집중도가 높은 좀 연한 진본드계의 것이 사용하기 쉬운 것 같다.

● **2번각의 세트**……2번각의 세트 방법은 **그림 1~3**을 참고하기 바란다. 다듬질면을 중시하는데는 편심 2번각, 수평면에서는 직선 2번각도 좋다고 생각하지만 일반직으로는 편심 2번각으로 **그림 4**의 값 정도로 채택해 두는 것이 무난하다는 생각이 든다.

● **연삭의 요령**……우선 거친 연삭으로 마모 부분(경사면의 마모도 못 보고 빠뜨리지 않도록)을 제거해 버린다.

날 길이 전역에 일정한 폭으로 숫돌이 닿고 있는지 어떤지(엔드 밀의 축심이 숫돌에 대해서 옳바르게 자리를 잡고 있는지 또는 강제 리드 방식의 경우는 엔드 밀의 리드와 맞는가), 각 날이 균등하게 연삭되고 있는가(휘어지고 있지 않는가)를 체크해서 조정한 다음에 0.01~0.02 mm 정도의 절삭 깊이로 다듬질 연삭을 실시한다. 더 절삭 깊이를 깊게 하지 않고 스파크 아웃하는 것도 유효한 방법이다.

다듬질 연삭에서 절삭 깊이가 지나치게 크면 절삭날끝의 버가 크게 되어 예리하고 일정한 절삭날끝을 얻기 어렵게 된다(**사진 1** 참조).

날 받침은 허리가 강하고 선단이 예리한 것으로 하고 가급적 절삭날끝에 가까운 곳을 받칠 수 있도록 설치한다. 일정한 힘과 속력으로 이송을 하는 것이 포인트이고 기능을 요하는 곳이다.

● **날세우기 후의 절삭날의 손질**……연삭 후의 절삭날끝에는 반드시 버가 나타나 있다고 할 수 있으므로 경질의 플라스틱편이나 동판 등으로 절삭날을 비틀림에 따라서 비벼서 제거할 수 있다.

특히 절삭에 사용할 때, 채터링되기 쉬운 긴 날의 엔드 밀이나 다듬질면이 중시되는 가공에 사용되는 엔드 밀에서 절삭날이 지나치게 예리함으로써 미세한 치핑이 발생해서 곤란한 경우에는, 버를 제거하는 것 이상으로 절삭날을 둔하게 할 필요가 있다.

핸드 래퍼로 절삭날을 가볍게 죽이면 좋다고 하지만 죽이는 양이나 방향을 정하는 것이 상당히 어렵고 지나치면 무엇보다 소중한 절삭성을 떨어뜨릴 위험이 있다. 그래서 안전하고 정도에 맞게 죽일 수 있는 것으로 잉크나 볼펜으로 잘못 썼을 때 사용하는 모래 고무 지우개가 있다.

절삭날을 고무 지우개 속에 조금 잘라 넣고 비틀림에 따라서 몇 번 훑게 함으로써 적당한 날죽이기를 할 수 있다.

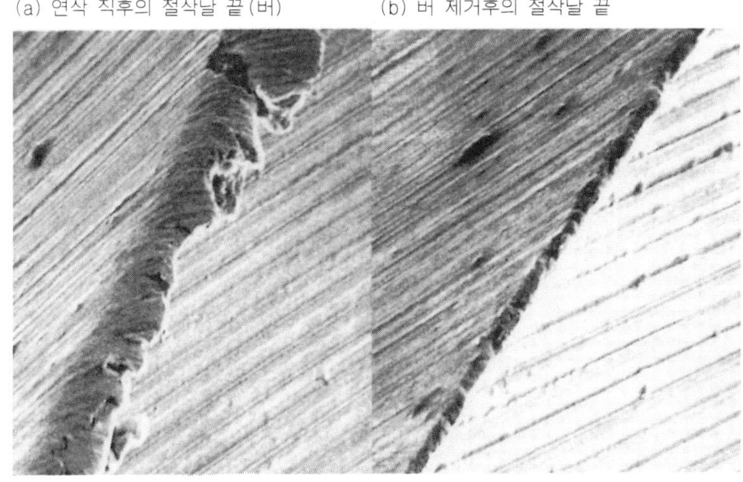

사진 1 외주 2번각 날세우기 할 때(연삭량 0.01~0.03mm)의 절삭날 끝

● **재연삭의 한계**……그림 6은 ϕ 10의 2개날 범용 엔드 밀을 사용해서 지름을 0.25~0.3 mm씩 재연삭하면서 그 때의 수명 변화를 조사한 한 예이나 편심 2번각, 직선 2번각 모두 4번째의 재연삭(지름에서 마이너스 1 mm)까지는 거의 새것과 같은 정도의 수명을 나타내고 있다.

외주의 재연삭을 계속하면 서서히 경사각은 작게 되고 최종적으로 경사면이나 홈 모양을 연삭 수정할 필요가 생긴다.

엔드 밀의 사이즈나 사용 방법에 따라서도 달라지지만 절삭 성능 유지와 재연삭의 시간이 걸린다는 점에서 4~6회 정도가 적당한 재연삭 가능 횟수로 생각된다.

❸ 경사면 재연삭의 방법과 그 포인트

● **연삭의 요령**……경사면의 재연삭은 가장 어려운 연삭의 하나라고 할 수 있다. 제대로 경사각을 취할 수 없다, 연삭면이 거칠다 등의 문제가 발생하기 쉬운 경향이 있다.

재연삭의 포인트로는 **그림 7**에 표시한 것 같이 우선 숫돌의 설치각은 반드시 엔드 밀의 비틀림각보다 2°~5° 크게 세트함으로써 가장 해가 많은 날 처짐을 방지할 수 있다(너무 크면 경사각은 작게 된다).

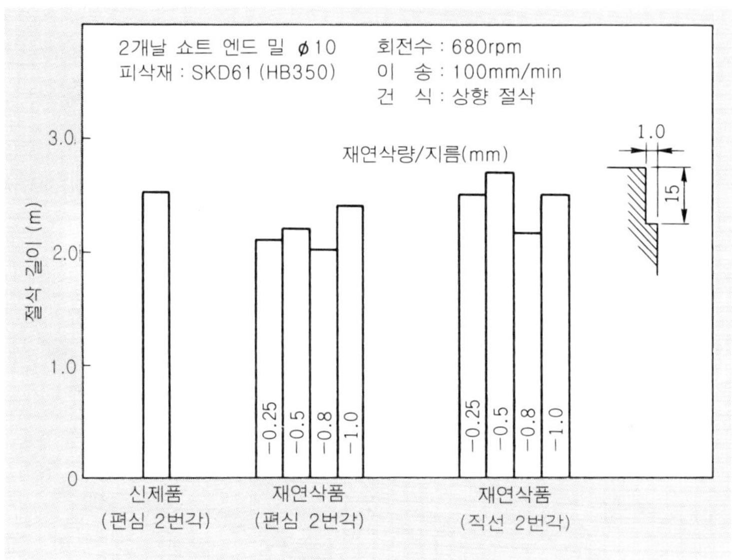

그림 6 외주 재연삭에 의한 수명 변화(외주 2번면 마모폭 V_B : max 0.15mm)

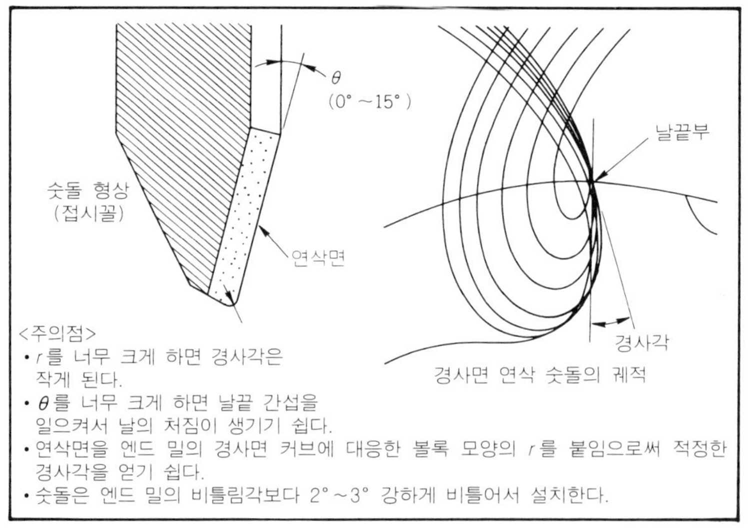

그림 7 경사면 연삭의 요령

다음으로 숫돌을 댔을 때, 날끝에 많은 접촉이 생기는 경우는 엔드 밀의 경사면이 숫돌에 접근하는 방향으로 이동하고 경사면을 위로 향하도록 조정한다.

반대로 날 밑부분에 많이 닿아 있는 경우에는 경사면이 숫돌에서 멀어지는 방향으로 이동하고 경사면을 일으키도록 조정한다.

가장 주의를 필요로 하는 것은 연삭 번이라고 하는 면 거칠기 불량의 발생이다. 경사면의 연삭은 연삭량이 많기 때문에 이와 같은 현상이 발생하기 쉽고 본래는 습식 연삭이 바람직한 까닭이다.

특히 날 홈의 다듬질부에서 숫돌이 멈추는 부분에 연삭 번이 집중하기 쉽고 절손 원인이 될 위험성이 있다. 따라서 될 수 있는 대로 1회의 연삭량을 작게 해서 세심한 주의를 하여야 할 연삭이라고 할 수 있다.

● **경사각을 정하는 방법**……보통은 $10° \sim 20°$ 정도의 경사각이 자주 채택되고 있다. 당연히 경사각은 큰 것이 절삭성은 좋지만 절삭날끝이 약해지므로 용도에 따라 약간 구분해서 사용할 필요가 있다. 정성적(定性的)으로는 연질이고 끈끈한 피삭재(SUS 304, SS 41, 저탄소강, Cu 등)에서는 경사각은 좀 크게 HRC $35 \sim 45$라는 고경도재나 SKD 11, 주철 등에서는 오히려 절삭날 강도를 중시해서 좀 작은 것이 바람직하다고 생각한다.

❹ 앞날 재연삭 방법과 그 포인트

앞날의 재연삭에 대해서는 외주 여유나 경사면의 연삭에 비하면 간단하게 취급하고 있는 것이 많다고 생각한다.

그러나 실제로는 코너부의 날 파손, 구멍뚫기(세로 이송 가공) 성능이나 홈, 포켓 밑면의 다듬질 정밀도 등에는 상당히 관련이 깊은 중요한 것이라고 말할 수 있다.

● **코너의 날 파손 방지**……코너부의 강도를 높인다는 점에서 앞날의 2번각 및 중저(中低)각을 **그림 8** 중의 좀 작은 값을 고르고 또 각 날 코너(A점)의 높이의 차(앞날의 휨)를 될 수 있는 대로 작게 하는 것도 중요하다.

특별한 처치로는 코너에 $0.2 \sim 0.5\,mm$의 R를 핸드 래퍼 등으로 연삭하거나 또는 **그림 9**와 같이 개시(gash) 연삭시에 코너도 함께 연삭하는 방법이 있다.

그러나 이 방법들은 용도에 따라서 제한되고 특히 **그림 9**의 방법은 A − C 사이는 외주 2번각의 영향으로 외경이 C에서 A로 향해서 감소하고 구배가 붙기 때문에 주의가 필요하다.

● **구멍뚫기(세로 이송) 성능 상승**……밑구멍이 없는 상태에서 구멍뚫기가 필요한 경우가, 키 홈가공이나 금형의 포켓 가공 등에 있으나 원래 엔드 밀은 드릴과 달리 심 두께가 상당히 두껍기 때문에 구멍뚫기가 자신 있는 기술은 아니다.

따라서 구멍뚫기 성능 상승의 포인트는 개시 모양에 거의 의존하고 있다고 말할 수 있다. 벤 자리(노치)각을 $40° \sim 50°$로 하고 개시 개선각(숫돌의 각도)을 크게 함으로써 개선된다.

그러나 처치는 앞날 강도를 저하시키기 때문에 특히 팁 스페이스가 작은 앞날의 짧은날쪽의 벤 자리각을 $40° \sim 50°$로 하고 긴날쪽은 $35° \sim 40°$ 정도로 멈춰 두는 방법도 있다.

개선각은 짧은날, 긴날 다같이 좀 큰 것이 바람직하다.

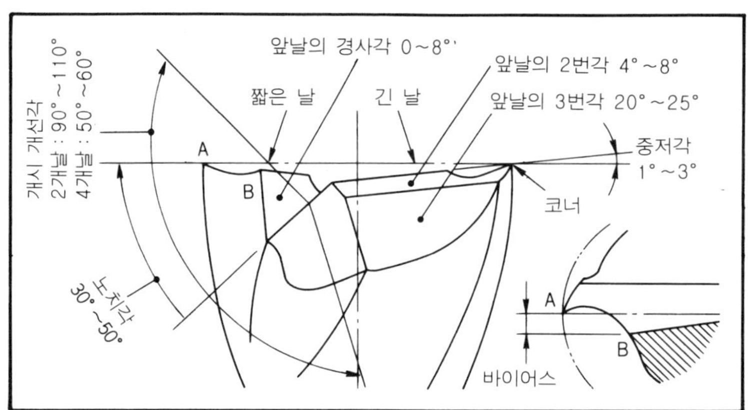

그림 8　앞날의 날세우기 형상 치수

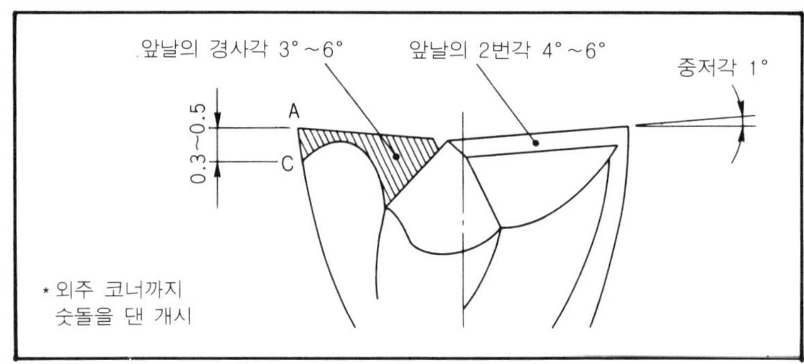

그림 9　하향 절삭형 개시 형상

● **밑면 거칠기의 개선**……엔드 밀의 앞날로 가공된 면은 보통 코너의 절삭 흔적이 남고 고이송이 될수록 그 현상이 현저하게 나타난다.

이 원인은 **그림 8**에 표시하는 코너 A점에서 엔드 밀의 축심을 향해서 중저각과 그리고 경사각과 앞날의 여유각의 영향으로 앞날의 절삭날이 경사되어 있고, 각 날의 절삭 위치가 한 날당의 이송씩 이끌어가기 때문에 일어난다. 그 때문에 느린 이송에서 사용하면 거칠기가 작아지는 것이다.

따라서 날세우기 방법에 따른 개선으로 앞날의 중저각을 가능한 한 작게 하면 좋은 것이고 구체적으로는 앞날의 여유각과 중저각을 작게 하는 것이다.

그러나 **그림 8** 중의 B점이 A점보다 높게 되면 가공 정밀도를 오히려 악화시키기 때문에 개시 연삭시에 A점과 B점이 한쪽으로 쏠리는 것을 가능한 한 작게 하는 것이 필요하다. 또 앞날의 휨을 작게 할 필요가 있다.

용도에 따라서는 코너에 R를 붙이고 또는 **그림 9**에 표시하는 날세우기를 함으로써 개선할 수 있다.

● **앞날 재연삭의 순서**……**그림 10**은 2개날, 4개날, 볼 엔드 밀의 앞날 재연삭의 순서를 숫돌과 앞날의 상대적 관계 개념도로 나타내고 있다.

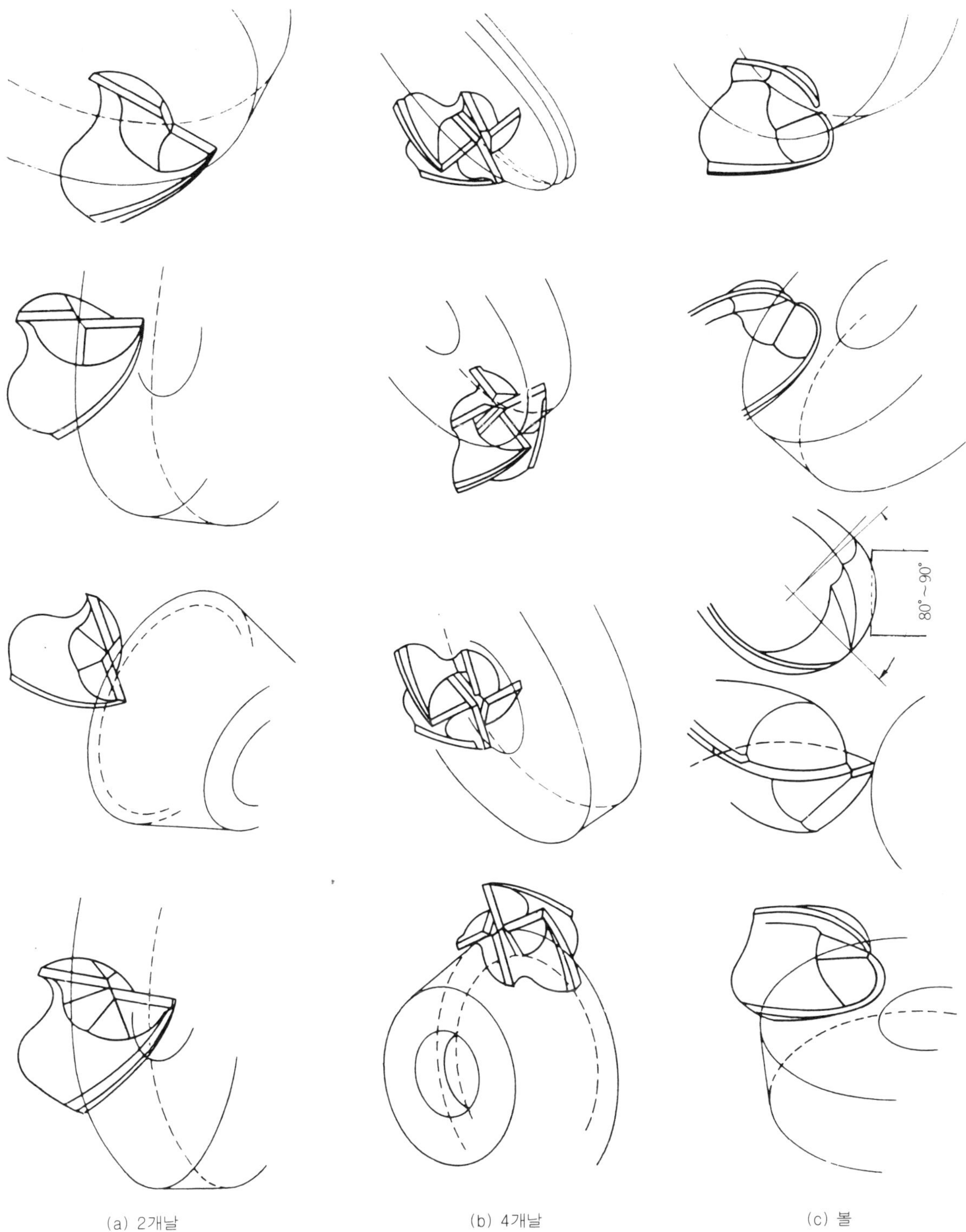

(a) 2개날　　　　(b) 4개날　　　　(c) 볼

그림 10　엔드 밀 앞날의 재연삭

엔드 밀 가공의 트러블과 대책

NC 밀링 머신이나 복합 공작 기계의 보급에 따라 더욱 다품종 생산 형태에 의한 공구 개수의 증대에 의해서 엔드 밀의 수요는 점점 높아 가고 있다. 그만큼 가공 능률, 가공 정밀도를 추구하는 실작업에서는 여러 가지 문제점이나 트러블, 의문점에 부딪치게 되는 것이다.

그러한 문제점이나 트러블 등의 원인 또는 대책은 반드시 한 개의 줄로 연결되는 것 같이 단순한 것이 아니고 복잡하게 관련되어서 대책으로도 「최적」이라는 수단을 얻는 것은 대체로 불가능하다고 생각해도 좋을 것이다.

그러나 실제로 작업을 진행해 나가는데 있어서 조금이라도 「최적에 가까운 작업 조건」을 잡는 것은 우리들의 의무이기도 하다. 그 때문에 이제까지 각 장에서 기술해 온 수많은 데이터를 머리 속에 정리해 놓고 문제점, 트러블에 대해서 논리적으로 추구해서 합리적인 대책을 차례차례 시도해 보는 자세가 필요하다.

예를 들어 난삭재의 엔드 밀 가공이라고 해도 그 중에는 피삭재질, 경도 등 많은 짜맞춤이 있고 그리고 피삭재의 모양이 강성이 높은 것이었거나 반대로 용기와 같은 얇은 구조였거나 하는 일도 있다. 또 홈절삭, 측면 절삭, 구멍뚫기 가공, 포켓 가공 등 가공 모양도 여러 가지이다.

그 가공이 어떤 엔드 밀을 사용하고 있는가, 지금까지 기술해 온 바와 같이 엔드 밀에는 참으로 많은 종류가 있다.

그리고 작업상 절삭 유제를 사용할 수 없는 경우도 있다. 그리고 사용하고 있는 공작 기계의 신구, 대소 등도 영향을 준다.

이와 같은 상황 아래서 대책을 세우는데는 어느 정도 기준화된 대책 절차에 따라 많은 데이터에 접하고 실시 예를 참고로 하는 이외에는 방법이 없다고 생각한다.

이런 의미에서 여기서는 엔드 밀 가공에 있어서의 일반적인 트러블 대책의 사고 방식과 실시 예, 문제 해결 예에 대해서 정리해 보았다.

우선 **표 1**은 문제점과 원인 및 대책에 대해서 정리한 것이다. 문제점으로는 이 밖에도 칩 막힘이나 다듬질 치수에 관한 것, 버 등에 대한 것도 있을 것으로 생각한다.

표 2는 엔드 밀 사용상의 문제해결 예를 정리한 것이다. 엔드 밀 가공의 실작업에서는 어떤 문제점, 트러블과 만나게 될 지 알 수 없다. 이들 예와 함께 많은 데이터를 접하고 곰곰이 생각해서 대책을 세워 보도록 하자.

표 1　트러블의 원인과 대책

문 제 점	원　　인	대　　책
● 마모 　외주 2번면 　경사면 　앞날 코너	● 절삭 속도가 너무 높다. ● 피삭재 경도가 높다. ● 피삭재의 가공 경화 ● 절삭 유제의 효과가 작다. ● 칩의 재절삭 ● 날 1개당의 이송이 적당하지 않다. ● 가공물 열전도도가 작다.	● 절삭 속도를 내린다. 절삭유를 충분히 준다. ● 건식 절삭→수용성 절삭유→불수용성 절삭유의 순으로 절삭유를 바꿔 본다. ● 절삭점에 충분히 절삭유가 전달되도록 공급량, 공급 방법을 검토한다. ● 칩의 재절삭을 피하기 위해서 에어제트, 절삭유 등으로 절삭 부위에서 빨리 칩을 제거한다. ● 가공 경화층의 아래쪽을 절삭하도록 날 1개당 이송을 크게 한다. ● 여유각을 좀 크게 한다(날끝 치핑에 주의). ● 공구 재질의 등급 상승, 하향 절삭을 검토한다.
● 날 파손 　외주 날 　앞날 코너	● 절삭 공구각이 좀 작다. ● 절삭 공구 경도가 높다. ● 예리한 날끝에 버가 있다. ● 엔드 밀의 강성 부족 ● 가공물의 설치 강성 부족 ● 채터링 발생	● 여유각, 경사각을 좀 작게 한다(마모의 증대에 주의). ● 예리한 끝을 핸드 래퍼로 가볍게 호닝한다. ● 날길이, 돌출 길이를 필요한 최소한으로 한다. 하향 절삭을 주체로 한다. ● 앞날 코너에 조금이라도 좋으니 모떼기 또는 R모떼기를 한다. ● 가공물의 설치 강성을 높게 한다. ● 회전수를 한단 낮추어서 채터링 발생이 작게 되는가를 검토한다.
● 절　손	● 과대한 절삭 저항 ● 공구의 마모 ● 치핑	● 이송을 작게 한다. 회전수를 높인다. ● 절삭 깊이를 작게 한다. 재연삭에 의해서 마모, 치핑 등을 제거한다. ● 공구의 날 길이, 돌출 길이를 최소한으로 한다.
● 가공면 불량 　[거칠기]	● 채터링 ● 마모에 의한 용착, 뜯김 ● 칩의 재절삭	● 일반적으로 상향 절삭 쪽이 좋은 결과를 얻는다. ● 재연삭에 의한 마모, 치핑을 제거한다. ● 강비틀림각 엔드 밀(50° 정도)의 사용, 절삭 깊이를 작게 한다. ● 활성형 불수용성 절삭유를 사용한다.
[기　복]	● 비틀림각, 날 수 등의 모양에서 비롯된 원인 ● 절삭 조건 ● 엔드 밀의 휨	● 날 수를 늘인다(2개날 → 4개날 → 6개날). ● 절삭 깊이, 이송을 작게 한다. ● 비틀림각이 큰 것은 기복이 크게 되는 경우가 있다. ● 공구 지름이 큰 것을 사용한다.
[기울기]	● 날 길이 ● 돌출 길이 ● 엔드 밀의 휨	● 절삭 깊이, 이송을 작게 한다. ● 필요한 최소한의 날끝, 돌출 길이인 것을 사용한다. ● 단면 절삭에서는 반지름 방향의 절삭 깊이가 $1/8 \cdot D$ 부근에 기울기가 작게 되는 점이 있다. ● 재연삭에 의해서 날끝을 예리하게 한다. 상향 절삭을 주체로 한다. ● 공구, 가공물의 설치 강성을 높게 한다. ● 공구 지름이 큰 것을 사용한다.
[채터링]	● 절삭 조건 ● 설치 강성의 부족	● 회전수를 내린다(하향 절삭으로 한다). ● 날 길이, 돌출 길이를 필요한 최소한으로 한다. 공구, 가공물의 설치 강성을 높게 한다.
[용　착]	● 피삭재의 끈기와 공구 재질과의 친화성 ● 절삭유의 침투 불량	● 기름 숫돌 등에 의해서 여유면, 경사면을 호닝해서 경면화(鏡面化)한다. ● 절삭유를 충분히 주어서, 절삭점에 침투하도록 한다. ● 건식 절삭 → 수용성 절삭유 → 불수용성 절삭유 순으로 바꾼다. ● 적합한 절삭유를 선택한다. 합금강의 절삭에는 활성형 불수용성 절삭유가 두드러진 효과를 발휘할 때가 있다.

표 2 하이스 엔드 밀 사용상의 문제 해결 예

공구 지름	날수	날길이	피삭재	절삭속도 m/min	이송 mm/min	절삭유	절삭 상태	트러블의 내용	해 설	구 체 적 예
20	2	45 표준	SKD11 HB220	40	수동 이송	없음		가공면의 채터링 진동음	• 4개날은 재연삭을 하기 어렵다고 하지만 이와 같은 얕은 절삭 깊이에서는 모든 점에서 4개날이 유리하고 절삭 속도는 20m/min 정도로 내려도 매분 이송 속도를 일정하게 하거나 약간 크게 함으로서 능률은 오히려 향상한다. * 가공물을 세로로 잡을 수 있으면 φ10, 4개날의 거치름·다듬질 겸용 타입 엔드 밀로도 가공이 가능하다.	• 공구 : φ20, 4개날 v : 20m/min(318rpm) f : 285mm/min (2개날로는 190mm/min 정도) 불수용성 절삭유 사용 * φ10, 4개날 거칠음·다듬질 겸용형 엔드 밀에서는 약 37 mm/min 정도의 이송으로 한다.
14 거칠음·다듬질 겸용형	4	55 롱	SS41	27 (614rpm)	60	불명		절손	• 현상의 공구로 같은 절차로 가공하는 데는 이송이 좀 크고, 과부하에 의한 절손이다 • φ22(날길이 75mm)를 사용하면 ①에서 홈 가공을 하고 ②, ③에서 다듬질 가공을 끝마치게 한다. • 거치름·다듬질 겸용형 엔드 밀은 공구 지름 D에 대해서 절삭 깊이 Ad가 1.5D 이상일 때 유효하다.	• 현상대로 절삭하면 이송 속도는 약 35mm/min 정도로 하여야 할 것이다. ①의 절삭 조건 φ20, 4개날 절삭 깊이 Ad : 59mm Rd : 22mm v : 30m/min f : 15mm/min ②, ③의 절삭 조건, 다듬질 절삭 f : 60mm/min
13	2	55 롱	Aℓ	불명	불명	불명		홈면의 기울기 뜯김면	• 긴 날의 사용은 피해야 한다. • 2개날 짧은 것 또는 4개날 엔드 밀의 사용을 시도해 본다. • 키 홈용 엔드 밀도 유효하다.	• φ13, 짧은 2개날 v : 60m/min(1500rpm) f : 62mm/min Aℓ에 적합한 불수용성 절삭유를 충분히 공급한다
17 다거듬칠질음·겸용형	4	40 표준	SS41 S45C	28 38	45(60) (45)60	건식 불수용		뜯김면	• 4개날 엔드 밀에 의한 절삭이 좋다. • 뜯김면은 칩의 재절삭에 의한 압착 흔적인지도 모른다. 거칠음·다듬질 겸용형 엔드 밀은 절삭 깊이 Ad가 1D 이상일 때에 유효하고 이 경우는 보통의 4개날 엔드 밀이 좋다.	• φ15, 4개날 v : 30m/min(640rpm) f : 120mm/min 불용성 절삭유 사용

9	2	25 표준	S45C	15.5	수동 이송	불수용	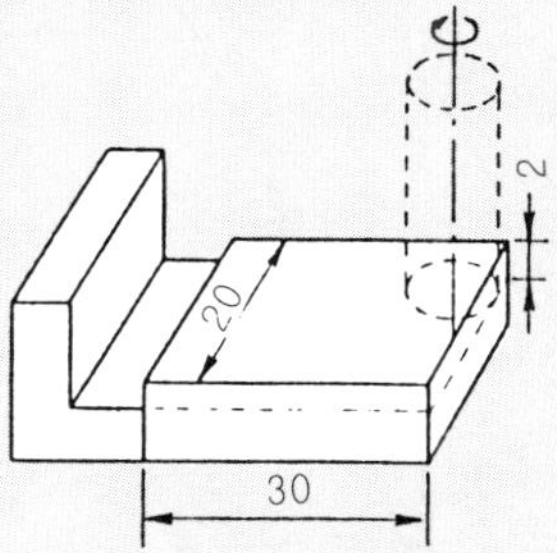 20 30 2	절삭 초기 에 치핑	• $\phi9$, 4개날 엔드 밀로 절삭하여야 한다. • 치핑을 방지하는데는 앞날 코너를 약간 모떼기를 한다. • 절삭 속도도 너무 늦고 또 수동 이송이기 때문에 실질적으로 할 날당 이송(mm/rev/tooth)은 큰 값으로 되어 있다고 생각할 수 있다. • 공구의 사이즈 업도 유효하다. * 가공면을 문제로 하는 경우는 가공물을 세로로 해서 $Ad=20$mm로 해서 절삭해야 한다. • 일반적으로 정면 절삭보다 단면 절삭쪽이 마무리가 좋다.	• $\phi9$, 4개날 사용의 경우 v : 30m/min(1060rpm) f : 130mm/min *사이즈 업해서 $\phi16$, 4개날을 사용해서 $Ad=20$으로 해서 절삭하는 경우 v : 30m/min(430rpm) f : 180mm/min
13 거칠음·다듬질 겸용형	4	35 표준	다이스강	13.5	57	불명	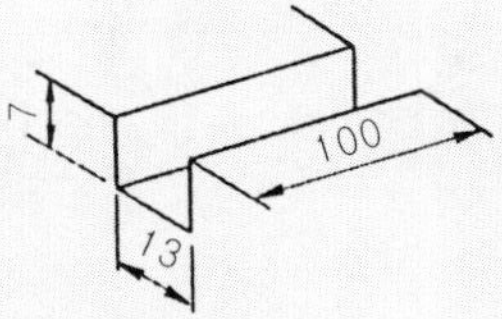 7 100 13	특별히 없음	• 표준 날 길이, $\phi13$, 4개날로 절삭하여야 한다(짧은 날 길이라면 더 좋다). • 홈 깊이가 $1D$ 이하로 작기 때문에 거친 절삭의 효과를 충분히 발휘할 수 없다.	• $\phi13$, 4개날 표준 엔드 밀 v : 15m/min(370rpm) f : 30mm/min (1회 절삭의 경우) 불수용성 절삭유 사용
6	2	15 표준	SUS316	24.5	60	불명	3회로 나누어 절삭한다 2|3|3 6	치핑이 많다	• $\phi6$, 4개 날 거칠음·다듬질 겸용형 엔드 밀을 사용해야 한다. • 절삭유는 충분히 공급하여야 한다.	• $\phi6$, 4개날 거칠음·다듬질 겸용형 엔드 밀에 의해서 축 방향 절삭 깊이(Ad)를 8mm의 1회 절삭 v : 20m/min f : 27mm/min
24	2	50 표준	SUS316	16.5	48	불명	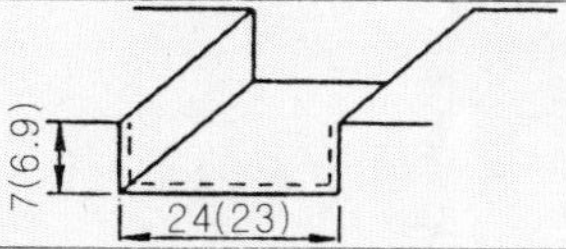 7(6.9) 24(23)	치핑이 심하다	• 4개 날 엔드 밀쪽이 유리하다고 생각된다. • 4개 날 엔드 밀에 의한 1회 절삭에서 가공 정밀도를 낼 수 있는가를 조사해 본다.	• $\phi24$, 4개날 사용의 경우 v : 16.5m/min(220rpm) f : 37mm/min 불수용성 절삭유
10	2	25 표준	불명	20.6	불명	건식	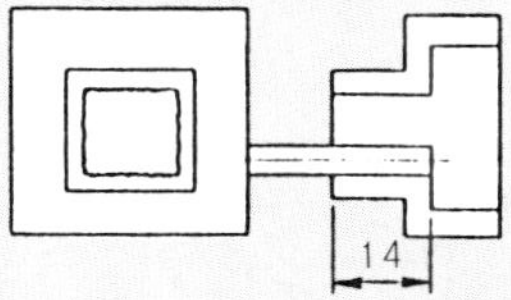 14	치핑 및 채터링	• $\phi10$, 4개 날 범용 또는 거칠음·다듬질 겸용형 엔드 밀을 사용, 될 수 있으면 절삭유의 사용이 바람직하다	• 거칠음·다듬질 겸용형의 경우 v : 20m/min(640rpm)로 가정 f : 100mm/min(피삭재 : 스테인리스강으로 가정. 절삭 깊이 Rd : 1.5mm로 가정)

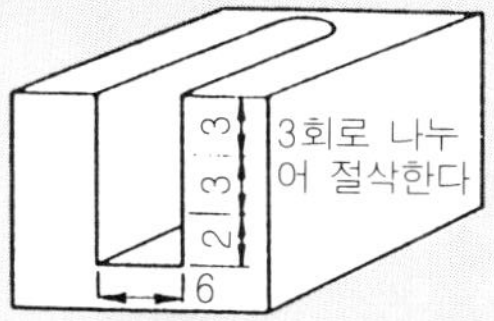

각부의 명칭과 앞날 모양

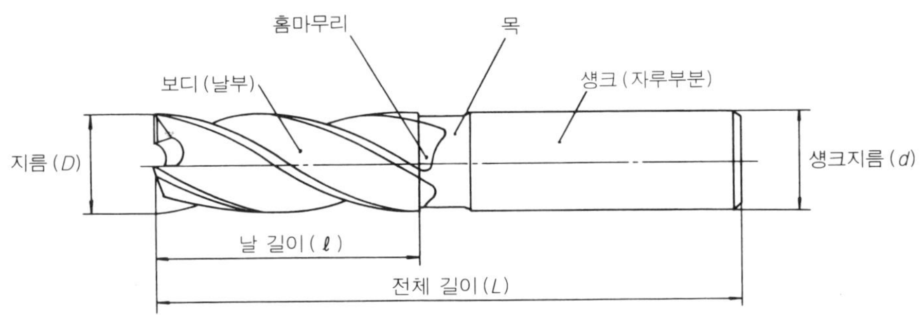

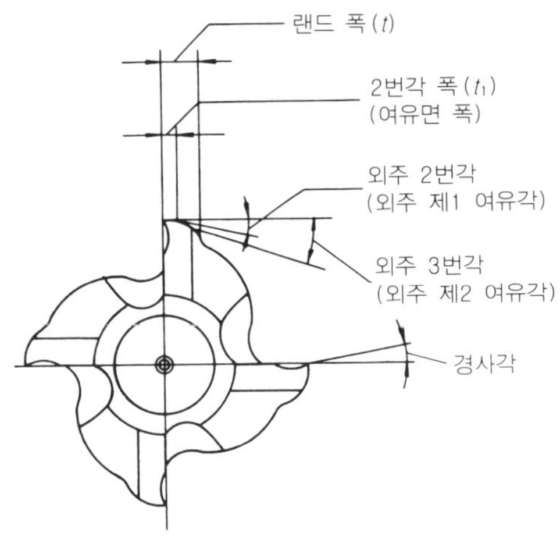

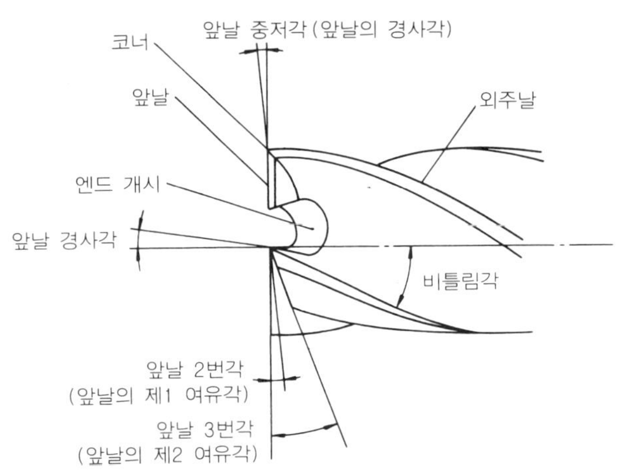

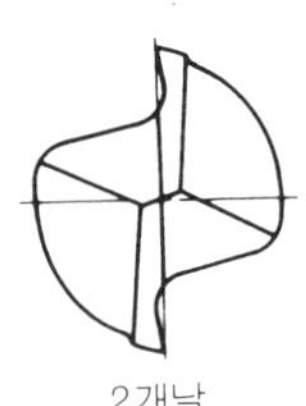

2개날

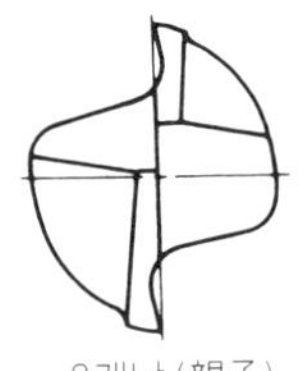

2개날 (親子)

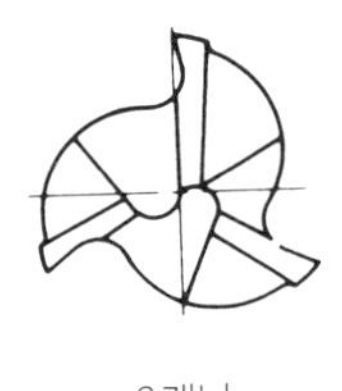

3개날

4개날

4개날 (親子)

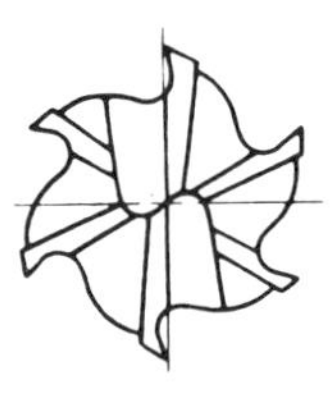

6개날

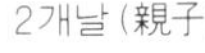

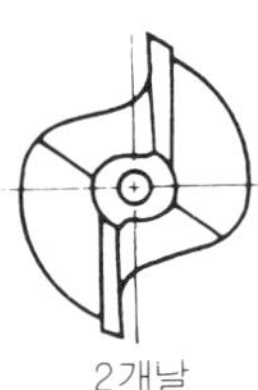

2개날

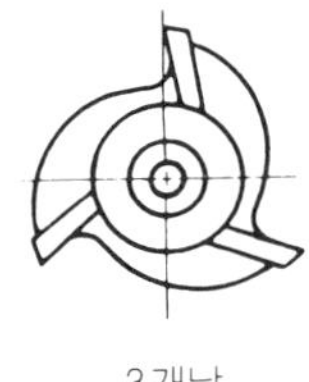

3개날

4개날

6개날

엔드 밀의 앞날 형상

② 샹크와 처킹 방식

엔드 밀 샹크		로크 방식	특 징	척 메이커
형 상	형 상 도			
스트레이트 샹크		롤 로크	정밀도 우수	日硏 豊精工
		더블 콜릿	조이는 힘 크다 강성 크다	黑田, 聖和 · 共立, 溝口 · 大昭和
		싱글 콜릿	간단해서 고장이 적다	유럽에 많음
		당김 나사	조이는 힘 크다	클랙슨 도마
		싱글 사이드 로크	설치하고 떼는 것이 간단해서 확실하게 로크할 수 있다	미국에 많음
		더블 사이드 로크	설치하고 떼는 것이 간단해서 확실하게 로크할 수 있다	미국에 많음
		포지티브 로크	설치하고 떼는 것이 간단해서 확실하게 로크할 수 있다	미국에 많음
		콤비네이션 로크	설치하고 떼는 것이 간단해서 확실하게 로크할 수 있다	미국에 많음
테이퍼 샹크		플레인 엔드	취급이 간단	———
		당김 나사 붙이	조이는 힘 크다	———
		탱 붙이	설치하고 떼는 것이 간단하다	———
		중간 나사붙이	조이는 힘 크다	———

③ 피삭 재질에 의한 선정

* CPM : 분말 하이스, MG : 미립자 초경 합금

피 삭 재 질		공구 재료	절삭 속도 (m/min)	엔 드 밀 선정 방법
명　칭	대표 재질			
주　　　　철	FC25 FCD	SKH	20~ 25	• 종래보다 초경(K종)이 적합하다고 하고 있지만 SKH도 많이 사용되고 있다. • 거친 절삭에 거칠음용, 다듬질에 많은 날, 모방 가공에 볼이 많이 사용되나 초경 솔리드, 납 땜, 스로어웨이화가 진행되고 있다.
		K 종	50~ 70	
일 반 구 조 압 연 강	SS41	SKH	25~ 30	• 절삭성을 중시한 SKH 엔드 밀로 충분히 대응 가능 • TiN 처리는 사용 조건으로 크게 변한다
탄 소 강	S45C S55C	SKH	22~ 28	• 일반적으로 SKH 엔드 밀은 이 종류의 피삭 재질을 대상으로 제작되고 있기 때문에 SKH를 대응할 수 있으나 고속화, 장수명화에는 초경(MG, P종)이 효과적이다. • 모방 가공은 TiN 처리도 효과적이다.
		TiN 코팅	25~ 35	
		MG	30~ 35	
		P종	60~ 80	
합 금 강	SCM440 SNCM415	SKH	23~ 28	• 절삭성이 중요시되는 것만이 아니라 탄소강에 비해서 내크레이터 마모성이 필요하기 때문에 호모 처리도 효과적이다. • 초경(MG)은 SKH에 비해서 내구성 향상에 효과가 있다.
		MG	30~ 35	
프 리 하 든 강	NAK55 HPM1, 2 MAST-40P (쾌삭성)	SKH	15~ 20	• 보통 SKH로도 절삭성에 문제는 없으나 내구성, 경면성을 고려하면 CPM, G로 그레이드 업이 좀더 효과적이다. • 한 날당의 이송을 크게 할 수 없기 때문에 많은 날이 효과적이다
		CPM		
		MG	25~ 30'	
		P종	50~ 80	
	NAK80 HPM50 (비쾌삭성)	CPM	12~ 18	• CPM으로 절삭이 가능하지만 피삭성이 나쁘기 때문에 초경(MG, P종)이 효과적이다.
		MG	22~ 28	
		P종	50~ 80	
합 금 공 구 강	SKD11 SKD61	CPM	12~ 18	• CPM이 최적 • 수명도 길어져서 초경(MG, P종)도 효과적이다.
		MG	25~ 30	
		P종	50~ 80	
스 테 인 리 스 강	SUS304 SUS316	SKH	15~ 20	• SUS는 종류에 따라 절삭성이 다르다. 마찰 계수가 작고, 절삭성이 좋은 엔드 밀의 선정이 필요하다. • 일반적으로는 SKH로 대응할 수 있으나 TiN 처리, 초경(MG, P종)으로 함으로써 장수명화를 도모할 수 있다.
		CPM		
		TiN 코팅	20~ 30	
		MG	25~ 35	
		P 종	40~ 60	
담 금 질 강 HRC45 이상 ~HRC60 이하 패 딩 부		K 종 초경 + TiN	10~ 30	• SKH로는 절삭 불가능 • 초경의 강 비틀림이 효과적이다. 그러나 절삭 여유에 주의할 것. {측면 절삭 : 반지름 방향 절삭 깊이 0.05D 이하 {홈 절 삭 : 축 방향 절삭 깊이 0.1D 이하
비 철 합 금	Al 합금 Cu 합금	SKH	60~120	• 일반적으로 SKH로 절삭이 가능하지만 용착하기 쉽고 미소한 마모에도 절삭이 불가능(금이 생긴다)하게 되기 쉽기 때문에 친화성이 적고 내마모성이 큰 초경(K종)도 효과적이다.
		K 종	150~300	
Ti 합 금	6A1-4V-Ti	CPM	12~ 15	• 보통은 CPM이 적합하지만 장수명화에는 초경(K종)도 효과적이다. • TiN 처리는 친화성이 크기 때문에 적합하지 않다.
		K 종	25~ 35	
Ni 기 합 금	Inco Nimonic	CPM	4~ 6	• Ti 합금과 같음
		K 종	12~ 18	

 용도별 엔드 밀의 선정 기준

◉ : 최적 엔드 밀, ○ : 적용 엔드 밀

엔드 밀의 명칭	피삭재 형상 — 홈절삭 0.5D 이하	홈절삭 0.5D 를 초과	측면 절삭(외주 절삭) 0.15D² 를 초과 0.45D² 이하	측면 절삭 0.45D² 를 초과	측면 절삭 0.15D² 이하	구멍뚫기 가공(드릴링) 0.5D 이하	구멍뚫기 0.5D 를 초과	탄소강 C 0.5% 이하	합금강 SCM	공구강 SKD·SKS	조질강 HRC 30~40	조질강 HRC 40 이상	연강 SS	스테인리스강 SUS 304	석출경화형 스테인리스강 17-4PH	주강 SC	주철 FC	동·동합금재 Cu·Bs·BC	알루미늄압연재·주물 AL·AC	플라스틱 아베크릴·클라이트
스퀘어 엔드 밀 · 2날 · 일반용 · 짧은형	●	○	○	○		●	●	●	●	○	○		○	○		●	●	○		●
2날 · 일반용 · 중간형	○		○			○	○	●	●	○	○		○	○		○	○	○		●
2날 · 일반용 · 긴형	○		○			○	○	●	●	○	○		○	○		○	○	○		●
2날 · 난삭재용 · 짧은형	●	○	○			●	●		○	●	●	○			●					
2날 · 난삭재용 · 긴형	○		○			○	○		○	●	●	○			●					
2날 · TiN 코팅	●	○	○	○		●	●	●	●	●	○		○	○		●	●			○
2날 · 스테인리스용	●	○	○			●	●							●	●				○	
2날 · 알루미늄용	●	○	○			●	●											●	●	
2날 · 키홈용	●					○			○	○	○		○			○	○			
3날 · 일반용	●		○	○		○	○	●	●	○	○		○	○		●	●			●
3날 · 난삭재용	○		●	●		○	○	○	●	●	●	○	○		●	○	○			○
많은날(4·5·6·8날) · 일반용 · 짧은형			●						●	●	○	○		○	○		●	●	○	○	●
많은날 · 일반용 · 짧은형			●						●	●	○	○		○	○		●	●	○	○	●
많은날 · 일반용 · 긴형			○						●	●	○	○		○	○		●	●	○	○	●
많은날 · 일반용 · 긴형			○						●	●	○	○		○	○		●	●	○	○	●
많은날 · 난삭재용 · 짧은형			●				○		○	○	●	●	○			●	●			○
많은날 · 난삭재용 · 긴형			○				○		○	○	●	●	○			●				
많은날 · TiN 코팅			●				○	●	●	○	○		○	○		●	●	○	○	●
많은날 · 중절삭용				○	●					○	●			○						
많은날 · 중절삭용				○	●					○	●			○						
많은날 · 중절삭용				○	●					○	●									
많은날 · 중절삭용				○	●					○	●									
많은날 · 중절삭용	○	●						○	○	●	●	○	○		●	○	○			●
볼 엔드 밀 · 2날 · 일반용	●	○	○			●	○	●	●	○			○	○		●	●	○	○	●
볼 · 2날 · 난삭재용	●	○	○			●	○	○	●	●	●	○			●					
볼 · 많은날(4·6날) · 일반용			●				○	●	●	○			○	○		●	●	○	○	●
볼 · 많은날 · 난삭재용			●				○	○	●	●	●	○			●					
볼 · 많은날 · 중절삭용					●	○		○	○	○	○	○	○		○	○	○	○	○	○

 초경 엔드 밀의 기준 절삭 조건

홈절삭(2개날)

* $\phi0.3\sim0.5$mm : $0.25D$,　$\phi0.8\sim\phi2$mm : $0.5D$,　$\phi3\sim\phi12$mm : $1D$

피 삭 재	탄 소 강 인장강도 75kgf/mm² 이하 S 55 C		합 금 강 S K D S K S		조 질 강 (調質鋼) (HRC30~40) S K D, S K T		주　　　철 F C F C D		비 철 금 속 알루미늄 합금 동　합　금	
호칭 지름 (mm)	회 전 수 rpm	이송 속도 mm/min	회 전 수 rpm	이송 속도 mm/min	회 전 수 rpm	이송 속도 mm/min	회 전 수 rpm	이송 속도 mm/min	회 전 수 rpm	이송 속도 mm/min
0.3	30000	35	21200	13	21200	13	33500	100	100000	80
0.5	18000	35	12500	13	12500	13	20000	100	63000	90
0.8	11000	50	8000	20	8000	20	12500	100	40000	95
1	9000	50	6300	28	6300	20	10000	100	31500	95
1.5	6000	60	4250	30	4250	20	6700	100	21200	95
2	4500	60	3150	33	3150	20	5000	100	16000	95
3	3750	85	2650	45	2120	20	3750	106	12500	112
4	2800	90	2000	50	1600	20	2800	125	9500	112
5	2240	90	1600	56	1250	20	2240	140	7500	112
6	1900	90	1320	56	1060	20	1900	150	6300	112
8	1400	90	1000	56	800	20	1400	180	4750	112
10	1120	90	800	56	630	20	1120	190	4000	112
12	950	90	670	56	530	20	950	200	3150	112

측면 절삭(4개날)

* 축방향 절삭깊이 : $0.1D$, 지름방향 절삭깊이 : $1.5D$

피 삭 재	탄 소 강 인장강도 75kgf/mm² 이하 S 55 C		합 금 강 S K D S K S		조 질 강 (調質鋼) (HRC30~40) S K D, S K T		주　　　철 F C F C D		비 철 금 속 알루미늄 합금 동　합　금	
호칭 지름 (mm)	회 전 수 rpm	이송 속도 mm/min	회 전 수 rpm	이송 속도 mm/min	회 전 수 rpm	이송 속도 mm/min	회 전 수 rpm	이송 속도 mm/min	회 전 수 rpm	이송 속도 mm/min
3	3750	240	2650	140	2120	60	4250	315	12500	560
4	2800	250	2000	150	1600	60	3150	375	9500	560
5	2240	265	1600	160	1250	60	2500	425	7500	600
6	1900	280	1320	160	1060	60	2120	475	6300	630
8	1400	280	1000	160	800	60	1600	710	4750	670
10	1120	280	800	160	630	60	1320	630	4000	670
12	950	280	670	160	530	60	1120	600	3150	670

주 (1) 절삭유는 강절삭에는 유성을 사용하고 주철, 비철 금속은 건식 절삭, 또는 수용성을 사용한다.
　　(2) 기계, 척은 정밀도가 높은 것을 사용한다.
　　(3) 회전수를 변경할 때는 한 날당의 이송량이 위의 표를 넘지 않는 범위에서 이송 속도도 변경한다.
　　(4) 진동 소리가 발생할 때는 회전수, 이송 속도를 함께 내려서 정상적인 절삭 소리의 영역에서 사용할 것.

⑥ 미니어처 엔드 밀

　미국에서는 일반적으로 3/16인치 이하의 소직경 엔드 밀을 미니어처 엔드 밀이라고 부르고 있으나 우리 나라에서는 $\phi 2\,mm$ 이하, 더욱이 $\phi 1.0\,mm$ 이하의 극소직경 엔드 밀을 지적하는 경우가 많다.

　미니어처 엔드 밀은 정밀 부품 가공이나 플라스틱 금형 가공 등에 사용되고 있으며 날형 단면이 작고 그 강성도 상당히 낮기 때문에 사용할 때는 충분한 주의가 필요하다.

　미니어처 엔드 밀의 공구 수명은 대부분의 경우 절손에 의해서 결정되고 사소한 마모에 의한 절삭 저항의 증가나 칩이 파고드는데 따라서도 절손한다.

　아래 그림에 미니어처 엔드 밀과 회전수의 관계를 표시하나, 회전수가 오르지 않는 기계의 경우는 증속 축을 사용할 필요가 있다.

　이송 속도는 $10 \sim 20\,mm/min$이 바람직하고, 한 날당의 이송을 극력 작게 해서 절삭 저항을 작게 하지 않으면 안된다. 그리고 금형재의 가공에서는 절삭 깊이도 작게 $0.05 \sim 0.1\,mm$씩 몇 번이고 절삭 가공하고 있는 것이 실정이다.

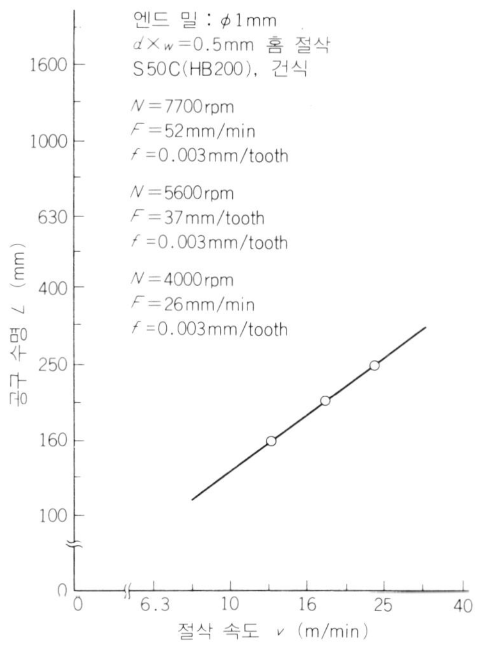

미니어처 엔드 밀의 절삭 속도와 수명

미니어처 엔드 밀의 공구 수명

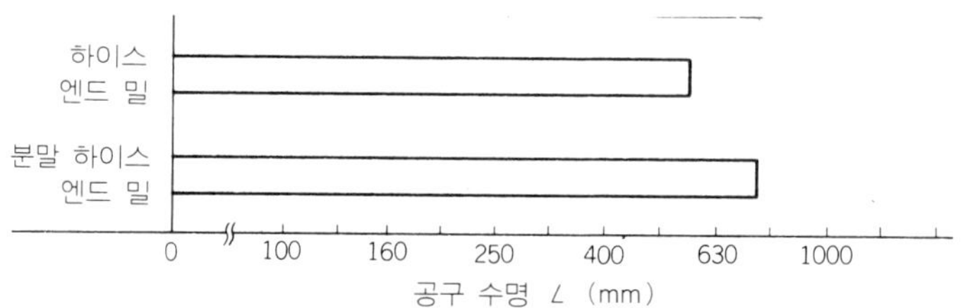

엔드 밀 : ϕ2mm, N=4000rpm, v=25.1m/min
F=52mm/min, f=0.007mm/tooth, $d \times w$=2mm 홈 절삭, 건식

S45C(HB185) 절삭시의 수명

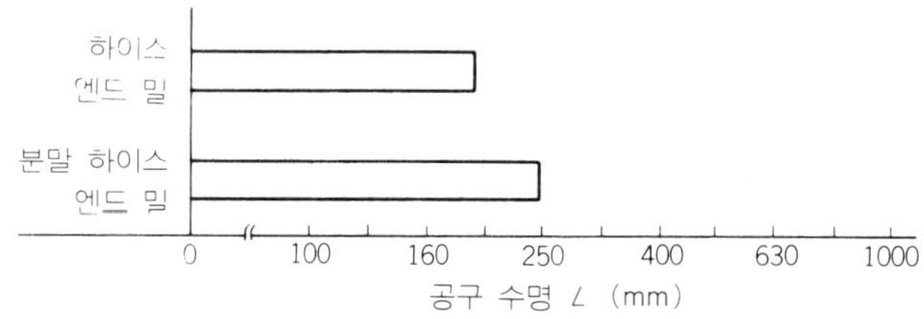

엔드 밀 : ϕ2mm, N=2660rpm, v=16.7m/min
F=45mm/min, f=0.008mm/tooth, $d \times w$=2mm 홈 절삭, 건식

DM(HRC32) 절삭시의 수명

 엔드 밀의 호칭 방법 · 검사 방법

엔드 밀에는 누구든지 알 수 있도록 호칭 방법이나 표시하는 방법이 JIS에 규정되어 있다.

엔드 밀의 호칭 방법은 규격 번호 또는 규격 명칭, 종류, 형식, 지름 또는 볼 반지름, 생크 지름, 날 부의 재료 기호 등으로 부르는 경우와 지름 또는 볼 반지름, 생크 지름 및 날 부의 재료 기호로 부르는 경우가 있다. 테이퍼 생크일 때는 생크 지름 대신에 모스 테이퍼(MT, Morse Taper) 번호를 넣어서 부른다.

예컨대 스트레이트 생크 엔드 밀로는

- JIS B 4211 2개 날 R형 10×10, SKH 51
- 스트레이트 생크 엔드 밀 4개 날 S형 10×12, SKH 51
- 플랫붙이 스트레이트 생크 2개 날 볼 엔드 밀 L형 R 5×12, SKH 51

로 되기도 하고, 테이퍼 생크 엔드 밀은

- JIS B 4212 2개 날 S형 16 모스 테이퍼 번호 2 SKH 51
- 테이퍼 생크 엔드 밀 많은 날 L형 16 모스 테이퍼 번호 2 SKH 51
- 테이퍼 생크 많은 날 볼 엔드 밀 R형 R 8 모스 테이퍼 번호 2 SKH 51

로 된다.

그리고 초경 엔드 밀에는 JIS의 초경 합금의 사용 선택 기준에 규정되어 있는 사용 분류 기호이거나 초경 팁의 제조 업자가 부르는 재종 기호 등이 호칭 방법에 함께 담겨 있다.

한편, 표시 방법은 **그림**의 * 표 위치에 가급적이면 날부를 밑으로 해서 다음 사항을 가로 쓰기로 한다.

① 외경 또는 볼 반지름 : 10(스퀘어 엔드 밀의 경우), R 5(볼 엔드 밀의 경우)

② 날부의 재료 기호 : SKH 51

③ 제조 업자명 또는 그 약호 : ○○○○

표시 위치의 * 표는 스트레이트 생크의 경우이고 테이퍼 생크일 때는 중앙의 목 부분에 표시한다.

그리고 초경 엔드 밀의 경우에는 원칙적으로,

① 호칭 기호

② 사용 분류 기호(JIS B 4053 초경 합금의 사용 선택 기준). 필요에 따라서 재종 기호를 부기한다.

③ 제조 업자 또는 그 약호

를 표시하게 되어 있다.

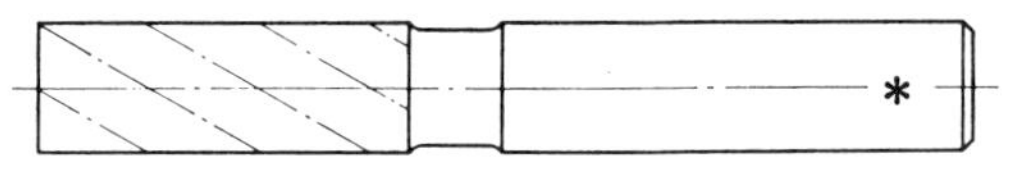

제품의 표시 방법

　일본의 JIS에 따라서 제조된 각종 엔드 밀은 검사 공정을 거쳐서 이와 같은 표시를 붙인 다음에 출하된다. 검사 공정에서는 형상·치수, 외관, 표면 거칠기, 경도, 휨 및 절삭성에 대해서 검사가 되지만 재연삭 후 검사의 참고가 되기 때문에 표면 거칠기와 휨의 시험 방법에 의해서 표시한다.

　표면 거칠기는 눈으로 보아서 JIS B 0659(비교용 표면 거칠기 표준편)에 규정하는 거칠기 표준 편과 비교 측정한다. 그리고 엔드 밀의 휨은 그림과 같이 엔드 밀을 정밀 정반 위에 놓인 V블록으로 지지하고 외주날 및 앞날의 절삭날에 수직으로 다이얼 게이지를 대서 화살표 방향으로 돌리면서 다이얼 게이지의 지침의 움직임을 읽는다.

　읽은 최대값과 최소값의 차를 측정값으로 한다. 테이퍼 생크 엔드 밀의 경우는 JIS에 기준되는 테이퍼 구멍을 갖는 측정용 게이지에 생크를 끼어서 게이지를 V블록으로 지지해서 검사를 한다.

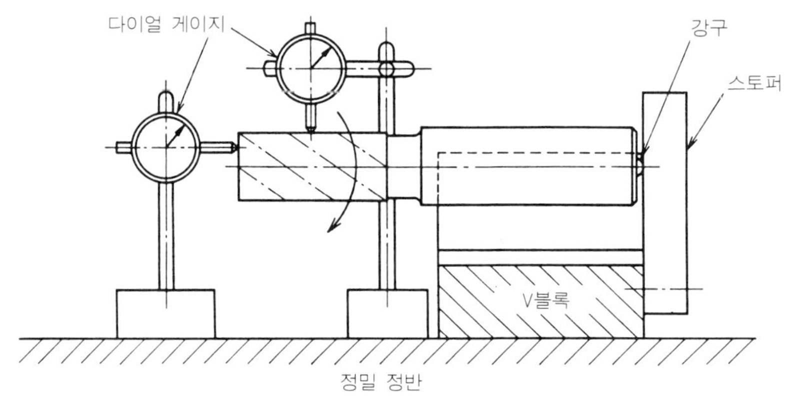

흔들림의 측정 방법

 절삭 공구의 성능 평가

엔드 밀을 포함한 모든 절삭 공구의 절삭 성능이라는 것은 여러 가지 요인에 영향을 받아서 평가된다. 좋은 절삭 공구의 요건은 「절삭성이 좋고, 그것이 오랫동안 지속되는 것」이다.

즉, 절삭성이 좋아서 다듬질용 공구는 표면 거칠기나 치수 정밀도가 우수하고 거친 절삭용 공구는 중절삭에 견디는 쾌속성이 요구된다. 그리고 그들 양호한 성능이 장시간 유지되는 공구가 좋은 절삭 공구라고 본다. 좋은 절삭 공구의 조건을 정리하면 **표**와 같이 된다.

좋은 절삭 공구의 조건

특 성	요구 성능	평 가 기 준
절 삭 성	쾌 삭 성	절삭성……절삭 소리, 칩 상태 절삭력 진 동 초기 손상……치핑, 절손, 결손
	장 수 명	쾌삭성이 장시간 유지될 수 있을 것 재연삭 횟수
가 공 정 밀 도	절삭 치수 정밀도	날부 공차
	절 삭 면 정 밀 도	절삭면 거칠기 가공 오차……절삭면의 경사, 편심
조 작 성	착 탈 취 급	설치부의 모양 재연삭의 용이도
	용 도 범 위	효과적으로 이용할 수 있는 범위가 넓을 것

공구 손상의 상태

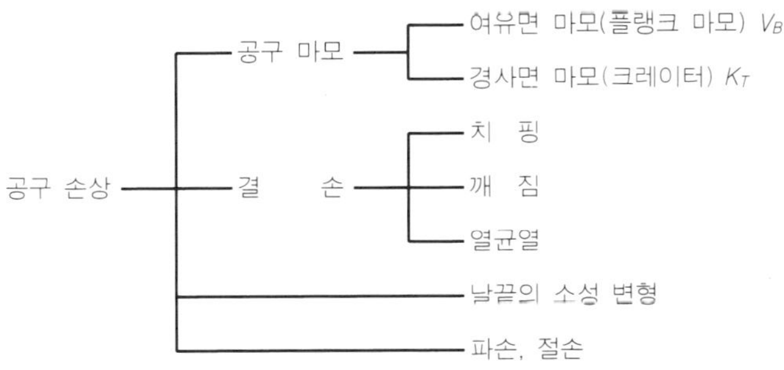

그리고 양호한 절삭 성능을 장시간 지속한다고 해도 반드시 수명이 있기 때문에 시간과 같이 공구 마모가 진행되고 증가하는 것이 정상으로서 공구 수명도 길다고 할 수 있다.

공구 손상의 형태에는 마모가 시작되어서 치핑, 깨짐, 파손 등이 있으나 손상이 커짐에 따라서 돌발적으로 발생하는 경향이 있어서 재연삭에 의한 재생도 어렵게 된다.

공구 수명의 판정은 어디까지나 사용자가 하는 것이지만 수명 판정 기준의 대상으로는 다듬질면의 거칠기, 공구 마모량, 가공물의 치수 변화, 버의 발생, 절삭량, 가공물의 코너 깨짐 등이 있다.

공구 손상의 형태를 정리하면 표와 같다. 그리고 이와 같은 공구 손상을 방지하고 또 일어 나지 않도록 해서 보다 길게 사용할 수 있도록 절삭 공구에도 각종 표면 처리를 하게 되었다. 절삭 공구의 표면 처리를 **표**에 정리하였다.

절삭 공구의 표면 처리

분 류	처 리 법	공 급 물	형 성 층	설 명
확 산	질 화 염 욕 질 화 가 스 연 질 화 이 온 질 화	N	질화물 + 확산층	공구 품종과 용도에 따라서는 효과가 있고 경화와 같이 무르게 되기 때문에 오히려 나쁜 경우가 있다.
	수 증 기 처 리 호 모 처 리 흑 화 처 리	O	산 화 물	경도의 상승은 없으나 다공성의 피막을 만들고 윤활성을 기대할 수 있다. 특히 절삭유 병용에서 현저하며, 효과는 얇지만 부작용은 없다.
	탄화물 피복 처리 TD 프로세스 하 이 코 트	주로 V Cr	탄 화 물	고온 염욕 처리 때문에 변형 또는 표면에 문제. 금형에서 보급하기 시작하였으나 절삭 공구에는 문제가 있다.
증 착	화 학 증 착 (CVD)	수도 TiC TiN	탄 화 물 질 화 물 산 화 물	처리 온도 900~1200℃로 높기 때문에 밀착성은 좋으나 하이스 공구에 대한 적용은 불가. 초경 공구의 일부, 금형에서 실적이 있다.
	이온 플레이팅 (PVD)	주로 TiC TiN	탄 화 물 질 화 물 산 화 물	저온 처리이기 때문에 하이스 공구에 적당. 밀착성의 향상이 과제이고 각 회사의 노하우이다. 하이스 공구에 대한 채택은 활발하다.

 구멍 · 축의 치수 허용차/경도 환산표

구멍 지름과 축지름의 허용 치수

단위 μm

지름 \ 공차	H 5	H 7	H 8	H 10	m 5	k 5	h 5	h 6	h 7	h 8	e 8	js12	js14
3 이하	+4 0	+10 0	+14 0	+40 0	+6 +2	+4 0	0 −4	0 −6	0 −10	0 −14	−14 −28	± 50	±125
3 이상 6 이하	+5 0	+12 0	+18 0	+48 0	+9 +4	+6 +1	0 −5	0 −8	0 −12	0 −18	−20 −88	± 60	±150
6 이상 10 이하	+6 0	+15 0	+22 0	+58 0	+12 +6	+7 +1	0 −6	0 −9	0 −15	0 −22	−25 −47	± 75	±180
10 이상 18 이하	+8 0	+18 0	+27 0	+70 0	+15 +7	+9 +1	0 −8	0 −11	0 −18	0 −27	−32 −59	± 90	±215
18 이상 30 이하	+9 0	+21 0	+33 0	+84 0	+17 +8	+11 +2	0 −9	0 −13	0 −21	0 −33	−40 −73	±105	±260
30 이상 50 이하	+11 0	+25 0	+39 0	+100 0	+20 +9	+13 +2	0 −11	0 −16	0 −25	0 −39	−50 −89	±125	±310
50 이상 80 이하	+13 0	+30 0	+46 0	+120 0	+24 +11	+15 +2	0 −13	0 −19	0 −30	0 −46	−60 −106	±150	±370
80 이상 120 이하	+15 0	+35 0	+54 0	+140 0	+28 +13	+18 +3	0 −15	0 −22	0 −35	0 −54	−72 −126	±175	±435

강의 경도 환산표

( )안의 숫자는 그다지 사용하지 않는다.

HRC	H B	H S	H V	항장력 kg/mm²	HRC	H B	H S	H V	항장력 kg/mm²	HRC	H B	H S	H V	항장력 kg/mm²
68	—	97	940	—	49	464	66	498	172	30	286	42	302	97
67	—	95	900	—	48	451	64	484	167	29	279	41	294	95
66	—	92	865	—	47	442	63	471	161	28	271	41	286	93
65	—	91	832	—	46	432	62	458	156	27	264	40	279	90
64	—	88	800	—	45	421	60	446	151	26	258	38	272	88
63	—	87	772	—	44	409	58	434	146	25	253	38	266	86
62	—	85	746	—	43	400	57	423	141	24	247	37	260	84
61	—	83	720	—	42	390	56	412	136	23	243	36	254	82
60	—	81	697	—	41	381	55	402	132	22	237	35	248	80
59	—	80	674	—	40	371	54	392	127	21	231	35	243	79
58	—	78	653	—	39	362	52	382	124	20	226	34	238	77
57	—	76	633	—	38	353	51	372	120	(18)	219	33	230	75
56		75	613	—	37	344	50	363	118	(16)	212	32	222	72
55	—	74	595	212	36	336	49	354	114	(14)	203	31	213	69
54	—	72	577	205	35	327	48	345	110	(12)	194	29	204	66
53	—	71	560	199	34	319	47	336	108	(10)	187	28	196	63
52	500	69	544	192	33	311	46	327	105	(8)	179	27	188	61
51	487	68	528	186	32	301	44	318	102	(6)	171	26	180	59
50	475	67	513	179	31	294	43	310	100	(4)	165	25	173	56

⑩ 고속도 공구강의 특성 비교

본 표는 각 고속도 공구강의 **주요 화학 성분(%)**, **특성 비교**(경질성 · 인성 · 적열경도 · 내마모성 — 막대그래프로 표시되어 수치 값은 인쇄되어 있지 않음), **주된 용도**를 비교한 것이다.

JIS	AISI	C	W	Mo	Cr	V	Co	주된 용도
SKH2	T1	0.80	18.00	—	4.00	1.00	—	일반 절삭 공구
SKH3	T4	0.80	18.00	—	4.00	1.00	5.00	내열성을 필요로 하는 절삭 공구
SKH10	T15	1.50	12.00	1.00	4.00	5.00	5.00	특히 내마모성을 필요로 하는 고난삭재 절삭용 공구
—	M1	0.80	1.50	8.00	4.00	1.00	—	피연삭성이 특히 양호한 일반 절삭용 공구
SKH51	M2	0.85	6.00	5.00	4.00	2.00	—	인성을 필요로 하는 일반 절삭용 공구
SKH52	M3	1.05	6.00	5.00	4.00	2.50	—	비교적 인성을 필요로 하는 경질재 절삭용 공구
SKH58	M7	1.00	2.00	9.00	4.00	2.00	—	내마모성, 인성을 필요로 하는 경질재 일반 절삭용 공구
—	—	1.00	10.00	3.00	4.00	2.75	5.00	비교적 내마모성, 내열성을 필요로 하는 고속 중절삭용 공구
SKH55	M35	0.85	6.00	5.00	4.00	2.00	5.00	내열성, 인성을 필요로 하는 고능 절삭 공구
SKH56	M36	1.00	6.00	5.00	4.00	2.00	8.00	고속 중절삭용 공구
—	M34	0.90	2.00	8.00	4.00	2.00	8.00	고속 중절삭용 공구
SKH59	M42	1.05	1.50	9.50	3.75	1.25	8.00	고난삭재 절삭용 공구
—	—	—	—	—	—	—	—	인성을 필요로 하는 난삭재 절삭용 고성능 공구 （특수강종）
SKH57	—	1.25	10.00	3.50	4.00	3.50	10.00	특히 내마모성을 필요로 하는 고난삭재 절삭용 공구
—	—	—	—	—	—	—	—	피연삭성이 좋고 특히 내마머성을 필요로 하는 초난삭재 절삭용 공구 （분말 고속도 공구강）
—	—	—	—	—	—	—	—	내마모성, 내열성을 필요로 하는 고경도재 절삭용 공구 （초미립자 합금）

역 자 소 개

김하룡

- 일본 요코하마공과대학 기계학과 졸업
- 서울교육위원회 장학사
- 서울공업고등학교 교감
- 서울직업학교 교장
- 서울 대림중학교 교장 정년 퇴임

기계 가공 기술 시리즈 No. 6

엔드 밀의 모든 것

1997. 3. 25. 1판 1쇄 발행
2013. 10. 28. 1판 3쇄 발행
2016. 3. 24. 2판 1쇄 발행
2021. 7. 6. 2판 3쇄 발행

지은이 | 툴엔지니어 편집부
옮긴이 | 김하룡
펴낸이 | 이종춘
펴낸곳 | **BM** (주)도서출판 **성안당**
주소 | 04032 서울시 마포구 양화로 127 첨단빌딩 3층(출판기획 R&D 센터)
      | 10881 경기도 파주시 문발로 112 파주 출판 문화도시(제작 및 물류)
전화 | 02) 3142-0036
      | 031) 950-6300
팩스 | 031) 955-0510
등록 | 1973. 2. 1. 제406-2005-000046호
출판사 홈페이지 | www.cyber.co.kr
ISBN | 978-89-315-3622-5 (13550)
정가 | 25,000원

이 책을 만든 사람들
책임 | 최옥현
진행 | 이희영
교정·교열 | 류지은
전산편집 | 이지연
표지 디자인 | 박원석
홍보 | 김계향, 유미나, 서세원
국제부 | 이선민, 조혜란, 김혜숙
마케팅 | 구본철, 차정욱, 나진호, 이동후, 강호묵
미케팅 지원 | 장상범, 박지연
제작 | 김유석

이 책의 어느 부분도 저작권자나 **BM** (주)도서출판 **성안당** 발행인의 승인 문서 없이 일부 또는 전부를 사진 복사나 디스크 복사 및 기타 정보 재생 시스템을 비롯하여 현재 알려지거나 향후 발명될 어떤 전기적, 기계적 또는 다른 수단을 통해 복사하거나 재생하거나 이용할 수 없음.

■ **도서 A/S 안내**

성안당에서 발행하는 모든 도서는 저자와 출판사, 그리고 독자가 함께 만들어 나갑니다.
좋은 책을 펴내기 위해 많은 노력을 기울이고 있습니다. 혹시라도 내용상의 오류나 오탈자 등이 발견되면 **"좋은 책은 나라의 보배"**로서 우리 모두가 함께 만들어 간다는 마음으로 연락주시기 바랍니다. 수정 보완하여 더 나은 책이 되도록 최선을 다하겠습니다.
성안당은 늘 독자 여러분들의 소중한 의견을 기다리고 있습니다. 좋은 의견을 보내주시는 분께는 성안당 쇼핑몰의 포인트(3,000포인트)를 적립해 드립니다.

잘못 만들어진 책이나 부록 등이 파손된 경우에는 교환해 드립니다.